制造业高端技术系列

力学超材料设计与性能调控

Design and Performance Manipulation of Mechanical Metamaterials

李春雷　江腾蛟　姚小虎　韩　强　著

机械工业出版社

随着超材料市场需求的增加，超材料领域逐渐表现出多学科交叉与多功能一体化的发展趋势，超材料在新型功能材料的研发、应用拓展方面具有广泛的应用前景。本书是一本关于力学超材料的专著，系统地阐述了力学超材料设计与性能调控理论。主要内容包括绪论、复合折纸超材料的设计和波动特性、折纸蜂窝超材料的设计和力学性能、双功能超材料的设计及其力学性能、基于机器学习的超材料设计与性能优化。本书汇聚了作者近年来在力学超材料领域取得的研究成果，编排上遵循由浅入深、由简单到复杂的原则，内容层层递进，便于读者阅读。

　　本书可供超构材料、减振降噪材料、新型防护结构、功能器件等相关领域的科技人员阅读和参考，也可作为高等院校的力学、航空航天、机械、土木等专业高年级本科生和研究生系统学习力学超材料相关知识的参考书。

图书在版编目（CIP）数据

力学超材料设计与性能调控／李春雷等著. -- 北京：机械工业出版社，2024. 12. --（制造业高端技术系列）.
ISBN 978-7-111-76932-3

Ⅰ. TB3

中国国家版本馆 CIP 数据核字第 2024JY8072 号

机械工业出版社（北京市百万庄大街 22 号　邮政编码 100037）
策划编辑：陈保华　　　　　　　　责任编辑：陈保华　王彦青
责任校对：李小宝　宋　安　　　　封面设计：马精明
责任印制：张　博
北京雁林吉兆印刷有限公司印刷
2024 年 12 月第 1 版第 1 次印刷
169mm×239mm · 15 印张 · 305 千字
标准书号：ISBN 978-7-111-76932-3
定价：98.00 元

电话服务　　　　　　　　　　网络服务
客服电话：010-88361066　　　机　工　官　网：www.cmpbook.com
　　　　　010-88379833　　　机　工　官　博：weibo.com/cmp1952
　　　　　010-68326294　　　金　书　网：www.golden-book.com
封底无防伪标均为盗版　　　机工教育服务网：www.cmpedu.com

前 言

<<<<<<<

近年来，随着人们对新型功能材料需求的增加，超材料逐渐成为力学、材料、机械等学科领域的前沿热点，在国防及民用工业领域具有广阔的应用前景。作为一种周期性人工复合结构材料，凭借微结构的几何多样性和可重构性，超材料实现了常规材料不具备的超常物理性能，为新型功能器件与装备的发展注入了新的活力。目前，超材料概念已经被引入力学领域，结合折纸、蜂窝、点阵、板格等不同的结构设计思想，催生出弹性波超材料、折纸超材料、拉胀超材料等不同类型的力学超材料，造就了超材料领域新的发展格局。随着超材料结构性能需求的多样化，超材料的发展逐渐表现出多学科交叉及多功能一体化的发展趋势；为顺应这一发展趋势，人们对超材料微结构的设计从最初依赖于人工经验性设计方式发展为多元化设计思路，特别是启发式及人工智能算法的引入，为超材料新奇力学性能的探索及微结构拓扑设计提供了新的思路，为结构功能材料的多功能协同设计与定制提供了全新的发展模式。

随着力学超材料应用领域的不断拓展，产业化进程持续加快，超材料设计及其性能研究方面理论体系的建立尤为必要。然而，目前国内关于超材料的著作并不多见，面向力学超材料建模与性能研究方面的书籍更是少之又少。本书系统介绍了作者近年来在力学超材料领域的研究成果，内容主要包括复合折纸超材料、折纸蜂窝超材料、双功能超材料等波动、静动态力学行为的建模理论和计算方法，并阐述了基于机器学习的力学超材料正逆向设计方法。本书可供超构材料、减振降噪材料、新型防护结构、功能器件等相关领域的科技人员阅读和参考，也可作为高等院校的力学、航空航天、机械、土木等专业高年级本科生和研究生系统学习力学超材料相关知识的参考书。

在本书的编写过程中，课题组的博士研究生韩思豪、马南芳、孙宇等也参与了其中的资料整理工作，在此一并表示感谢。同时，也感谢国家自然科学基金、广东省自然科学基金对本书出版的资助。

由于作者水平有限，书中难免存在不妥之处，恳请读者批评指正。

作　者

于广州华南理工大学

目 录

第1章

绪　　论

1.1　超材料的研究背景和意义

在当今科学与技术的浩瀚领域中，超材料作为备受瞩目的研究方向，正引领着材料科学与工程的潮流。其独特的物理性质和广泛的应用前景使其成为科学家们关注和深入探讨的焦点。超材料的起源可以追溯到20世纪60年代末，当时苏联物理学家Veselago教授对麦克斯韦方程进行了深入研究，提出了介电常数和磁导率同时为负值的可能性。随后，英国皇家学院院士Pendry教授通过理论证明，人工设计的特殊周期阵列可以实现等效介电常数和等效磁导率为负值。然而，由于技术水平的限制，超材料的制备和研究进展缓慢。直到21世纪初，随着纳米技术和先进制造技术的发展，超材料的研究进入了一个全新的阶段。2001年，美国加州大学圣迭戈分校的Smith教授等人首次制作出世界上第一个具有负折射率的超材料，并通过试验证明了其负折射率与负折射现象，引起学术界的广泛关注。这种结构能够产生负折射和反射等特殊电磁性质，为实现对光波的完全控制和调控提供了新途径。超材料的出现打破了传统材料的限制，通过精确控制超材料的结构、单元的尺寸、形状以及排列方式，可以实现光的负折射、聚焦和吸波等效应。这为高分辨率成像、光信息处理和光通信等应用提供了方法。同时，超材料的研究推动了基础科学的发展。通过研究超材料的电磁响应机制，可以深入理解物质与波动、力学等物理特性之间的相互作用规律，为科学研究提供了新的思路和方法。

电磁超材料在光学和电磁学领域引起了广泛的关注，并激发人们将其设计思想应用于声学和弹性波等学科领域。借鉴电磁超材料的设计思路，科学家们开始探索如何通过人工构造的声学结构来实现对声波的精确控制。1993年，M. S. Kushwaha等人通过类比电磁波在光子晶体中的传播第一次明确提出了声子晶体概念，利用平面波展开法对镍柱在铝合金基体中形成的复合结构进行计算，得到了带隙，即声波在相应频率范围内的传播被禁止。2000年，刘正猷教授以环氧树脂作为基底材料，软材料包覆的铅球作为散射体，突破了 Bragg 散射型周期结构在低频应用的限制，实现了小尺寸控制大波长。由此，局域共振思想的出现为声学超材料的发展奠定了理论基础，如图 1-1a 所示。随后，二维薄膜结构和亥姆霍兹共振腔的发展，为实现声学超材料的负等效参数提供了重要的思路和手段，如图 1-1b 所示。声学超材料的出现为声波控制和声学器件的设计提供了全新的途径和潜力。通过精确调节声学超材料的结构和参数，能够实现声波的负折射、远场成像、透镜效应、声波黑洞和声波波导等特殊性质。这些特性在声学通信、声学成像、声学传感和噪声控制等领域具有广泛的应用前景。

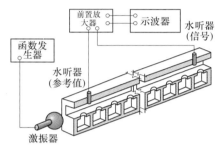

a) 基于局域共振的负等效密度超材料   b) 基于亥姆霍兹共振的负等效模量超材料

图 1-1 具有负等效参数的声学超材料

由于弹性波超材料中波的传播行为更加复杂，从声学超材料到弹性波超材料的发展标志着超材料研究的进一步拓展和深入。弹性波的传播特性和传播方式与声波有所不同，因此需要针对弹性波的特性和行为进行设计和调控，以实现对其精确控制。弹性波在声子晶体中传播时，受其内部周期结构的作用，形成特殊的色散关系。理论上，弹性波在带隙频率范围内传播将被抑制，而在其他频率范围可以继续传播。此外，通过构造具有特殊结构的弹性波超材料，能够调控弹性波的传播速度和路径，从而实现弹性波负折射现象，为弹性波的控制和传输提供了全新的工具和方法。同时，弹性波超材料还可用于实现弹性波的波导效应。通过设计具有特殊结构的超材料，将其引导在特定的路径和区域内传播。这对于弹性波的定向传播、信息传递和能量转移等应用具有重要意义，为弹性波的控制和传输提供了新的手段。此外，超材料还能实现弹性波的滤波效应。通过调控超材料的结构和参数，能够选择性地过滤、吸收或反射特定频率的弹性波，这对于弹性波的频率分析、频率调制和波谱控制等具有重要意义。因此，弹性波超材料的研究对于推动超材料技术的发展和应用，促进相关学科的交叉融合具有重要意义。

此外，随着增材制造技术的不断革新，国防及民用工业对新材料和新结构防护性能的需求不断增加，使得基于性能需求的力学超材料的设计、功能开发和应用研究领域的发展如火如荼。凭借在微结构尺寸上的人工有序设计与优化，力学超材料具备了常规材料不具备的超常力学性能，如负泊松比、负刚度、负模量等；通过引入折纸、蜂窝、点阵、板格等不同的结构设计思想，涌现出了折纸超材料、负泊松比超材料、最小曲面超材料等具有优异承载、吸能及抗冲击性能的力学超材料，在机械减振降噪、建筑结构抗振隔振、安全防护等领域具有广泛的应用前景。因此随着超材料结构性能需求的多样化和结构特征的复杂化，超材料的发展逐渐表现出多学科交叉及多功能一体化发展趋势；为顺应这一发展趋势，人们对超材料微结构的设计从最初依赖于人工经验性设计发展为多元化设计思路，特别是启发式及人工智能算法的引入，为力学超材料力学性能的探索和优化设计提供了新思路，为结构功能材料的多功能协同设计与定制提供了全新的自由度和范式。

到目前为止，超材料已经发展成为光学、电磁学、声学、力学等多个领域的研究焦点，超材料的研究将在信息技术、新能源技术、航空航天、生物医学、土木工程等领域引发重大变革。创新超材料的结构设计和制备技术，为各个领域的应用带来了全新的可能性，并推动了科学技术的进步和创新。

1.2 折纸超材料的研究进展

1.2.1 折纸结构的概念与发展

随着超材料的深入研究和增材制造技术的不断突破，折纸这一古老而传统的艺术以其复杂而丰富多变的折叠形式为超材料的结构设计提供了灵感。折痕是折纸结构设计的基本概念，折叠后呈现凸起状态的为山线，凹下去的为谷线，这些折痕相交的点称为顶点，通过转动两个相邻平面间的折痕形成一定的三维空间结构即为折纸结构，如图 1-2 所示。因此，折痕的设计作为一个数学问题，引起越来越多数学家的兴趣，其中可平面折展特性和刚性折展特性为数学建模、计算机编程和结构制造等带来很大的便利，是人们关注的重点。Justin 等人在首届国际折纸科学技术会议上提出包含一个顶点的图案能够平面折展的充要条件。Kawasaki 等人同时提出满足上述充要条件的相应山线和谷线的定义。而在刚性折展条件的问题上，Belcastro 和 Hull 给出了单顶点和多顶点折叠图案可刚性折展的必要条件。在此基础上，Watanabe 和 Kawaguchi 提出了根据微小折叠假设下的峰-谷集合来判断一个折纹图案的刚性折展性。

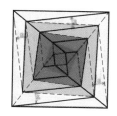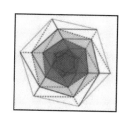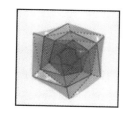

图 1-2 折纸结构的折痕图案和空间构型

　　基于传统折纸艺术设计思想的折纸超材料，具有几何构型参数多、折叠形式复杂等特点。通过微结构的参数调节和优化设计，折纸超材料具有诸多超常的物理特性，最近几年逐渐成为科学研究的热点。一方面，折纸超材料丰富的折叠变形模式，诱导出极具吸引力的非常规力学特性，如负泊松比、可编程刚度、平面折展性、自锁、多稳态等；另一方面，通过系统设计二维平面折痕的不同组合形式，可以获得复杂、丰富的三维折叠构型，实现大范围的结构变化。此外，折纸结构在低维到高维的折叠变化过程中不仅可以改变晶格尺寸，甚至可以改变晶格类型，而弹性波传播所表现出来的带隙、衰减、透射谱等波动性能与结构的特征密不可分。因此，折纸超材料及其元结构作为弹性波传播的介质，具有减振、降噪、聚焦、定向传播等富有工程应用前景的功能属性。折纸超材料在航空航天、军事、医学、微电子、建筑等领域展现了广阔的应用前景，如图 1-3 所示。

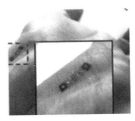

a) 可伸缩柔性医疗感应元件　　b) 可折展遮阳幕板　　c) 韦伯太空望远镜　　d) 折纸机器手爪和折叠翼

图 1-3　折纸结构的应用

1.2.2　折纸结构的力学性能

　　折纸被认为是一种理想的构建三维空间结构的方法，因为它具有从二维折痕图案到三维折叠结构的出色变形能力，通过不同的折叠形式可以获得多样化的空间形态。折纸结构表现出的广泛构型和折叠诱导的重构行为为设计具有各种特殊性质的可编程超材料提供了理想的平台，包括负泊松比、多稳定性、可编程刚性、自锁、机械二极管效应和拓扑机械相。此外，折纸还为各种主要科学和工程领域的应用提供了新的视野，如仿生机器人、电池制造、支架移植、纳米技术等。

　　基于折纸超材料在均匀变形下的形状可重构特性，加之折纸超材料具有轻质化、高比刚度和高比强度等结构特征，近年来，研究人员对折纸结构在准静态和动态压缩下的缓冲吸能进行了系统研究。卢国兴等人建立了三浦折纸超材料面内准静态压缩的解析模型，研究了几何参数对超材料结构强度和比吸能（比吸收能量，简称比吸能，SEA）的影响规律，结果表明，折纸超材料在能量吸收方面优于单壁蜂窝结构材料，如图 1-4 所示。陈焱等人通过在折纸结构厚度方向引入单胞几何梯度，结构如图 1-5a 所示，研究了面外压缩作用下折纸超材料的力学响应，周期性梯度刚度的引入可以获得优异的吸能效应。之后，马家耀等人在此基础上，引入了三维梯度变化参数，结构如图 1-5b 所示，对面内和面外准静态压缩下折纸超材料的吸能行为开展了研究，结果表明了折纸超材料力学行为的可编程性。此外，卢国兴等人采用试验和数值模拟方法，进一步研究了梯度折纸超材料在准静态压缩行为和动态加载下的力学响应。结果表明，梯度结构的引入可以避免变形模式不同导致的初始峰值力后的应力下降，极大地提高了吸能效率。同时，他们也分析了具有均匀和非均匀密度的折纸超材料的面内动态压缩性能，阐述了加载速率、初始锐角和动态载荷大小对超材料比吸能的影响规律。

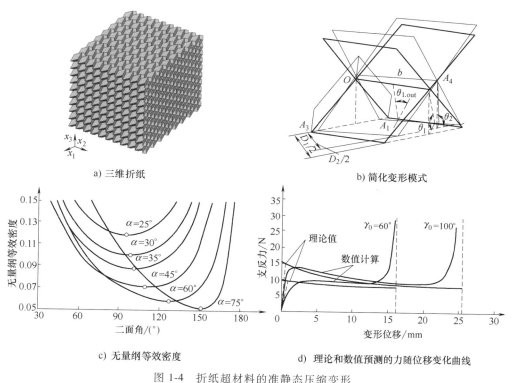

a) 三维折纸　　　　　　　　　　　　　b) 简化变形模式

c) 无量纲等效密度　　　　　　　d) 理论和数值预测的力随位移变化曲线

图 1-4　折纸超材料的准静态压缩变形

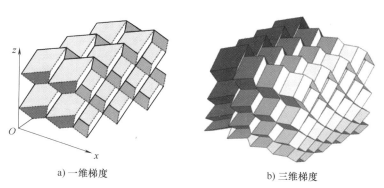

a) 一维梯度　　　　　　　　　b) 三维梯度

图 1-5　功能梯度折纸超材料

周翔等人采用数值模拟方法，针对含三浦折纸芯层的夹层结构，研究了其准静态压缩、剪切和弯曲作用下的力学行为，发现在相同的密度和高度情况下，折叠芯层模型具有良好的抗弯曲和抗剪切能力。Zhai 等人将三浦折纸图案应用于传统蜂窝结构，提出了一种预折叠蜂窝结构，如图 1-6 所示，通过对结构在面内冲击载荷作用下的折叠模式和吸能特性的试验研究，发现折痕可以分散外力，加速结构向未变形区域的变形，从而耗散能量，提高结构的力学性能。Karagiozova 等人用解析和数值方法研究了三浦折纸超材料面内动态压缩响应，并针对初始密度均匀和密度为正梯度的材料，建立了动态强度增强、冲击速度衰减和能量吸收的解析模型。Feng 等人设计出一种基于折纸的夹芯面板结构，如图 1-7 所示，结合试验和数值模拟，研究了结构的减振性能。Zhang 等人利用三浦折纸图案设计了四种折纸管模型，从理论和数值两方面分析了结构的准静态力学行为和夹层梁的动力响应。

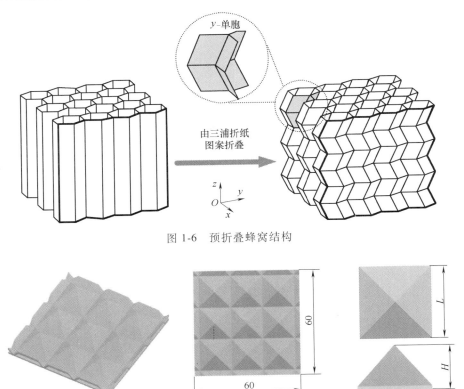

图 1-6　预折叠蜂窝结构

图 1-7　基于折纸的夹芯面板结构

尽管折纸超材料可以在均匀变形下展现出大变形、形状可重构等特性，然而，折纸结构在非均匀局部大应变下极易发生破坏，从而导致其功能性的丧失。局部变形能力，既是超材料能够主动呈现复杂功能形貌的前提，也是其承受极端外载而不发生破坏的基础。因此，对折纸超材料的泊松比、刚度、强度以及外载荷作用时结构的屈曲、破坏模式、压缩吸能等力学性能的研究同样十分重要。Xie 等人采用数值模拟和试验,研究了薄壁管状折纸结构在单轴加载下的变形机理和能量吸收能力,如图 1-8a 所示。随后,王博等人针对折纸碰撞盒,通过引入几何缺陷,得到了对称变形模态,分析了折纸薄壁管材的缺陷敏感性和比吸能,如图 1-8b 所示。Wickeler 等人以三角形和矩形折痕模式分别设计了两种折纸超材料,如图 1-8c 所示,发现折叠角度的增加可以增强超材料结构的抗压缩性能。此外,王博等人还研究了折纸碰撞盒的低速冲击性能,揭示了局部屈曲对平均破碎力的影响规律和破坏特征。王志华等人研究了爆炸载荷作用下折纸芯夹层梁的动态力学响应,分析了相关几何参数对夹层梁抗爆性能的影响规律。李世强等人针对弧形折纸薄壁结构,开展了轴向准静态压缩和冲击载荷作用下结构变形、压溃模式及吸能特性的研究。Yasuda 等人提出了一种三维多面体折纸结构,采用理论和试验相结合的方法,研究了折纸结构中泊松比的可调性和结构变形的双稳态特性,如图 1-8d 所示。方虹斌等人系统地研究了双稳态三浦折纸堆叠结构的动力学特性,通过调控折痕刚度和初始无应力构型,可实现双稳态堆叠结构的可编程性,如图 1-8e 所示。随后,他们进一步探究了多稳态堆叠折纸结构的非对称能量势垒、力学二极管效应和串联折纸结构的非线性动力学特性。郝洪等人将三浦折纸和菱形蜂窝叠层结构相结合,如图 1-8f 所示,研究了两级可编程折纸超材料准静态在加载作用下每一级的变形响应,研究结果展示了各级变形阶段的初始峰值力、平均压碎力和密实化应变的可编程性。李营等人采用 4D 打印技术提出了一种应力-应变曲线可调、压扭变形可控、形状可编程的折纸超材料,结合试验、理论和数值仿真揭示了单元结构参数和温度场对超材料力学性能和变形的影响规律,如图 1-8g 所示。王志华等人提出了一种基于弯曲折纸单元的超材料,探究了泊松比和刚度的可编程性。陈焱等人研究了一种具

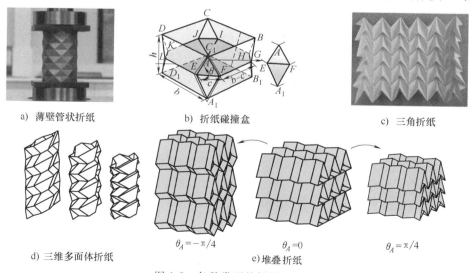

a) 薄壁管状折纸   b) 折纸碰撞盒   c) 三角折纸

d) 三维多面体折纸 $\theta_A=-\pi/4$ $\theta_A=0$ $\theta_A=\pi/4$

e) 堆叠折纸

图 1-8 各种类型的折纸超材料

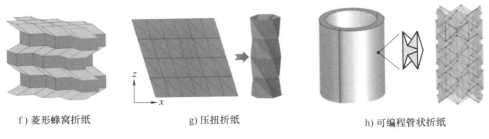

f) 菱形蜂窝折纸　　　　　g) 压扭折纸　　　　　h) 可编程管状折纸

图 1-8　各种类型的折纸超材料（续）

有可编程刚度和形状调控的折纸管状力学超材料，如图 1-8h 所示，分析了超材料刚度的可编程性，发现管状变形为刚性折纸运动和结构变形的混合变形模式。

1.2.3　折纸结构的波动特性

近年来，基于折纸结构折叠诱导的可重构性和可调谐性，材料和结构的创新在波动控制领域得到了启发。折纸超材料通过二维平面折痕的不同组合形式，可以获得复杂、丰富的三维折叠构型，其不同的折叠方式，有利于在更大范围内实现声学带隙的灵活调控，具有减振、隔声、定向传播等效果。折纸结构在低维到高维的折叠变化过程中，不但可以改变晶格尺寸，甚至可以改变晶格类型。无疑，微结构特征的变化显著影响着弹性波在超材料中的传播特性。即使与其他领域相比处于萌芽阶段，折纸超材料波动特性的研究也取得了一些实质性的进展。一方面，基于折纸结构的可折展性，导致带隙的剧烈变化。如图 1-9 所示，Thota 等人结合圆柱散射体和折纸结构提出了一种折纸声屏障，考虑不同 Bravais 晶格声屏障的频散特性，系统研究了折纸声屏障在交通噪声频率范围内的阻声性能。另一方面，用于控制声音传播的声波导无处不在，应用广泛，因此对结构设计的可重构性和可调谐性提出了很高的要求。Bertoldi 等人基于折纸原理提出了一种三维管状网络声学超材料，如图 1-10 所示，他们研究了超材料的声学响应和散射特性，揭示了超材料的可重构性和声传播调控机理。在此基础上，方虹斌等人结合折纸结构和管道声学，提出了一种模块化折纸消声器，揭示了消声器中声波的衰减及其调控机理，如图 1-11 所示。之后，他们又研究了堆叠三浦折纸超结构的波动力学问题，通过线性色散分析和数值仿真，分析了三个主方向上超结构的带隙特性，阐释了超传输现象的内在机理，同时，通过调整周期单元的布局可以有效地调整超透射阈值。卢天健等人基于传统的蜂窝夹层结构，提出了一种微穿孔蜂窝-波纹复合声学超材料，研究了尺寸参数对超材料吸声、吸能的影响规律。Assouar 等人设计了一种基于单胞形状的可重构折纸超材料，研究了超材料内部声聚焦、声分束、声定位和声单向传输等声波传播特性，如图 1-12 所示。Harne 等人研究了三浦折纸声学阵列的反射和衍射现象，揭示了反射和衍射对辐射声场不同的影响规律。

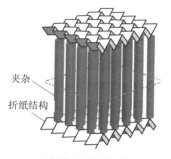

a) 折叠诱导拓扑变换

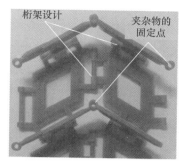

b) 3D打印折纸结构

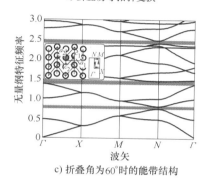

c) 折叠角为60°时的能带结构

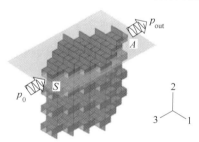

d) 折叠角对带隙的影响

图 1-9 结合圆柱散射体和折纸结构的声屏障

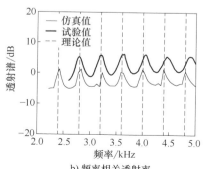

a) 超材料模型

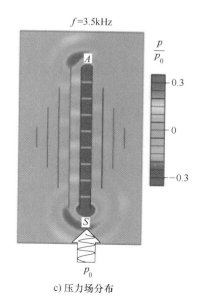

c) 压力场分布

b) 频率相关透射率

图 1-10 三维管状网络声学超材料

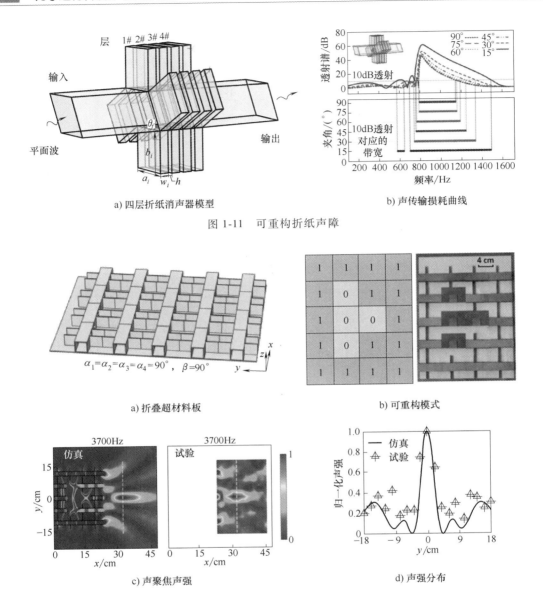

a) 四层折纸消声器模型

b) 声传输损耗曲线

图 1-11　可重构折纸声障

a) 折叠超材料板

b) 可重构模式

c) 声聚焦声强

d) 声强分布

图 1-12　可控制声波的折纸超材料

与声波不同，弹性波具有更丰富的极化特性与更复杂的传播行为。弹性波作为一种通用的经典波，在力学、土木工程、交通工程、地震学等领域有着广泛的应用。因此，研究弹性波在折纸结构中的传播特性是十分必要的，在电子器件、结构健康监测、无损检测等领域具有潜在的应用价值。然而，到目前为止，弹性波在折纸超材料中的传播仍处于初步探索阶段。Zhu 等人根据折纸单胞的局域共振特性与基板弯曲波之间的耦合作用，提出了一种具有各向异性质量密度的弹性超材料，如图 1-13 所示，采用质量-弹簧-板模型研究了弯曲波的频散特性，实现了亚波长尺度下弯曲波的定向传播。Paulino 等人采用链杆模型，考虑非局部相互作用，以单胞几何结构和折叠形式作为变量，设计并研究可调刚性折纸声学超材料的带隙特性。Zhang 等人基于三浦折纸中山线和谷线处的梁建立空间网络，结合有限元法和 Bloch 定理建立了描述色散关系的特征值方程，利用新方法得到了带结构。Xu 等人提出了一种 Kresling 折纸波模转换器，它可以将一根杆的纵波转换为另一根杆的混合或近纯扭转波，如图 1-14 所示。Yasuda 等人研究了基于多面体结构的折纸超材料中弹性波的传播特性，理论分析表明，频带结构在声/光模式下表现出单色散曲线和双色散曲线。随后，他们又展示了由三角化圆柱形结构组成的折纸超材料中能

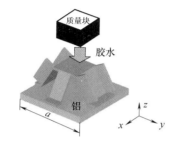

a) Kirigami折纸模型

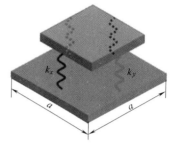

b) 质量-弹簧-板简化模型

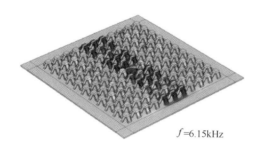

c) 定向弯曲波传播

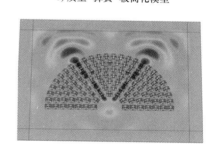

d) 具有超透镜的弯曲波场

图 1-13　弹性超材料

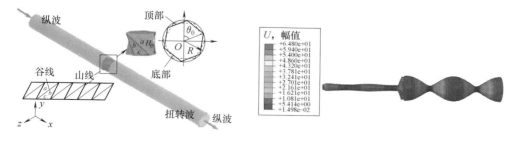

a) 波模式转换示意图

b) 位移传递

图 1-14　Kresling 折纸波模转换器

带结构的形成，通过改变初始单元的堆叠顺序和取向角度，系统创建可调能带结构。Fuchi 等人通过折叠变换调整环谐振器的间隔，改变结构共振频率，探究能带结构的可调性。Katia 等人通过试验和模拟相结合的方式，探究折纸结构不同的几何参数和折痕的排列方式对结构热胀系数的影响，为设计具有可调、大范围热胀系数的系统提供平台。

1.2.4 周期结构中的弹性波

对于各向同性线弹性材料，基于弹性动力学的基本原理，可以得到弹性波传播的波动方程如下：

$$\widetilde{L}_u u(\boldsymbol{r}) = \rho^{-1} [\mu \nabla \times \nabla \times u - (\lambda + 2\mu) \nabla (\nabla \cdot u)] = \omega^2 u(\boldsymbol{r}) \tag{1-1}$$

式中，u 是位移；$\boldsymbol{r}$ 是位置矢量；ρ 是密度；λ 和 μ 是拉梅常数；ω 是频率。

在固体物理学中，周期结构是一种晶体特有的结构，由基元组成，其中每个基元代表着晶体中的一个物理实体，例如原子。基元是组成晶体的所有原子所构成的基本结构单元。类似于固体物理中的空间点阵概念，晶体结构中的相同位置被称为结点，它是基元的抽象表示。结点可以代表基元中的任意点子，这些点子在空间点阵中以周期性的几何方式排列，其化学、物理和几何环境完全相同。通过点阵中的结点，可以构建许多平行的直线族和平行的晶面族。点阵所形成的网络称为晶格，表示点在空间以周期性的规则排列。声子晶体是一种具有周期性调制介质性质的材料，其中声子的传播受晶格结构的影响。理想的声子晶体是由三个基本平移矢量的线性叠加构成的空间点阵结构，即空间点阵的格矢（其中 n_1、n_2、n_3 为整数）：

$$\boldsymbol{R} = n_1 a_1 + n_2 a_2 + n_3 a_3 \tag{1-2}$$

各向同性弹性介质构成的声子晶体通过密度 ρ 和两个弹性常数（拉梅常数 λ、μ）的周期性分布来体现：

$$\widetilde{G}_R f(\boldsymbol{r}) = f(\boldsymbol{r} + \boldsymbol{R}) = f(\boldsymbol{r}) \tag{1-3}$$

式中，$\widetilde{G}_R$ 是平移算子；f 代表三个独立参数；$\boldsymbol{r}$ 表示位置矢量。声子晶体周期性表达在傅里叶空间中变换为

$$f(\boldsymbol{r}) = \sum_I f_I(\boldsymbol{I}) e^{iI \times r} \tag{1-4}$$

其中，$\boldsymbol{I} \times \boldsymbol{R} = 2np$，$\boldsymbol{I}$ 是傅里叶空间中的周期点阵，称之为倒格矢。由倒格矢组成的傅里叶空间称为倒空间。定义一组矢量 $\boldsymbol{b}_1$，$\boldsymbol{b}_2$，$\boldsymbol{b}_3$，满足如下关系：

$$a_i \times \boldsymbol{b}_i = 2p d_{ij} \tag{1-5}$$

倒空间上的基矢和倒格矢分别为

$$\boldsymbol{b}_i = 2p \frac{a_j \times a_k}{a_i \times (a_j \times a_k)} \quad i, j, k = 1, 2, 3, \quad \boldsymbol{I} = l_1 \boldsymbol{b}_1 + l_2 \boldsymbol{b}_2 + l_3 \boldsymbol{b}_3 \tag{1-6}$$

在量子力学中，力学量的可能取值即为其算符的全部本征值。对应于这些本征值的本征函数描述了力学量的状态，称之为该算符的本征态。在本征态中，力学量

具有确定的取值，即对应于该本征态的本征值。基于式（1-1），其中 $\widetilde{L}_u$ 是正定的厄米算子，用来表征声子晶体周期性的 $\widetilde{G}_R$ 算子的本征值可以表示为 $t_k = \mathrm{e}^{\mathrm{i}k \times R}$，其中 k 为波矢，对应的本征函数为 $f_k(r) = f_0 \mathrm{e}^{\mathrm{i}k \times r}$。$f_0$ 表示归一化系数。由于算子 $\widetilde{L}_u$ 和 $\widetilde{G}_R$ 具有互易性，从而具有共同的本征函数，波动方程的通解可以用 $\widetilde{G}_R$ 本征函数的线性组合来表示：

$$u(r) = u_k(r) \mathrm{e}^{\mathrm{i}k \times r} = \sum_l u_{k+l} \mathrm{e}^{\mathrm{i}(k+l) \times r} \tag{1-7}$$

$u_k(r)$ 满足周期平移算子 $\widetilde{G}_R$，因此，本征函数在周期场中有

$$u_k(r+R) = u_k(r), \quad u(r) = u_k(r) \mathrm{e}^{\mathrm{i}k \times r} \tag{1-8}$$

如果再联系上倒格矢，求和遍历整个倒空间上的所有倒格矢：

$$\widetilde{G}_R u_{k+l}(r) = \mathrm{e}^{\mathrm{i}(k+l)R} u_{k+l}(r) = \mathrm{e}^{\mathrm{i}k \times R} u_{k+l}(r) \tag{1-9}$$

这就是 Bloch 原理的基本表现形式。由上述本征函数的特点，可选一组波矢代表 Bloch 矢量。由于 Bloch 矢量的不唯一性，将模最小的波矢量集合称为第一布里渊区：

$$BZ = \{ k \in K^3 : |k| = \min |z|, z \in [k] \} \tag{1-10}$$

1.2.5 半解析周期谱元法

弹性波在周期性结构中传播时会形成能带结构，这是由于弹性波与周期性结构相互作用的结果。在这种相互作用下，某些频率范围内的波无法在结构中传播，形成了带隙。能带结构描述了弹性波在超材料中传播的特性，包括频率范围和波矢的关系。通过调控超材料的结构和参数，可以实现对弹性波频率的精确控制和调节。通过设计和优化超材料的周期性结构，以及调整其中的材料性质，可以实现带隙的调控，从而实现对特定频率范围内弹性波的控制。因此，对于弹性波超材料而言，能带结构的计算具有重要意义。通过对能带结构的研究和分析，可以深入理解弹性波在超材料中的传播机制，并为设计和开发具有特定弹性波传播特性的超材料提供指导。因此，关于弹性波超材料中能带结构的计算是一项重要的研究工作，对于推动弹性波超材料的应用和发展具有重要意义。

针对能带结构的计算，目前存在几种常用方法，如平面波展开法、传递矩阵法和多重散射法。然而这些方法在处理多相组合材料和复杂结构时都存在一定的限制。平面波展开法是一种广泛使用的计算方法，适用于各种维度的弹性波能带结构计算。在多相组合材料和复杂结构中，该方法的收敛速度较慢，可能导致计算结果不够准确。传递矩阵法在一维声子晶体的能带结构计算中被广泛应用。在大多数二维和三维声子晶体中，传递矩阵法无法有效适用，因此其应用受到限制。多重散射法可以用于二维和三维声子晶体的带隙特性计算，但该方法主要适用于球形和圆柱形结构。对于复杂的声子晶体结构，多重散射法的适用性较有限。随着现代科

学技术的不断发展，新型材料和结构的涌现对声子晶体能带结构的计算提出了更高的要求。目前的理论方法在理解和预测复杂声子晶体能带结构方面存在一定的局限性，无法完全满足实际需求。因此，为了更有效地研究复杂声子晶体的能带结构，需要不断探索和发展新的计算方法，以便更准确地描述和预测声子晶体中的带隙特性。

半解析有限元法是一种将解析法和有限元法相结合的数值方法，也称为波导有限元法。传统的半解析有限元法适用于具有平移不变性的波导结构。在这种情况下，波导截面的几何结构和物理属性在某个方向上保持不变，并且该方向上的波传播可以表示为简谐波的形式。通过对坐标进行傅里叶变换，可以将三维波动问题转化为仅需关注波导截面的二维问题。这种方法的优势在于能够处理复杂的波导结构，并提供准确的数值模拟结果，对波导器件的设计和分析具有重要的应用价值。半解析有限元法由 Gavric 于 1995 年首次应用到波导的研究中。Liu 等人采用了基于比例边界有限元法的计算方法研究了螺旋波导中弹性波的色散特性，并详细分析了螺旋波导中弹性波传播的截止频率、模式分离和模式转变等特性。在此基础上，Li 等人基于赫兹接触理论研究了预应力双圆柱结构中弹性波的传播特性。利用更新的拉格朗日公式和波有限元方法建立了预应力结构的弹性动力学方程，同时通过模态形状和位移矢量确定了双圆柱杆中的传播模式。结果表明，在低频下，扭转样式的模式对预应力的变化非常敏感，而在中频时，预应力配置对传播模式几乎没有影响。此后，他们采用等几何分析方法基于 Floquet 原理，考虑了应力作用下的黏弹性波导中的波特性。通过虚功原理和更新的拉格朗日公式，得到了考虑声弹性和黏弹性的参数化波动方程。接着，对于双圆柱杆和功能梯度材料板等黏弹性结构，在不同加载情况下展示了相速度、能量速度和波衰减等特性。Xiao 等人基于半解析方法研究了无限大功能梯度磁电弹性板中弹性导波的特性，分析了体积分数指数变化对色散行为的影响。随后，基于半解析谱单元方法，他们研究了多层磁电弹性曲面板中导波的色散特性，展示了与平板和中空圆柱体不同的模式转换现象，研究发现，结构弯曲度和厚度-直径比对模式转换具有最显著的影响。Li 等人基于一阶剪切变形壳理论，提出了一种半解析方法来研究功能梯度 GPLs 增强压电聚合物复合材料圆柱壳的波动特性。

在此基础上，结合 Bloch 周期性边界条件，Feng 等人提出一种适用于研究周期结构中 Lamb 波的传输带隙的半解析方法。通过 Lamb 模式匹配技术在每个人为切割的界面处获得散射矩阵，并将其代入布洛赫定理中，以解决由单元胞重复引起的本征问题。Sridhar 等人提出了一种新的多尺度半解析技术，用于分析具有复杂微观结构几何局域共振超材料的声平面波行为。首先，获得了色散本征值问题，准确捕捉了低频行为，包括局域共振带隙；其次，引入了基于富集连续介质的修正传递矩阵方法，用于对局域共振超材料进行宏观尺度声学传输分析。

谱元法是一种高阶有限元方法，结合了有限元的几何灵活性和谱方法的高精度优点。该方法由麻省理工学院的 Patera 于 1984 年引入，是在 20 世纪 80 年代中期发展起来的。在求解弹性波问题时，谱元法充分利用了谱单元的优越性，其中单元节点和积分节点的重合使得质量矩阵简化为对角矩阵，刚度矩阵的稀疏度显著降低，从而提高了计算效率和计算精度。在高阶谱元方法的实现和分析中，正交多项式起着基础性的作用。通过增加基函数的阶数，可以减小计算误差。此外，基函数的正交特性使质量矩阵成为块对角矩阵（或对角矩阵），减少了逆计算的需求，节省了计算时间。通过采用满足三项递归关系的 n 阶 Chebyshev 正交多项式作为基函数，以达到更高的精度。这种选择使得谱元法能够更好地处理问题，并提供更准确的计算结果。韩强等人基于 Bloch 原理提出了适用于周期结构的半解析周期谱方法，近年来在周期结构波动理论方面展开了系统性的研究。Han 等人基于数据驱动的深度学习框架，预测声子晶体的带结构和进行拓扑的反向设计，同时，使用周期谱有限元法计算一维声子晶体的复能带，展示弹性波的空间衰减。随后，他们基于数据驱动的深度学习模型与半解析的周期谱有限元方法相结合的联合框架，实现了二维声子晶体的拓扑的逆向设计和优化。通过调节带结构，按需逆向设计和优化声子晶体的拓扑，以获得预期的局部带隙或完全带隙，实现单向波传输或振动隔离特性。此外，Han 等人还提出了一种新颖的半解析方法，用于研究周期性磁电曲面声子晶体板中复杂的色散关系和渐近波特性。研究结果表明，传播波模式在带隙的形成、变化和闭合中起主导作用。此外，随着曲率增加，产生了复杂波模式，加强了传播波模式的衰减。Li 等人基于 Mindlin 板理论，提出了一种半解析方法来研究石墨烯和纤维增强的多尺度周期性复合材料板的色散行为和带隙特性。

1.3　机器学习在超材料领域中的应用

近些年，人工智能受到了前所未有的重视，表现出多领域、多样化的引领性发展势头，俨然已经占据第四次科技革命的核心位置。作为人工智能领域的重要内容之一，机器学习已经成为计算机、机械、电子信息等领域的热门话题，并推动着科技与社会经济的快速发展，如图 1-15 所示。机器学习通过对给定的训练数据来学习输入和输出，找出数据背后隐藏的内在关系，在不需要先验条件的情况下获取所有的特征，在满足材料与结构性能需求的同时，保证合理的微观结构与高精度之间的平衡。机器学习凭借其独特的优势在超材料结构设计与性能优化方面已经表现出显著的优势。

Liu 等人基于双向神经网络建立了深度学习模型，从大量训练实例中构建了超材料结构与其光学响应之间复杂的非线性关系，实现了特定波长下三维手性超材料的自动设计和优化。朱锦锋等人提出了一种基于自适应神经网络的深度学习方法，实现了对石墨烯超材料的智能、快速、反向、按需设计。沈健等人提出了一种基

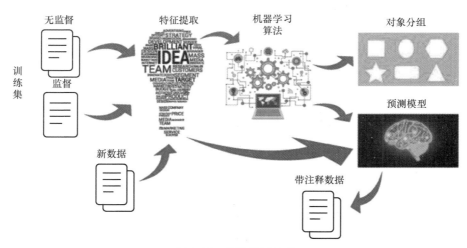

图 1-15　机器学习过程

于深度神经网络的机器学习算法，用于预测开环谐振器的结构，并将正向网络和反向网络分别训练，提高网络精度，以达到按需设计的目的。林海等人提出了一种基于深度学习的目标驱动方法，实现了吸波电磁超材料的定制化设计，该方法以吸收器的频域响应为中间桥梁，建立了超材料几何参数与定制品质因子之间的映射关系。

Chen 等人提出了一种数据驱动的超材料设计策略，研究表明超材料微结构几何特征和力学性能的调控可通过矢量运算来实现。柳占立等人将强化学习引入一维声子晶体的研究，实现了强化学习与有限元仿真的动态交互迭代，得到了指定频域内一阶带隙宽度最大化对应的最佳声子晶体结构。Guo 等人提出了一种基于深度学习的力学超材料逆向设计方法，通过监督学习训练条件生成对抗网络，同时利用独立的求解器解决鉴别器中的过拟合问题，更为精确地获得了指定弹性模量和泊松比的超材料结构。殷国富等人提出了一种基于数据驱动的深度学习框架，实现了弹性超材料目标色散关系最优结构的主动设计。Brown 等人提出了一种深度增强学习方法，设计研究了具有可调变形和迟滞特性的机械超材料，研究表明这种方法在挖掘复杂设计问题中蕴藏的内在信息，并实现非直观高性能设计方面可以发挥显著的作用。Wu 等人基于深度学习，提出了一种针对宽带超表面噪声吸收器的高效设计方法，避免了结构设计过程中大量重复的参数调节过程。Cheng 等人结合遗传算法提出了一种迷宫形声学超材料的逆向设计方法，并对带隙开展了优化设计，获得了具有超宽带隙和衰减能力的声学超材料微结构。

上述研究可见，机器学习在基于性能导向的超材料结构设计中发挥着显著的作用。除此之外，有学者进一步将机器学习和理论公式相结合，实现了基于超材料力学行为驱动的超材料微结构逆向定制。Yang 等人考虑了牛顿流体中功能梯度石墨烯折纸辅助拉胀超材料梁的自由振动和受迫振动问题，结合遗传规划算法和理论公式，优化了超材料梁的振动特性。Zhong 等人采用机器学习开展了剪纸启发的主动复合材料的形貌和力学行为的可编程预测。Yu 等人基于神经网络，研究了空隙拉胀超材料的非线性响应预测，并实现了超材料微结构的逆向定制。机器学习正在逐步地走进各个学科领域，并结合具体问题演变出新的应用模式，它将为科学研究和工程应用带来革命性的影响。

第 2 章

复合折纸超材料的设计和波动特性

2.1 引言

　　折叠结构由于具有高比刚度、高比强度等优异性能，在航空航天、土木工程、生物医学等工程领域备受关注。同时，折叠结构的周期性特性为其提供了强大的波操纵能力，可以在特定频率范围内抑制弹性波的传播。折纸结构具有折痕、折叠方式的多样性及几何构型的可重构性，为复合超材料的设计提供了丰富的研究思路和灵感，更加有利于波动或声波的传播与调控，进而实现折纸复合超材料的功能化开发。此外，材料选择与结构设计是调控弹性波传播的两个重要维度，尽管基于折纸结构的超材料设计必然会实现丰富的波动特性，然而通过改变折纸结构的材料选择或组成，特别是复合材料的引入对于先进功能材料与结构的设计、发展以及对波动特性的调控作用更是前景无限。

　　本章基于传统波纹结构和折纸结构，设计了三种复合折纸超材料，系统地研究了这些超材料中弹性波的传播特性。首先，基于铁木辛柯梁理论和 Bloch 原理，结合周期边界条件和坐标变换关系，推导折纸超材料的弹性波动方程，提出了一维周期复合折叠梁的半解析周期谱梁法，研究了复合折叠梁中弹性波的带隙、衰减等波动特性及其调控机理。其次，基于折纸结构的空间构型可调性及复合材料的微观可调性，提出了波纹和点阵-多尺度复合折纸超材料，揭示了多尺度复合折纸超材料的能带特性及其受关键参数的影响规律。结合粒子群优化算法，实现对多尺度复合折纸超材料的宽频化设计。

2.2 一维复合折叠梁的结构设计和波动特性

2.2.1 结构设计

　　考虑平面弹性波在复合波纹折叠梁中的传播，为简单起见，选择一个单胞来描述几何参数，并以 x 轴平行于弹性波传播方向的方式引入笛卡儿坐标（x，y，z），如图 2-1 所示。每个单元格可以分为五个部分，具有相同的尺寸参数。其中，从左至右编号的五个部分包含两种材料：第一部分、第三部分、第五部分为压电压磁材料组成的功能梯度平台梁，体积分数占比沿厚度方向逐渐变化；另外两个部分为均质材料聚二甲基硅氧烷（PDMS）构成的腹梁。复合折叠梁的几何参数和 PDMS 材料性能见表 2-1。

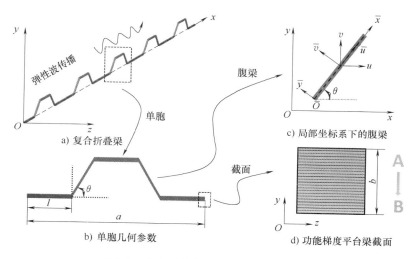

a) 复合折叠梁
b) 单胞几何参数
c) 局部坐标系下的腹梁
d) 功能梯度平台梁截面

图 2-1 复合折叠声子晶体梁结构示意图

表 2-1 复合折叠梁的几何参数和 PDMS 材料性能

每部分长度 l/mm	1	弹性模量 E/MPa	0.868
横截面宽度 h/mm	0.1	切变模量 G/GPa	0.3
横截面厚度 a/mm	0.4	泊松比 ν	0.4
腹梁折叠角 θ/(°)	60	密度 ρ/(kg/m³)	952

然而，在实际工程应用中，由于制造技术的限制，连续功能梯度材料难以制造，具有多层均匀变化的功能梯度复合材料模型引起了人们的关注。这里将这些功能梯度平台梁沿厚度方向分成 N_l 层，每层厚度为 $h_N = h/N$。功能梯度的体积分数从底部到顶部逐渐变化。同时，每一层都具有均匀的材料性质，下面的函数可以描述 $n\text{-}th$ 层的材料性质。

$$\begin{cases} W^n(y) = (W_1 - W_2)\left(\dfrac{y}{h}\right)^\lambda + W_2 & y \in (h_b^n, h_t^n) \\ h_t^n = y_1 + hn/N \\ h_b^n = y_1 + h(n-1)/N \end{cases} \quad (2\text{-}1)$$

式中，函数 $W^n(y)$ 是 $n\text{-}th$ 层（$n=1$，2，…，N_l）中材料性能（包括密度、泊松比和弹性模量）沿厚度方向的变化；W_1、W_2 和 λ 分别是压电/压磁材料的性能和功能梯度体积分数指数；h_t^n 和 h_b^n 是 $n\text{-}th$ 层的上、下表面坐标。

2.2.2 波动特性

1. 广义压电压磁本构方程

这里引入笛卡儿坐标系（$O\text{-}xyz$）来研究弹性波在复合折叠声子晶体梁中的传播。x 坐标、y 坐标和 z 坐标分别沿梁的长度、厚度（高度）和宽度。引入局部坐标（$O\text{-}\overline{x}\,\overline{y}\,\overline{z}$）来描述与弹性波传播方向不平行的腹侧梁，将平台梁的功能梯度材料简化为复合结构，并沿厚度方向分成若干层。此外，截面旋转的影响比较复杂，采用铁木辛柯梁理论可以更精确地计算复合梁的变形运动学。假设沿坐标（x，y）的位移（u，v）仅是与 x 和 y 坐标相关的函数，忽略横向法向应变，将中性平面作为参考平面，面内平移位移和弯曲旋转角度分别表示为 $u_0(x,t)$，$v_0(x,t)$ 和 $\alpha(x,t)$。因此在任一点上沿两个方向的位移运动学为

$$\begin{cases} u(x,y,t)=u_0(x,t)+y\alpha_x(x,t) \\ v(x,y,t)=v_0(x,t) \end{cases} \tag{2-2}$$

将式（2-2）代入几何方程，可得任一点处的应变-位移关系：

$$\varepsilon_{xx}=\varepsilon_{xx}^0+y\kappa, \quad \varepsilon_{yy}=\varepsilon_{yy}^0, \quad \gamma_{xy}=\frac{\partial v_0}{\partial x}+\alpha_x \tag{2-3}$$

式中，中性面应变分量和横向剪切变形引起的曲率分量定义为

$$\varepsilon_{xx}^0=\frac{\partial u_0}{\partial x}, \quad \varepsilon_{yy}^0=\frac{\partial v_0}{\partial y}, \quad \kappa=\frac{\partial \alpha_x}{\partial x} \tag{2-4}$$

在直角坐标系下，电磁弹性材料的耦合本构方程写成如下形式：

$$\begin{cases} \sigma_{ij}=C_{ijkf}\varepsilon_{kf}-e_{kij}E_k-q_{ijk}H_k \\ D_i=e_{ikf}\varepsilon_{kf}+\nu_{ik}E_k+g_{ik}H_k \\ B_i=q_{ijk}\varepsilon_{kf}+g_{ik}E_k+\mu_{ik}H_k \end{cases} \tag{2-5}$$

根据爱因斯坦求和约定，其中 i，j，k，$f=1$，2，3（分别对应于 x，y，z 坐标）。其中二阶应力张量 s_{ij}、电位移矢量 $\boldsymbol{D}_i$ 和磁感应矢量 $\boldsymbol{B}_i$ 表示如下：

$$\begin{cases} \boldsymbol{s}=(s_{xx} \quad s_{yy} \quad s_{zz} \quad t_{xy} \quad t_{yz} \quad t_{xz})^{\mathrm{T}} \\ \boldsymbol{D}=(D_x \quad D_y \quad D_z)^{\mathrm{T}} \\ \boldsymbol{B}=(B_x \quad B_y \quad B_z)^{\mathrm{T}} \end{cases} \tag{2-6}$$

二阶应变张量 $\boldsymbol{e}_{kf}$，电场矢量 $\boldsymbol{E}_k$，磁场矢量 $\boldsymbol{H}_k$ 表示如下：

$$\begin{cases} \boldsymbol{e} = (\, e_{xx} \quad e_{yy} \quad e_{zz} \quad g_{xy} \quad g_{yz} \quad g_{xz} \,)^{\mathrm{T}} \\ \boldsymbol{E} = (\, E_x \quad E_y \quad E_z \,)^{\mathrm{T}} \\ \boldsymbol{H} = (\, H_x \quad H_y \quad H_z \,)^{\mathrm{T}} \end{cases} \tag{2-7}$$

$\boldsymbol{C}_{jkf}$ 为四阶弹性常数张量:

$$\boldsymbol{C} = \begin{pmatrix} C_{11} & C_{12} & C_{13} & 0 & 0 & 0 \\ C_{21} & C_{22} & C_{23} & 0 & 0 & 0 \\ C_{31} & C_{32} & C_{33} & 0 & 0 & 0 \\ 0 & 0 & 0 & C_{44} & 0 & 0 \\ 0 & 0 & 0 & 0 & C_{55} & 0 \\ 0 & 0 & 0 & 0 & 0 & C_{66} \end{pmatrix} \tag{2-8}$$

三阶压电常数张量 $\boldsymbol{e}_{kij}$ 和压缩常数张量 $\boldsymbol{q}_{kij}$ 反映了力电和力磁耦合效应:

$$\boldsymbol{e} = \begin{pmatrix} 0 & 0 & 0 & e_{14} & 0 & 0 \\ e_{21} & e_{22} & e_{23} & 0 & 0 & 0 \\ 0 & 0 & 0 & 0 & 0 & e_{36} \end{pmatrix}, \quad \boldsymbol{q} = \begin{pmatrix} 0 & 0 & 0 & q_{14} & 0 & 0 \\ q_{21} & q_{22} & q_{23} & 0 & 0 & 0 \\ 0 & 0 & 0 & 0 & 0 & q_{36} \end{pmatrix} \tag{2-9}$$

二阶介电常数张量 $\boldsymbol{n}_{ik}$、磁导率常数 $\boldsymbol{m}_{ik}$、磁电常数张量 $\boldsymbol{g}_{ik}$ 表示为

$$\boldsymbol{n} = \begin{pmatrix} n_{11} & 0 & 0 \\ 0 & n_{22} & 0 \\ 0 & 0 & n_{33} \end{pmatrix}, \quad \boldsymbol{m} = \begin{pmatrix} m_{11} & 0 & 0 \\ 0 & m_{22} & 0 \\ 0 & 0 & m_{33} \end{pmatrix}, \quad \boldsymbol{g} = \begin{pmatrix} g_{11} & 0 & 0 \\ 0 & g_{22} & 0 \\ 0 & 0 & g_{33} \end{pmatrix} \tag{2-10}$$

此外,假定沿梁截面宽度方向的挤压应力为零($s_{yy} = 0$)。根据式(2-5),e_{yy} 可以表示为

$$e_{yy} = \frac{e_{22}E_y + q_{22}H_y - C_{21}e_{xx} - C_{23}e_{zz}}{C_{22}} \tag{2-11}$$

将式(2-11)代入式(2-5),得到 x 和 z 方向上的弹性本构关系,以及 y 方向上的弹性电位移和弹性磁感应强度:

$$\begin{cases} s_{xx} = \overline{C}_{11}e_{xx} + \overline{C}_{13}e_{zz} - \overline{e}_{21}E_y - \overline{q}_{21}H_y \\ s_{zz} = \overline{C}_{31}e_{xx} + \overline{C}_{33}e_{zz} - \overline{e}_{23}E_y - \overline{q}_{23}H_y \\ D_y = \overline{e}_{21}e_{xx} + e_{23}e_{zz} + \overline{n}_{22}E_y + \overline{g}_{22}H_y \\ B_y = \overline{q}_{21}e_{xx} + \overline{q}_{23}e_{zz} + \overline{g}_{22}E_y + \overline{m}_{22}H_y \end{cases} \tag{2-12}$$

其中

$$
\begin{cases}
\overline{C}_{11} = C_{11} - \dfrac{C_{12}C_{21}}{C_{22}}, \quad \overline{C}_{13} = C_{13} - \dfrac{C_{12}C_{23}}{C_{22}}, \quad \overline{e}_{21} = e_{21} - \dfrac{C_{12}}{C_{22}}e_{22}, \quad \overline{q}_{21} = q_{21} - \dfrac{C_{12}}{C_{22}}q_{22} \\[2mm]
\overline{C}_{31} = C_{31} - \dfrac{C_{32}C_{21}}{C_{22}}, \quad \overline{C}_{33} = C_{33} - \dfrac{C_{32}C_{23}}{C_{22}}, \quad \overline{e}_{23} = e_{23} - \dfrac{C_{32}}{C_{22}}e_{22}, \quad \overline{q}_{23} = q_{23} - \dfrac{C_{32}}{C_{22}}q_{22} \\[2mm]
\overline{n}_{22} = n_{22} + \dfrac{e_{22}e_{22}}{C_{22}}, \quad \overline{m}_{22} = m_{22} + \dfrac{q_{22}q_{22}}{C_{22}}, \quad \overline{g}_{22} = g_{22} + \dfrac{e_{22}q_{22}}{C_{22}}
\end{cases}
$$

$$(2\text{-}13)$$

进一步详细分析，由于梁截面的厚度尺寸远小于长度尺寸，沿厚度方向的横向法向应力为零（$s_{zz}=0$）。根据式（2-12），e_{zz} 可以表示为

$$
e_{zz} = \frac{\overline{e}_{23}E_y + \overline{q}_{23}H_y - \overline{C}_{31}e_{xx}}{\overline{C}_{33}}
$$

$$(2\text{-}14)$$

随后，将式（2-14）代入式（2-12）可得

$$
\begin{cases}
s_{xx} = Q_{11}e_{xx} - \widetilde{e}_{21}E_y - \widetilde{q}_{21}H_y \\
D_y = \widetilde{e}_{21}e_{xx} + \widetilde{n}_{22}E_y + \widetilde{g}_{22}H_y \\
B_y = \widetilde{q}_{21}e_{xx} + \widetilde{g}_{22}E_y + \widetilde{m}_{22}H_y
\end{cases}
$$

$$(2\text{-}15)$$

因此磁电弹性材料的本构关系可表示为

$$
\begin{cases}
s_{xx} = Q_{11}e_{xx} - \widetilde{e}_{21}E_y - \widetilde{q}_{21}H_y, \quad t_{xy} = Q_{44}g_{xy} - \widetilde{e}_{14}E_y - \widetilde{q}_{14}H_y \\
D_x = \widetilde{e}_{14}g_{xy} + \widetilde{n}_{11}E_x + \widetilde{g}_{11}H_x, \quad B_x = \widetilde{q}_{14}g_{xy} + \widetilde{g}_{11}E_x + \widetilde{m}_{11}H_x \\
D_y = \widetilde{e}_{21}e_{xx} + \widetilde{n}_{22}E_y + \widetilde{g}_{22}H_y, \quad B_y = \widetilde{q}_{21}e_{xx} + \widetilde{g}_{22}E_y + \widetilde{m}_{22}H_y \\
D_z = \widetilde{e}_{36}g_{xz} + \widetilde{n}_{33}E_z + \widetilde{g}_{33}H_z, \quad B_z = \widetilde{q}_{36}g_{xz} + \widetilde{g}_{33}E_z + \widetilde{m}_{33}H_z
\end{cases}
$$

$$(2\text{-}16)$$

其中

$$
\begin{cases}
Q_{11} = \overline{C}_{11} - \dfrac{\overline{C}_{13}\overline{C}_{31}}{\overline{C}_{33}}, \quad Q_{44} = C_{44}, \quad \widetilde{g}_{11} = g_{11}, \quad \widetilde{g}_{22} = \overline{g}_{22} + \dfrac{\overline{e}_{23}\overline{q}_{23}}{\overline{C}_{33}}, \quad \widetilde{g}_{33} = g_{33} \\[3mm]
\widetilde{e}_{21} = \overline{e}_{21} - \dfrac{\overline{C}_{13}}{\overline{C}_{33}}\overline{e}_{23}, \quad \widetilde{e}_{14} = e_{14}, \quad \widetilde{e}_{36} = e_{36}, \quad \widetilde{q}_{21} = \overline{q}_{21} - \dfrac{\overline{C}_{13}}{\overline{C}_{33}}\overline{q}_{23}, \quad \widetilde{q}_{14} = q_{14}, \quad \widetilde{q}_{36} = q_{36} \\[3mm]
\widetilde{n}_{11} = n_{11}, \quad \widetilde{n}_{22} = \overline{n}_{22} + \dfrac{\overline{e}_{23}\overline{e}_{23}}{\overline{C}_{33}}, \quad \widetilde{n}_{33} = n_{33}, \quad \widetilde{m}_{11} = m_{11}, \quad \widetilde{m}_{22} = \overline{m}_{22} + \dfrac{\overline{q}_{23}\overline{q}_{23}}{\overline{C}_{33}}, \quad \widetilde{m}_{33} = m_{33}
\end{cases}
$$

$$(2\text{-}17)$$

值得注意的是，上述公式适用于描述复合梁各磁电弹性层的本构。通过沿厚度方向积分，可以计算出各层的面内轴向力合力 N_m^n、弯矩和扭矩合力 M_b^n、横向剪力合力 T_s^n、电位移 q_e^n 和磁感应强度 f_e^n。此外，Timoshenko 梁理论需要剪切修正因子 K_s 来补偿由于恒定剪切应力假设而产生的误差。

$$\begin{cases} \boldsymbol{N}_m^n = \int_{h_b^n}^{h_t^n} \boldsymbol{\sigma}_{xn} \mathrm{d}y = \int_{h_b^n}^{h_t^n} (\boldsymbol{A}_n \boldsymbol{\varepsilon}_0 + \boldsymbol{B}_n \boldsymbol{\kappa} - \boldsymbol{C}_{yNn} \boldsymbol{E} - \boldsymbol{K}_{yNn} \boldsymbol{H}) \, \mathrm{d}y \\[2mm] \boldsymbol{M}_b^n = \int_{h_b^n}^{h_t^n} \boldsymbol{\sigma}_{xn} y \mathrm{d}y = \int_{h_b^n}^{h_t^n} (\boldsymbol{B}_n \boldsymbol{\varepsilon}_0 + \boldsymbol{D}_n \boldsymbol{\kappa} - \boldsymbol{C}_{yMn} \boldsymbol{E} - \boldsymbol{K}_{yMn} \boldsymbol{H}) \, \mathrm{d}y \\[2mm] \boldsymbol{T}_s^n = K_s \int_{h_b^n}^{h_t^n} \boldsymbol{\tau}_{xyn} \mathrm{d}y = K_s \int_{h_b^n}^{h_t^n} (\boldsymbol{F}_n \boldsymbol{\gamma} - \boldsymbol{C}_{xNn} \boldsymbol{E} - \boldsymbol{K}_{xNn} \boldsymbol{H}) \, \mathrm{d}y \\[2mm] \boldsymbol{q}_e^n = \int_{h_b^n}^{h_t^n} \boldsymbol{D}_n \mathrm{d}y = \int_{h_b^n}^{h_t^n} (\boldsymbol{C}_{yN_n}^{\mathrm{T}} \boldsymbol{\varepsilon}_0 + \boldsymbol{C}_{yM_n}^{\mathrm{T}} \boldsymbol{\kappa} + \boldsymbol{C}_{xN_n}^{\mathrm{T}} \boldsymbol{\varepsilon}_0 + \boldsymbol{V}_n \boldsymbol{E} + \boldsymbol{G}_n \boldsymbol{H}) \, \mathrm{d}y \\[2mm] \boldsymbol{f}_e^n = \int_{h_b^n}^{h_t^n} \boldsymbol{B}_n \mathrm{d}y = \int_{h_b^n}^{h_t^n} (\boldsymbol{K}_{yN_n}^{\mathrm{T}} \boldsymbol{\varepsilon}_0 + \boldsymbol{K}_{yM_n}^{\mathrm{T}} \boldsymbol{\kappa} + \boldsymbol{K}_{xN_n}^{\mathrm{T}} \boldsymbol{\varepsilon}_0 + \boldsymbol{G}_n \boldsymbol{E} + \boldsymbol{U}_n \boldsymbol{H}) \, \mathrm{d}y \end{cases} \tag{2-18}$$

第 n 层的相关系数矩阵表示为

$$\begin{cases} (\boldsymbol{A}_n, \boldsymbol{B}_n, \boldsymbol{D}_n, \boldsymbol{F}_n) = (\boldsymbol{a}_1, \boldsymbol{b}_1, \boldsymbol{d}_1, \boldsymbol{f}_1) \dfrac{h_t^n}{h/N} + (\boldsymbol{a}_2, \boldsymbol{b}_2, \boldsymbol{d}_2, \boldsymbol{f}_2) \left(1 - \dfrac{h_t^n}{h/N} \right) \\[3mm] (\boldsymbol{C}_{yNn}, \boldsymbol{K}_{yNn}) = (\boldsymbol{c}_{yN1}, \boldsymbol{k}_{yN1}) \dfrac{h_t^n}{h/N} + (\boldsymbol{c}_{yN2}, \boldsymbol{k}_{yN2}) \left(1 - \dfrac{h_t^n}{h/N} \right) \\[3mm] (\boldsymbol{C}_{yMn}, \boldsymbol{K}_{yMn}) = (\boldsymbol{c}_{yM1}, \boldsymbol{k}_{yM1}) \dfrac{h_t^n}{h/N} + (\boldsymbol{c}_{yM2}, \boldsymbol{k}_{yM2}) \left(1 - \dfrac{h_t^n}{h/N} \right) \\[3mm] (\boldsymbol{C}_{xNn}, \boldsymbol{K}_{xNn}) = (\boldsymbol{c}_{xN1}, \boldsymbol{k}_{xN1}) \dfrac{h_t^n}{h/N} + (\boldsymbol{c}_{xN2}, \boldsymbol{k}_{xN2}) \left(1 - \dfrac{h_t^n}{h/N} \right) \\[3mm] (\boldsymbol{V}_n, \boldsymbol{G}_n, \boldsymbol{U}_n) = (\boldsymbol{v}_1, \boldsymbol{g}_1, \boldsymbol{u}_1) \dfrac{h_t^n}{h/N} + (\boldsymbol{v}_2, \boldsymbol{g}_2, \boldsymbol{u}_2) \left(1 - \dfrac{h_t^n}{h/N} \right) \end{cases} \tag{2-19}$$

其中

$$\begin{cases} \boldsymbol{a}_{kk} = (Q_{11}), \quad \boldsymbol{b}_{kk} = (Q_{11}y), \quad \boldsymbol{d}_{kk} = (Q_{11}y^2), \quad \boldsymbol{f}_{kk} = (Q_{44}) \\[2mm] \boldsymbol{c}_{yNkk} = (0 \quad \bar{e}_{21} \quad 0), \qquad \boldsymbol{k}_{yNkk} = (0 \quad \bar{q}_{21} \quad 0) \\[2mm] \boldsymbol{c}_{yMkk} = (0 \quad \bar{e}_{21}y \quad 0), \quad \boldsymbol{k}_{yMkk} = (0 \quad \bar{q}_{21} \quad 0) \\[2mm] \boldsymbol{c}_{xNkk} = (\bar{e}_{14} \quad 0 \quad 0), \qquad \boldsymbol{k}_{xNkk} = (\bar{q}_{14} \quad 0 \quad 0) \end{cases} \tag{2-20}$$

和

$$\boldsymbol{v}_{kk} = \begin{pmatrix} \bar{\nu}_{11} & 0 & 0 \\ 0 & \bar{\nu}_{22} & 0 \\ 0 & 0 & \bar{\nu}_{33} \end{pmatrix}, \quad \boldsymbol{g}_{kk} = \begin{pmatrix} \bar{g}_{11} & 0 & 0 \\ 0 & \bar{g}_{22} & 0 \\ 0 & 0 & \bar{g}_{33} \end{pmatrix}, \quad \boldsymbol{u}_{kk} = \begin{pmatrix} \bar{\mu}_{11} & 0 & 0 \\ 0 & \bar{\mu}_{22} & 0 \\ 0 & 0 & \bar{\mu}_{33} \end{pmatrix}$$

在式（2-20）中下标 $kk = 1$、2 分别表示压电材料 $BaTiO_3$ 和磁致伸缩材料 $CoFe_2O_4$，其对应的材料常数见表 2-2。最终，将式（2-18）中的合力和式（2-19）的相关系数矩阵沿厚度方向在各层进行积分求和，得到复合波纹折叠梁的功能梯度磁电弹性广义本构方程：

$$P = QS \qquad (2\text{-}21)$$

$$
\begin{cases}
P = (\begin{matrix} N_m & M_b & T_s & q_e & e_e \end{matrix})^{\mathrm{T}} \\[2mm]
Q = \begin{pmatrix}
A & B & 0 & -C_{y0} & -K_{y0} \\
B & D & 0 & -C_{y1} & -K_{y1} \\
0 & 0 & F & -C_{x0} & -K_{x0} \\
C_{y0}{}^{\mathrm{T}} & C_{y1}{}^{\mathrm{T}} & C_{x0}{}^{\mathrm{T}} & V & G \\
K_{y0}{}^{\mathrm{T}} & K_{y1}{}^{\mathrm{T}} & K_{x0}{}^{\mathrm{T}} & G & U
\end{pmatrix} \\[20mm]
S = (\begin{matrix} \varepsilon_0 & \kappa & \gamma & E & H \end{matrix})^{\mathrm{T}}
\end{cases} \qquad (2\text{-}22)
$$

$$(N_m, M_b, T_s, q_e, f_e) = \sum_{n=1}^{N_l} (N_m^n, M_b^n, T_s^n, q_e^n, f_e^n)$$

$$(A, B, D, F) = \sum_{n=1}^{N_l} (A_n, B_n, D_n, F_n)$$

$$(C_{yN}, C_{yM}, C_{xN}) = \sum_{n=1}^{N_l} (C_{yNn}, C_{yMn}, C_{xNn}) \qquad (2\text{-}23)$$

$$(K_{yN}, K_{yM}, K_{xN}) = \sum_{n=1}^{N_l} (K_{yNn}, K_{yMn}, K_{xNn})$$

$$(V, G, U) = \sum_{n=1}^{N_l} (V_n, G_n, U_n)$$

表 2-2　$BaTiO_3$ 和 $CoFe_2O_4$ 的材料性能

材料属性	$BaTiO_3$	$CoFe_2O_4$	材料属性	$BaTiO_3$	$CoFe_2O_4$
C_{11}/GPa	166	286	$e_{36}/(C/m)$	11.6	0
C_{12}/GPa	78	170.5	$n_{11}/(10^{-10} F/m^2)$	112	0.8
C_{13}/GPa	78	170.5	$n_{22}/(10^{-10} F/m^2)$	126	0.93
C_{22}/GPa	162	268.5	$n_{33}/(10^{-10} F/m^2)$	112	0.8
C_{23}/GPa	77	173	$q_{14}/[N/(A \cdot m)]$	0	550
C_{33}/GPa	166	288	$q_{12}/[N/(A \cdot m)]$	0	580.3
C_{44}/GPa	43	45.3	$q_{22}/[N/(A \cdot m)]$	0	699.7
C_{55}/GPa	44.6	44.6	$q_{23}/[N/(A \cdot m)]$	0	580.3
C_{66}/GPa	43	43	$q_{36}/[N/(A \cdot m)]$	0	550
$e_{14}/(C/m)$	11.6	0	$\mu_{11}/(10^{-6} N \cdot s^2/C^2)$	5	-590
$e_{12}/(C/m)$	-4.4	0	$\mu_{22}/(10^{-6} N \cdot s^2/C^2)$	10	157
$e_{22}/(C/m)$	18.6	0	$\mu_{33}/(10^{-6} N \cdot s^2/C^2)$	5	-590
$e_{23}/(C/m)$	-4.4	0	$\rho/(10^3 kg/m^3)$	5.8	5.3

注：C 表示材料的弹性常数，e 表示压电常数，n 表示介电常数，q 表示压磁常数，μ 表示磁导率，ρ 表示材料密度。

2. 波动控制方程

本节所展示的复合折叠梁可以看作是沿 x 轴方向的一维声子晶体。根据 Bloch 定理，周期矢量 $\boldsymbol{F}(\boldsymbol{r})$ 满足周期移位算子，特征函数可表示为

$$\boldsymbol{F}(\boldsymbol{r}) = \boldsymbol{F}(\boldsymbol{r}+\boldsymbol{R}), \quad \boldsymbol{F}(\boldsymbol{r}) = \boldsymbol{F}_k(\boldsymbol{r}) \mathrm{e}^{ikr} \tag{2-24}$$

式中，$\boldsymbol{k}$、$\boldsymbol{R}$ 分别是波矢量和点阵矢量；i 是虚数单位。考虑弹性波在周期结构中的传播，不同周期单元的位移场描述如下：

$$\boldsymbol{u}(\boldsymbol{x}_n, \boldsymbol{t}) = \boldsymbol{U}(\boldsymbol{x}_n) \mathrm{e}^{-\mathrm{i}\omega t}, \quad \boldsymbol{U}(\boldsymbol{x}_n) = \boldsymbol{U}(\boldsymbol{x}_n + \boldsymbol{l}_n) \mathrm{e}^{-ikn_j l_j} \tag{2-25}$$

式中，ω、t 和 $\boldsymbol{U}(\boldsymbol{x}_n)$ 分别是等效点的角频率、时间和位移矢量；i 是虚数单位；$\boldsymbol{x}_n$，$\boldsymbol{l}_n$，$\boldsymbol{n}_j$ 是位置矢量，连接周期单元格中等效点和波传播方向余弦的位置矢量。

基于 Timoshenko 梁理论，选取一个单元格进行有限元离散，弹性波在 x 方向上传播的位移场函数可表示为时间相关形式：

$$\boldsymbol{u}(x, t) = \boldsymbol{U}(x) \mathrm{e}^{-\mathrm{i}(\omega t - kx)}, \quad \boldsymbol{U}(x) = \boldsymbol{N}(x) \boldsymbol{Q}^{\mathrm{e}} \tag{2-26}$$

式中，$\boldsymbol{N}(x)$ 和 $\boldsymbol{Q}^{\mathrm{e}}$ 分别是形状函数矩阵和节点位移矢量；i 是虚数单位。

就分析数值问题的一般步骤而言，高阶谱元法类似于有限元法。也就是说，整个原始区域被分割成许多互不重叠的子区域，每个子域中的未知量用插值基函数表示，通过将无限自由度近似为有限自由度来求解。正交多项式是实现和分析高阶谱元方法的基础。通过增加基函数的阶数可以减小计算误差。此外，基函数的正交特性决定了质量矩阵为块对角矩阵（或对角矩阵），从而减少了逆的计算，节省了计算时间。本节采用满足三项递归关系的 n 阶 Legendre 正交多项式作为基函数，以达到更高的精度。

$$\begin{cases} L_0(x) = 1 \\ L_1(x) = x \\ L_{n+1}(x) = \dfrac{2n+1}{n+1} x L_n(x) - \dfrac{n}{n+1} L_{n-1}(x) \end{cases} \tag{2-27}$$

为了方便将一般任意几何离散化，进行标准化的数值积分计算，通过从参数空间映射到物理空间，将一般单元的几何形状和场函数转换为参考单元（$[-1,1]$）中相同的节点数和插值函数。一维谱元局部坐标的正交点和权值由 Gauss-Legendre-Lobatto（GLL）点定义，其中 $\bar{L}_N(x)$ 是勒让德多项式的一阶导数。

$$x_p = \begin{cases} -1, & p = 0 \\ 1, & p = N \\ \bar{L}_N(x_p), & p \in (1, N-1) \end{cases} \quad w_p = \frac{2}{N(N+1)[L_N(x_p)]^2}, p \in 0, \cdots, N \tag{2-28}$$

因此根据等参变换，$\boldsymbol{u}(x, t)$ 的广义位移场可表示为

$$\boldsymbol{u}(x, t) = \boldsymbol{N}(x) \boldsymbol{Q}^{\mathrm{e}} \mathrm{e}^{-\mathrm{i}(\omega t - kx)} = \boldsymbol{N}(x) \boldsymbol{u}_n(x, t) \tag{2-29}$$

其中

$$\begin{cases} \boldsymbol{N}(x) = (\ N_1(x) \quad N_2(x) \quad N_3(x) \quad \cdots \quad N_n(x)\ ) \\[2mm] \boldsymbol{N}_i(x) = \boldsymbol{L}(\ N_1(x) \quad N_1(x) \quad N_1(x) \quad N_1(x) \quad N_1(x)\ )_{5\times5} \\[2mm] \boldsymbol{u}(x,t) = (\ u_0(x,t) \quad v_0(x,t) \quad a_x(x,t) \quad f(x,t) \quad j(x,t)\ )^{\mathrm{T}} \\[2mm] \boldsymbol{Q}^e = (\ U_{01} \quad V_{01} \quad a_{x1} \quad f_1 \quad j_1 \quad \cdots \quad U_{0n} \quad V_{0n} \quad a_{xn} \quad f_n \quad j_n\ )^{\mathrm{T}} \end{cases} \tag{2-30}$$

式中，$\boldsymbol{L}_{5\times5}$ 是 5×5 维度的对角矩阵；下标 n 是单元节点数。

基于哈密顿原理，当系统处于平衡状态时，波导介质中无体力的任何一点的应变能和动能的变化之和为零。

$$\mathrm{d}P = \mathrm{d}\iint_t\int_V (\boldsymbol{F} - \boldsymbol{K})\,\mathrm{d}V\mathrm{d}t = 0 \tag{2-31}$$

结合功能梯度磁电弹性广义本构，弹性波传播引起的总势能可表示为

$$P_{\mathrm{pot}} = \iint_t\int_V \boldsymbol{F}\,\mathrm{d}V\mathrm{d}t = \iint_t\int_V \boldsymbol{P}^{\mathrm{T}}\boldsymbol{S}\,\mathrm{d}V\mathrm{d}t = \iint_t\int_V \boldsymbol{S}^{\mathrm{T}}\boldsymbol{Q}^{\mathrm{T}}\boldsymbol{S}\,\mathrm{d}V\mathrm{d}t \tag{2-32}$$

另外，电场矢量 $\boldsymbol{E}$ 和磁场矢量 $\boldsymbol{H}$ 由电势和磁势决定：

$$\boldsymbol{E} = \begin{pmatrix} E_x \\ E_y \\ E_z \end{pmatrix} = \left(-\frac{\partial\phi}{\partial x} \quad -\frac{\partial\phi}{\partial y} \quad -\frac{\partial\phi}{\partial z}\right)^{\mathrm{T}}, \quad \boldsymbol{H} = \begin{pmatrix} H_x \\ H_y \\ H_z \end{pmatrix} = \left(-\frac{\partial\varphi}{\partial x} \quad -\frac{\partial\varphi}{\partial y} \quad -\frac{\partial\varphi}{\partial z}\right)^{\mathrm{T}} \tag{2-33}$$

随后，由式（2-4）和式（2-32）得到的广义应变-位移关系可以改写为矩阵形式：

$$\begin{pmatrix} \boldsymbol{e}_0 \\ \boldsymbol{k} \\ \boldsymbol{g} \\ \boldsymbol{E} \\ \boldsymbol{H} \end{pmatrix} = \begin{pmatrix} \boldsymbol{L}_{e_0}\boldsymbol{u} \\ \boldsymbol{L}_k\boldsymbol{u} \\ \boldsymbol{L}_g\boldsymbol{u} \\ \boldsymbol{L}_E\boldsymbol{u} \\ \boldsymbol{L}_H\boldsymbol{u} \end{pmatrix} \tag{2-34}$$

式中微分算子矩阵 $\boldsymbol{L}_{e_0}$，$\boldsymbol{L}_k$，$\boldsymbol{L}_g$，$\boldsymbol{L}_E$，$\boldsymbol{L}_H$ 分别为

$$\begin{cases} \boldsymbol{L}_{e_0} = (\ \partial/\partial x \quad 0 \quad 0 \quad 0 \quad 0\ ) \\[2mm] \boldsymbol{L}_k = (\ 0 \quad 0 \quad \partial/\partial x \quad 0 \quad 0\ ) \\[2mm] \boldsymbol{L}_g = (\ 0 \quad \partial/\partial x \quad 1 \quad 0 \quad 0\ ) \\[2mm] \boldsymbol{L}_E = \begin{pmatrix} 0 & 0 & 0 & -\partial/\partial x & 0 \\ 0 & 0 & 0 & -\partial/\partial y & 0 \\ 0 & 0 & 0 & -\partial/\partial z & 0 \end{pmatrix} \\[6mm] \boldsymbol{L}_H = \begin{pmatrix} 0 & 0 & 0 & 0 & -\partial/\partial x \\ 0 & 0 & 0 & 0 & -\partial/\partial y \\ 0 & 0 & 0 & 0 & -\partial/\partial z \end{pmatrix} \end{cases} \tag{2-35}$$

基于等参变换，有以下定义：

$$S = B^1 u_n + B^2 u_{n,x} \qquad (2\text{-}36)$$

其中

$$B^1 = \begin{pmatrix} B^1_{e_0} \\ B^1_k \\ B^1_g \\ B^1_E \\ B^1_H \end{pmatrix} = \begin{pmatrix} L_{e_0} J^{-1} N(x)_{,x} \\ L_k J^{-1} N(x)_{,x} \\ L_g J^{-1} N(x)_{,x} \\ L_E J^{-1} N(x)_{,x} \\ L_H J^{-1} N(x)_{,x} \end{pmatrix}, \quad B^2 = \begin{pmatrix} B^2_{e_0} \\ B^2_k \\ B^2_g \\ B^2_E \\ B^2_H \end{pmatrix} = \begin{pmatrix} L_{e_0} N(x) \\ L_k N(x) \\ L_g N(x) \\ L_E N(x) \\ L_H N(x) \end{pmatrix} \qquad (2\text{-}37)$$

将广义应变-位移关系式（2-35）和广义本构方程式（2-22）代入总势能函数式（2-31）的变分中，采用分部积分法就可以得到

$$dP_{pot} = \iint_{t\,V} d\left(\begin{pmatrix} u_n^T & u_{n,x}^T \end{pmatrix} \begin{pmatrix} B^{1T} \\ B^{2T} \end{pmatrix} \right) Q^T \begin{pmatrix} B^1 & B^2 \end{pmatrix} \begin{pmatrix} u_n \\ u_{n,x} \end{pmatrix} dVdt$$

$$= \iint_{t\,V} \left\{ \begin{matrix} d(u_n^T) B^{1T} Q^T B^1 u_n + d(u_{n,x}^T) B^{2T} Q^T B^1 u_n + \\ d(u_n^T) B^{1T} Q^T B^2 u_{n,x} + d(u_{n,x}^T) B^{2T} Q^T B^2 u_{n,x} \end{matrix} \right\} dVdt$$

$$= \int_t d(u_n^T) \int_V \left\{ \begin{matrix} \{ B^{1T} Q^T B^1 \} u_n - \\ \{ (B^{2T}) Q^T B^1 - B^{1T} Q^T B^2 \} u_{n,x} - \\ \{ B^{2T} Q^T B^2 \} u_{n,xx} \end{matrix} \right\} dVdt \qquad (2\text{-}38)$$

系统动能包括平移运动能量和旋转运动能量：

$$P_{kin} = \iint_{t\,V} K dVdt = \frac{1}{2} \iint_{t\,V} r_0(\dot{u}_0)^2 + 2r I_1(\dot{u}_0)(\dot{a}) + r I_2(\dot{a})^2 dVdt \qquad (2\text{-}39)$$

式中，$u_0 = \{ u_0 \quad u_0 \}^T$；$a = \{ a_x \}$；上标（·）是对时间 t 的求导。将式（2-29）代入式（2-39），应用分部积分法可得

$$dP_{kin} = \iint_{t\,V} \begin{bmatrix} d(u_0^T) r_0(\ddot{u}_0) + \\ d\ddot{u}_0^T(r I_1) a + d(a^T) \ddot{u}_0 + \\ d(a^T)(r I_2)(\ddot{a}) \end{bmatrix} dVdt$$

$$= \iint_{t\,V} \begin{Bmatrix} d(u_{0n})^T [N_0(x)^T r_0 N_0(x)](\ddot{u}_{0n}) + \\ d(u_{0n})^T [N_0(x)^T (r_1) N_a(x)] \ddot{a}_n + \\ d(a_n^T) [N_a(x)^T (r_1) N_0(x)](\ddot{u}_{0n}) + \\ d(a_n^T) [N_a(x)^T (r_2) N_a(x)](\ddot{a}_n) + \end{Bmatrix} dVdt$$

$$= \iint_{t\,V} [d(u_n^T) N(z)^T r N(z)(u_n)] dVdt \qquad (2\text{-}40)$$

广义密度矩阵可以表示为

$$r = \begin{pmatrix} \boldsymbol{r}_0 & \boldsymbol{r}_1 & \boldsymbol{0} \\ \boldsymbol{r}_1^{\mathrm{T}} & \boldsymbol{r}_2 & \boldsymbol{0} \\ \boldsymbol{0} & \boldsymbol{0} & \boldsymbol{0} \end{pmatrix} \tag{2-41}$$

其中

$$\begin{cases} \boldsymbol{r}_0 = \int_{-2/h}^{2/h} \left\{ r_1 \left(\frac{h_t^i}{h/N} \right)^{\lambda} + r_2 \left(1 - \left(\frac{h_t^i}{h/N} \right)^{\lambda} \right) \right\} \begin{pmatrix} 1 & 0 \\ 0 & 1 \end{pmatrix} \mathrm{d}y \\ \boldsymbol{r}_1 = \int_{-2/h}^{2/h} \left\{ r_1 \left(\frac{h_t^i}{h/N} \right)^{\lambda} + r_2 \left(1 - \left(\frac{h_t^i}{h/N} \right)^{\lambda} \right) \right\} \begin{pmatrix} 1 \\ 1 \end{pmatrix} \mathrm{d}y \\ \boldsymbol{r}_2 = \int_{-2/h}^{2/h} \left\{ r_1 \left(\frac{h_t^i}{h/N} \right)^{\lambda} + r_2 \left(1 - \left(\frac{h_t^i}{h/N} \right)^{\lambda} \right) \right\} y^2 \mathrm{d}y \end{cases} \tag{2-42}$$

将式（2-38）和式（2-40）代入式（2-31），可得

$$\mathrm{d}P = \mathrm{d}P_{\mathrm{pot}} - \mathrm{d}P_{\mathrm{kin}}$$

$$= \int_t \mathrm{d}(\boldsymbol{u}_n^{\mathrm{T}}) \int_x \left[\boldsymbol{K}_1^{\mathrm{e}} \boldsymbol{u}_n - (\boldsymbol{K}_2^{\mathrm{e}} - \boldsymbol{K}_2^{\mathrm{eT}}) \boldsymbol{u}_{n,x} - \boldsymbol{K}_3^{\mathrm{e}} \boldsymbol{u}_{n,xx} - \boldsymbol{M}^{\mathrm{e}} \ddot{\boldsymbol{u}}_n \right] \mathrm{d}t \tag{2-43}$$

其中

$$\begin{cases} \boldsymbol{K}_1^{\mathrm{e}} = \int_{\zeta} (\boldsymbol{B}^{1\mathrm{T}} Q^{\mathrm{T}} \boldsymbol{B}^1) \, |\boldsymbol{J}| \mathrm{d}x \\ \boldsymbol{K}_2^{\mathrm{e}} = \int_{\zeta} \left[(\boldsymbol{B}^{2\mathrm{T}}) Q^{\mathrm{T}} \boldsymbol{B}^1 - \boldsymbol{B}^{1\mathrm{T}} \boldsymbol{\Theta}^{\mathrm{T}} \boldsymbol{B}^2 \right] |\boldsymbol{J}| \mathrm{d}x \\ \boldsymbol{K}_3^{\mathrm{e}} = \int_{\zeta} (\boldsymbol{B}^{2\mathrm{T}} Q^{\mathrm{T}} \boldsymbol{B}^2) \, |\boldsymbol{J}| \mathrm{d}x \\ \boldsymbol{M}^{\mathrm{e}} = \int_{\zeta} \boldsymbol{N}(z)^{\mathrm{T}} \boldsymbol{\rho} \boldsymbol{N}(z) \, |\boldsymbol{J}| \mathrm{d}x \end{cases} \tag{2-44}$$

矩阵 $\boldsymbol{K}_1^{\mathrm{e}}$，$\boldsymbol{K}_2^{\mathrm{e}}$，$\boldsymbol{K}_3^{\mathrm{e}}$ 和 $\boldsymbol{M}^{\mathrm{e}}$ 分别是单元刚度矩阵和质量矩阵。基于有限元方法，将单元刚度矩阵和质量矩阵组合得到标准整体矩阵。

3. 一维波纹结构的坐标转换矩阵

此外，还需要将局部坐标转换为全局坐标。如图 2-1c 所示，q 为局部坐标与全局坐标之间的变换角，$\overline{\boldsymbol{Q}}_a$ 为局部节点位移矢量，转换关系如下：

$$\boldsymbol{Q}_a = \boldsymbol{T} \overline{\boldsymbol{Q}}_a \tag{2-45}$$

式中，$\boldsymbol{T}$ 是局部坐标与全局坐标之间的变换矩阵。

$$\boldsymbol{T} = \begin{pmatrix} \boldsymbol{T}_1 & 0 & L & 0 \\ 0 & \boldsymbol{T}_2 & L & \boldsymbol{M} \\ \boldsymbol{M} & \boldsymbol{M} & L & 0 \\ 0 & 0 & L & \boldsymbol{T}_{\mathrm{nodes}^a} \end{pmatrix}, \quad \boldsymbol{T}_n = \begin{pmatrix} \cos(q) & \sin(q) & 0 & 0 & 0 \\ -\sin(q) & \cos(q) & 0 & 0 & 0 \\ 0 & 0 & 1 & 0 & 0 \\ 0 & 0 & 0 & 1 & 0 \\ 0 & 0 & 0 & 0 & 1 \end{pmatrix} \tag{2-46}$$

$\overline{\boldsymbol{K}}_1^a$、$\overline{\boldsymbol{K}}_2^a$、$\overline{\boldsymbol{K}}_3^a$、$\overline{\boldsymbol{M}}^a$ 分别是局部坐标下的单元刚度矩阵和质量矩阵。刚度矩阵与质量矩阵在全局坐标系和局部坐标系中的变换关系如下：

$$\boldsymbol{K}_1^a = \boldsymbol{T}^{\mathrm{T}} \overline{\boldsymbol{K}}_1^a \boldsymbol{T}, \quad \boldsymbol{K}_2^a = \boldsymbol{T}^{\mathrm{T}} \overline{\boldsymbol{K}}_2^a \boldsymbol{T}, \quad \boldsymbol{K}_3^a = \boldsymbol{T}^{\mathrm{T}} \overline{\boldsymbol{K}}_3^a \boldsymbol{T}, \quad \boldsymbol{M}^a = \boldsymbol{T}^{\mathrm{T}} \overline{\boldsymbol{M}}^a \boldsymbol{T} \tag{2-47}$$

将式（2-45）代入式（2-43），并从空间域到波矢域进行傅里叶变换，控制方程可演化为

$$\mathrm{d}(\boldsymbol{Q}^{\mathrm{T}}) \left[\boldsymbol{K}_1 + \mathrm{i}k(\boldsymbol{K}_2 - \boldsymbol{K}_2^{\mathrm{T}}) + k^2 \boldsymbol{K}_3 - \omega^2 \boldsymbol{M} \right] \boldsymbol{Q} = 0 \tag{2-48}$$

式中，i 是虚数单位。为了求解功能梯度复合波纹折叠声子晶体梁的能带结构，需要在特征值方程中反映周期边界条件。基于 Bloch 定理，周期结构的左右边界之间的节点位移满足一定比例。同样，将单元格的节点位移矢量 $\boldsymbol{Q}_a$ 变换为位移矢量 $\widetilde{\boldsymbol{Q}}_a$，通过变换矩阵只包含左边界和内部节点：

$$\boldsymbol{Q}_a = \boldsymbol{H} \widetilde{\boldsymbol{Q}}_a \tag{2-49}$$

其中

$$\begin{cases} \boldsymbol{Q}_a = \begin{pmatrix} \boldsymbol{q}_L^a & \boldsymbol{q}_I^a & \boldsymbol{q}_R^a \end{pmatrix}^{\mathrm{T}} \\ \widetilde{\boldsymbol{Q}}_a = \begin{pmatrix} \boldsymbol{q}_L^a & \boldsymbol{q}_I^a \end{pmatrix}^{\mathrm{T}} \\ \boldsymbol{H} = \begin{pmatrix} \boldsymbol{E}_{nx} & 0 \\ 0 & \boldsymbol{E}_{nxy} \\ 0 & l_x \boldsymbol{E}_{nx} \end{pmatrix} \begin{cases} nx = (n_x - 2) \times ii \\ nxy = (n_{xy} - 2) \times ii \\ l_x = \mathrm{e}^{\mathrm{i}k_x l_x} \end{cases} \end{cases} \tag{2-50}$$

式中，n_x，n_{xy} 分别是子结构左边界和内部的节点数；ii 是每个节点的自由度。最后，将式（2-49）代入式（2-48），同时考虑 $\mathrm{d}(\boldsymbol{Q}^{\mathrm{T}})$ 的任意性，控制方程可表示为

$$(\boldsymbol{E}_1 + \mathrm{i}k \boldsymbol{E}_2 + k^2 \boldsymbol{E}_3 - \omega^2 \boldsymbol{M}_0) \boldsymbol{Q} = 0 \tag{2-51}$$

其中

$$\boldsymbol{E}_1 = \boldsymbol{H}^{\mathrm{T}} \boldsymbol{K}_1 \boldsymbol{H}, \quad \boldsymbol{E}_2 = \boldsymbol{H}^{\mathrm{T}} (\boldsymbol{K}_2 - \boldsymbol{K}_2^{\mathrm{T}}) \boldsymbol{H}, \quad \boldsymbol{E}_3 = \boldsymbol{H}^{\mathrm{T}} \boldsymbol{K}_3 \boldsymbol{H}, \quad \boldsymbol{M}_0 = \boldsymbol{H}^{\mathrm{T}} \boldsymbol{M} \boldsymbol{H} \tag{2-52}$$

式（2-51）所示的控制方程可改写为二阶多项式特征值问题：

$$\boldsymbol{Z} \boldsymbol{Y} = c \boldsymbol{Y} \tag{2-53}$$

式中，

$$\boldsymbol{Z} = -\begin{pmatrix} \boldsymbol{E}_3^{-1} \boldsymbol{E}_2^{\mathrm{T}} & -\boldsymbol{E}_3^{-1} \\ \omega^2 \boldsymbol{M} - \boldsymbol{E}_1 + \boldsymbol{E}_2 \boldsymbol{E}_3^{-1} \boldsymbol{E}_2^{\mathrm{T}} & -\boldsymbol{E}_2 \boldsymbol{E}_3^{-1} \end{pmatrix}, \quad \boldsymbol{Y} = \begin{pmatrix} \boldsymbol{Q} \\ \boldsymbol{F} \end{pmatrix} \tag{2-54}$$

$\boldsymbol{Q}$ 和 $\boldsymbol{F}$ 分别是位移矢量和力矢量。哈密顿矩阵的特征值问题是非自伴随的；也就是说，c 和 $\bar{c}$（上标-表示复共轭）都是特征值。对于弹性波传播，波矢在任何角频率上成对出现。复波矢描述了一种衰减模态，其中模态的振幅随时间减小。纯实波矢对应的是一种没有能量损失的传播方式，而纯虚波矢代表的是一种不能向前传播的扰动。

2.2.3 复合折叠梁的波动特性分析

1. 准确性验证和收敛性分析

为了保证波动特性分析的有效性，本节对提出的适用于复合折叠梁的半解析周期谱梁法的准确性进行了验证。首先考虑由两种材料组成的周期折叠梁，其中三个平台部分的材料均为钢，弹性模量 $E = 210\text{GPa}$，泊松比 $\nu = 0.3$，密度 $\rho = 7800\text{kg/m}^3$。另外两个腹梁是铝制的，其弹性模量 $E = 70.02\text{GPa}$，泊松比 $\nu = 0.33$，密度 $\rho = 2680\text{kg/m}^3$。模型腹梁的几何参数，包括厚度、长度、倾角和晶格常数，与表 2-1 一致。波有限法（WFE）和直接法（直接从经典波动方程和简化位移中得到）在导波领域都是非常有效和精确的方法，其计算结果可作为参考值。因此采用这两种方法计算能带结构，并与本节提出的适用于折叠梁的半解析周期谱梁法进行比较。此外，为了避免量纲对数据分析的影响，晶格常数 a 和横波速度 c_s 作为量纲参数，无量纲频率和无量纲波矢表示为 $\Omega = \omega a/c_s$ 和 $K = ka/\pi$。由图 2-2a 可以观察到三种方法计算的能带结构吻合较好。此外，Comsol 获得的相应透射谱如图 2-2b 所示，三个带隙的频率范围与能带结构几乎相同。以上结果表明，本节提出的周期结构能带分析计算方法是准确可靠的。

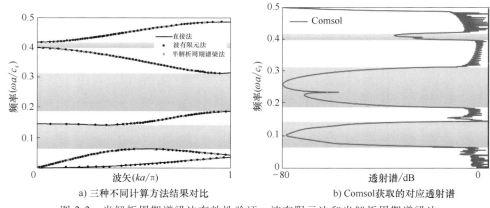

a) 三种不同计算方法结果对比   b) Comsol获取的对应透射谱

图 2-2 半解析周期谱梁法有效性验证、波有限元法和半解析周期谱梁法

本节还研究了基于 Legendre 多项式的半解析周期谱梁法的收敛性。在不失一般性的前提下，几何参数和材料性能分别与表 2-1 和表 2-2 一致，定义功能梯度体积分数指数为 0.5。此外，值得注意的是，周期结构的能带结构不同于均匀波导结构的色散曲线。虽然周期结构的带结构的一些模态是交叉的，但不同模态的频率范围仍然有很大的差异。因此在前五种模态对应的频率范围内选择五个不同的频率点，比较分析结果的收敛性。与有限元方法类似，本节提出的半解析周期谱梁法也通过增加单元个数和阶次来细化模型，以提高计算精度。由表 2-3 可知，一方面，在单元数不变的情况下，随着阶次增加到 8 以上，相应频率下计算的无量纲波矢逐渐收敛；另一方面，随着单元数的增加，前两种低频模态的收敛速度基本不变，而

高频模态的收敛速度加快。根据上述分析结果，考虑计算精度和计算效率，取单元个数为10，阶次为8。下面的内容也用同样的参数精确地模拟了复合折叠声子晶体梁。

表 2-3　收敛性分析

单元数	阶次	1	2	3	4	5
5	3	0.01456	0.06364	0.13766	0.43753	0.52916
	4	0.01357	0.04980	0.12661	0.27168	0.38974
	5	0.01357	0.04958	0.12612	0.26589	0.38598
	6	0.01357	0.04958	0.12611	0.26570	0.38566
	7	0.01357	0.04958	0.12611	0.26570	0.38566
	8	0.01357	0.04958	0.12611	0.26570	0.38566
	9	0.01357	0.04958	0.12611	0.26570	0.38566
	10	0.01357	0.04958	0.12611	0.26570	0.38566
10	3	0.01363	0.05237	0.12901	0.29267	0.41489
	4	0.01357	0.04959	0.12614	0.26601	0.38597
	5	0.01357	0.04958	0.12611	0.26570	0.38566
	6	0.01357	0.04958	0.12611	0.26570	0.38566
	7	0.01357	0.04958	0.12611	0.26570	0.38566
	8	0.01357	0.04958	0.12611	0.26570	0.38566
	9	0.01357	0.04958	0.12611	0.26570	0.38566
	10	0.01357	0.04958	0.12611	0.26570	0.38566

2. 复波矢和复能带分析

带隙是声子晶体最重要的特征之一。散射体的特殊几何参数和弹性参数导致弹性波在一定频率范围内不能传播，这是由于布洛赫波的倏逝特性。此外，由于理想的无限声子晶体不存在且不能满足离散平移对称，晶体中的任何缺陷或边缘都可能终止指数衰减，因此不能以物理方式激发倏逝波。虽然传统的 $\omega(k)$ 方法可以计算出带隙的频率范围，但不能解释频隙中倏逝波的衰减能力。因此，需要通过求解给定频率的波矢量来计算复能带结构，称为 $k(\omega)$ 方法。在此基础上，利用高阶谱元对单胞进行离散化和建模。通过哈密顿原理，建立了包含频率和波矢的频散方程，并将其转化为关于频率的二次特征值问题。

图 2-3 展示了折叠角 $\theta = 60°$ 的复合折叠声子晶体梁的复能带结构。几何参数和材料参数详见表 2-1 和表 2-2。对于复能带结构，采用无量纲处理方法。首先，对于图 2-3a 右侧的实部，在 $k = 1$ 时沿频率轴将带结构的 7 个特征模态标记为 $F_1 \sim F_7$，以便于后续的波分析。可以观察到，在 $[0, 1]$ 无量纲频率范围内，有 5 个明显的完整带隙，在相应的频率范围内禁止弹性波的传播，分别命名为 BG1、BG2、

BG3、BG4 和 BG5。另一方面，为了进一步探究图 2-3a 左侧的虚部，将衰减常数与频率轴在 $k=0$ 处的交点分别标记为 $P_1 \sim P_{10}$。正如前面指出的，带隙的出现不是因为没有能带，而是由于倏逝波。随后，从以下两个层面讨论弹性波的传播特性。

从整体上看，实部显示的 5 个带隙的频率范围与虚部显示的非零虚值一致，进一步证明了倏逝波表示传播方向上波的衰减。在微观层面上，第一带隙、第二带隙和第四带隙分别发生在 F_2 和 F_3、F_3 和 F_4、F_5 和 F_6 模式之间，分别用 BG1、BG2 和 BG4 表示。在数学上，$k(\omega)$ 方法在这些频率范围内计算的波矢量为同时包括实数和虚数的复数值，被称为指数衰减模式。第三带隙和第五带隙分别发生在 F_4 和 F_5、F_6 和 F_7 模式之间，分别用 BG3 和 BG5 表示。五角星标记的非零虚值频率范围与上述两个带隙相同。相应的复数值表示不能向前传播的扰动的纯虚波矢。

在不失一般性的前提下，图 2-3b 还展示了折叠角为 $\theta = 90°$ 的复合折叠声子晶体梁的复能带结构。类似地，左侧显示的三条三角形标记的虚波矢曲线对应于第一带隙、第二带隙和第四带隙的频率范围，分别用 BG1、BG2 和 BG4 表示。这些虚波矢曲线是由表示指数衰减的倏逝波的复值得到的。此外，可以观察到由五角星标记的两条非零纯虚波矢曲线与空心圆标记的的第三带隙和第五带隙（分别用 BG3 和 BG5 表示）一致，这意味着倏逝波是一种扰动，不能向前传播。特别是图 2-3a 和 b 中虚部有绝对值较大的曲线，也是由纯虚波矢得到的。弹性波沿单胞传播后的振幅衰减可表示为

$$A = \mathrm{e}^{-d} \tag{2-55}$$

式中，d 是虚波矢绝对值，即衰减常数。由式（2-55）可以看出，只有虚部的最小绝对值才能反映完全带隙内倏逝波的衰减。因此图 2-3b 中曲线 1 和曲线 2 相交部分的最小绝对值反映了第四带隙的衰减。

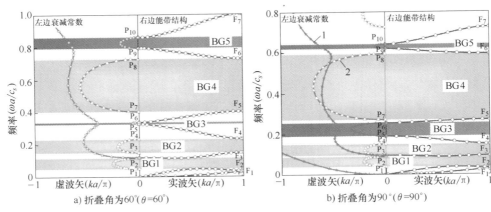

a) 折叠角为 60°（$\theta = 60°$）　　　　b) 折叠角为 90°（$\theta = 90°$）

图 2-3　复合折叠声子晶体梁的复能带结构

3. 带隙特性的参数化调控

如前所述，弹性波的衰减可以用复能带结构来解释，因为虚波矢可以表征倏逝波的性质。由于几何参数和材料参数决定了带结构，因此复合折叠声子晶体梁的关键特征之一是晶格尺寸和类型可以灵活调节。它可以用于设计具有更低频率带隙和更宽带宽的声学器件。因此本节将进行参数化研究，系统、全面地说明复合折叠声子晶体梁的带隙和波衰减的可调性。

（1）DT 对带隙和波衰减的影响　本节所考虑的复合折叠声子晶体梁的平台长度是一个重要的几何参数。我们将下平台梁与上平台梁的长度之比定义为 DT，并研究了 DT 对带隙和衰减的影响。如图 2-4a 所示，通过在［1，10］范围内连续调节 DT 来分析带隙和衰减的变化规律，其他参数见表 2-1 和表 2-2。首先，选择两个不同的折叠角 $\theta=60°$，$90°$，这两组的前四个带隙的变化如图 2-4b 所示。对于 $\theta=60°$，随着 DT 的增加，第一带隙、第四带隙的中心频率和带宽呈单调减小的变化，而第三带隙的中心频率和带宽呈单调增大的变化。特别是当 DT<6 时，第二带隙的中心频率和带宽随 DT 的增大而增大。而当 DT>6 时，随着 DT 的增大，中心频率

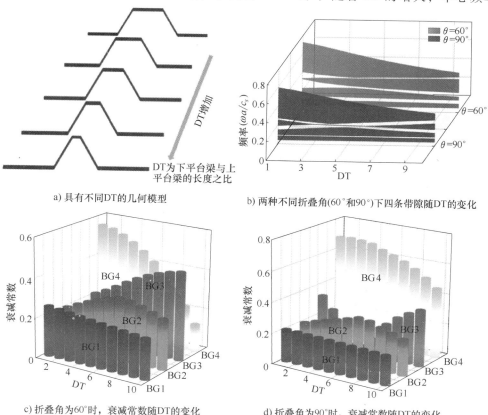

a) 具有不同DT的几何模型

b) 两种不同折叠角(60°和90°)下四条带隙随DT的变化

c) 折叠角为60°时，衰减常数随DT的变化

d) 折叠角为90°时，衰减常数随DT的变化

图 2-4　复合折叠声子晶体梁中 DT 对带隙和衰减的影响

和带宽开始减小。图 2-4c 所示为衰减常数在 $\theta = 60°$ 时随 DT 的变化规律。在第一带隙的频率范围内，衰减常数随 DT 的增大而略有减小。而对于较高频率的第三带隙和第四带隙，衰减常数的变化非常大，随着 DT 的增加，衰减常数几乎分别呈指数增长和下降。而对于第二带隙，相应频率范围内的衰减常数呈非单调变化。

类似地，对于 $\theta = 90°$，由图 2-4b 可以清楚地看到，随着 DT 的增加，第一带隙和第四带隙的中心频率和带宽呈单调减小的变化，而第二带隙和第三带隙的中心频率和带宽呈非单调变化。其中，第二带隙和第三带隙的中心频率和带宽的变化规律完全相反，前者先增大后减小，后者先减小后增大。而两个带隙的带宽总和基本保持不变。此外，图 2-4d 所示为 $\theta = 90°$ 时衰减常数的变化规律，第一带隙的衰减常数呈轻微减小的变化趋势。同时，第四带隙随 DT 的增加呈快速减小的变化趋势。对于第二带隙，对应频率范围内的衰减常数呈现非单调变化，在 DT = 6 处出现极值。最后，随着 DT 的增加，第三带隙的衰减常数先减小后增大，而在拐点处几乎降为零。

为了进一步探讨带隙和衰减随 DT 的变化机理，$\theta = 60°$ 的复能带结构的实部和虚部分别如图 2-5a 和图 2-5b 所示。在图 2-5a 中，对比 10 组用不同图形标记的条带结构，可以看出，4 个带隙如此剧烈的变化，主要是由于实部的 6 个分支的位置和形式发生了显著变化。第一支路和第二支路有轻微的负频移，而第三支路有明显的负频移，导致第一带隙的中心频率和带宽下降。值得注意的是，在更高的频率下，第四分支显示出更复杂的变化。随着 DT 的增大，群速度逐渐由正向负变化，同时出现负频移，导致第二带隙中心频率和带宽迅速降低。

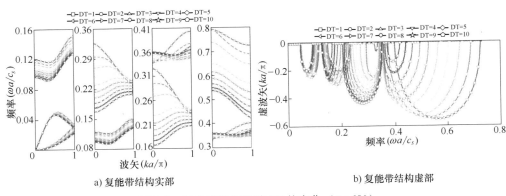

a) 复能带结构实部　　　　　　　　　　b) 复能带结构虚部

图 2-5　复能带结构数随 DT 的变化（$\theta = 60°$）

相反，随着 DT 的增加，第五支路的群速度逐渐减小到零，并出现正频移，导致第三支路的上限截止频率增加。因此，结合第四和第五分支的变化趋势，第三带隙的带宽和中心频率随着 DT 的增加而增加。此外，当 DT 增大时，由于第六支路发生显著的负频移，第四带隙的上截止频率迅速降低，最终导致第四带隙的中心频率和带宽降低。同时，图 2-5b 显示了 10 组不同图形标记的虚波矢，可以清楚地看到衰减的变化依赖于 DT。在第一带隙所在的频率范围内，随着 DT 的增大，最大衰减常数和相应的频率点逐渐减小。因此，第二带隙最大衰减常数的非单调变化可以用以下两个特征来解释：首先，第四支路的群速度决定了第二带隙的上限截止频率随着 DT 的增加由负变为正；其次，该带隙在相应频率范围内的衰减来自两种形式的倏逝波：由纯虚波矢确定的扰动和由复波矢确定的指数衰减。此外，在较高频率下，第三带隙和第四带隙的最大衰减常数分别呈指数增长和指数下降。这意味着复合折叠声子晶体光梁在较高频率下的衰减对 DT 的变化更为敏感。

对于 $\theta = 90°$ 模型下的复能带结构实虚部如图 2-6a 和图 2-6b 所示。随着 DT 的增加，决定第一带隙下截止频率的第二支路的最大频率点略有增加。相反，第三支路发生负频移，导致上截止频率降低，最终降低第一带隙的中心频率和带宽。此外，随着 DT 的增加，第四和第五分支的变化更令人感兴趣。首先，随着 DT 的增大，第四支路群速度单调性发生变化。第四个波段的群速度整体上没有明显变化，DT 在小范围内只有正频移。而对于 DT>3，在较小的波矢量范围内，第四波段的一部分群速度突然由负变为正。相反，波矢量较大的另一部分仍然具有负的群速度。这种非单调性所对应的波矢量极值也随着 DT 的增大而逐渐增大。直到 DT 大于 6，该支路群速度完全变为正，并随着 DT 的继续增大发生负频移。因此，第四支路的最小频率点先增大后减小，导致第二支路的中心频率和带宽呈现非单调变化。另一个有趣的变化是第五个分支，较小波矢量的群速度突然从正变为负。而另一部分波矢量较大的波矢量群速度仍为正，且这种非单调性所对应的波矢量极值也随着 DT 的增大而逐渐减小。当 DT 大于 6 时，该支路群速度完全变为负，频移为正。产生这些现象的主要原因可能是随着 DT 的增加，第四和第五分支的模态转换。因此这两个分支的相反变化导致第三带隙的变化先减少后增加，在最小带宽时几乎为零。此外，第六支路的快速负频移导致第四带隙的上截止频率显著降低，中心频率和带宽随着 DT 的增加而降低。

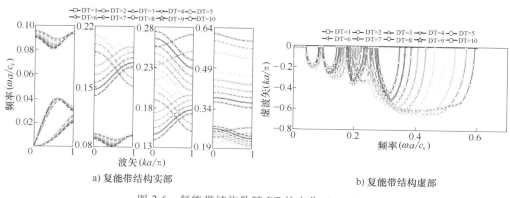

a) 复能带结构实部　　　　　　　　　　　　b) 复能带结构虚部

图 2-6　复能带结构数随 DT 的变化 （$\theta = 90°$）

同样，图 2-6b 显示了 10 组不同图形标记的虚波矢，我们知道倏逝波的变化依赖于 DT。对于第一带隙，随着 DT 的增大，最大衰减常数和相应的频率点逐渐减小。随后，对于第二带隙和第三带隙所在的频率范围，最大衰减常数的变化表现为非单调。其中，第二带隙的最大衰减常数和对应的频率点先增大后减小，而第三带隙的最大衰减常数和对应的频率点先减小后增大。对于第四带隙，随着 DT 的增加，最大衰减常数先减小后增大，对应的频率点始终减小。

（2）折叠角对带隙和波衰减的影响　这里研究梁折叠角对复能带结构的影响。如图 2-7a 所示，θ 的范围为 $10° \sim 90°$，探索带隙的变化规律，其他参数与表 2-1 和表 2-2 保持一致。如图 2-7b 所示，第一带隙（BG1）中心频率随着倾角的增大而减小，而带宽保持不变。当折叠角大于 $12°$ 时，第二带隙（BG2）打开，中心频率随着折叠角的继续增大而减小。当折叠角较小时，第二带隙的带宽随倾角的增大而增大。直到折叠角大于 $20°$，第四带隙（BG4）被打开。随着折叠角的增大，中心频率迅速下降，而带宽不断增加。特别是，当折叠角增加时，第三带隙（BG3）的带宽呈非单调变化。

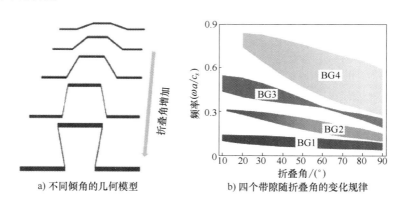

a) 不同倾角的几何模型　　　　b) 四个带隙随折叠角的变化规律

图 2-7　复合折叠声子晶体梁中折叠角对带隙和衰减的影响

图 2-8a 和图 2-8b 分别所示为复能带结构的实部和虚部，以研究带隙和衰减随折叠角变化的各种机制。首先，在小波矢量范围内，第二分支的一部分群速度为正。相反，负群速度是波矢量更显著的另一部分。这种非单调性所对应的波矢量极值和波矢量极值所对应的频率点都随着折叠的增大而逐渐增大，导致第一带隙的下截止频率减小。对于第三支，它的一部分在较小的波矢量上的群速度为负，另一部分在较大的波矢量上的群速度为正。当折叠增大时，群速度为负的部分频移为负，而群速度为正的部分频移迅速增加，导致第一带隙的上截止频率降低。因此，第一带隙的中心频率随着折叠的增加而减小。随后，当折叠角小于 $30°$ 时，第四分支在不同波矢量点具有非单调群速度，同时出现轻微的负频移。而对于折叠角大于 $30°$ 时，第四分支的负频移速度与第三分支的负频移速度基本相同，这使得第二带隙的带宽随着倾角的增加基本保持不变。第五分支负频移速度随倾角的增加呈非单调演化趋势。具体来说，小于 $30°$ 时的频移速度明显比大于 $60°$ 的频移速度更显著。与

第四支路变化相结合，最终导致第三带隙的带宽先减小后增大。最后，第六分支沿高对称布里渊带也具有非单调群速度。因此，当倾角大于 20° 时，第四带隙被打开，相应的中心频率和带宽随着倾角的增大而减小。

同时，不同倾角下的虚波矢如图 2-8b 所示，可以清楚地看到衰减随折叠角的变化。对于第一带隙所在的频率范围，最大衰减常数先增大后减小，对应的频率点随着倾角的增大而逐渐减小。此外，第二带隙和第四带隙的虚部也呈现出类似的趋势。值得注意的是，随着倾角的增加，第三带隙的最大衰减常数先减小后增大，而相应的频率点在此变化过程中不断减小。

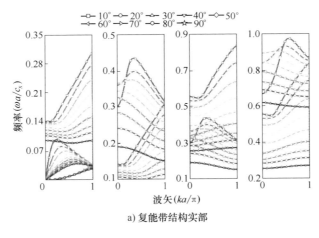

a) 复能带结构实部

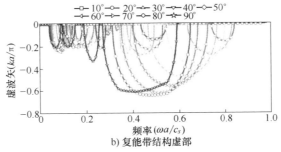

b) 复能带结构虚部

图 2-8　复能带结构随折叠角的变化

（3）功能梯度参数对带隙和波衰减的影响　此外，本节还考虑了梯度参数的变化对折叠角度为 $\theta = 60°$ 的复合折叠声子晶体梁的复能带结构的影响。同样，几何参数和材料参数分别与表 2-1 和表 2-2 一致。选择三种不同的梯度参数 $\lambda = 0$、1、10，三组复合能带结构的变化如图 2-9 所示。总体而言，图 2-9b 所示的复杂带结构实部的 6 个模态均出现负频移，相应的四个带隙的带隙中心频率和带宽也随着体积分数的增加而出现明显的变化。此外，可以清楚地看到，体积分数指数的变化对低频模态的影响较小，随着频率的增加，其影响更加明显。

为了研究不同梯度参数的影响，更具体地说，四个带隙的上、下截止频率和中心频率分别如图 2-9c~f 所示。随着梯度参数的增加，四个带隙呈现出相同的变化，其原因可能如下。我们知道，基于 Bragg 散射导致的带隙，当晶格尺寸不变时，带隙的中心频率随着基体中横波速度的减小而减小。由式（2-1）可知，λ 值越小对应磁致伸缩（$CoFe_2O_4$）的体积分数越大；反之，λ 值越大对应压电材料（$BaTiO_3$）的体积分数越大。随着梯度参数的增大，具有更高模量和更小密度的压电材料在功能梯度复合材料中起主导作用。由于其较小的剪切波速，导致四个带隙

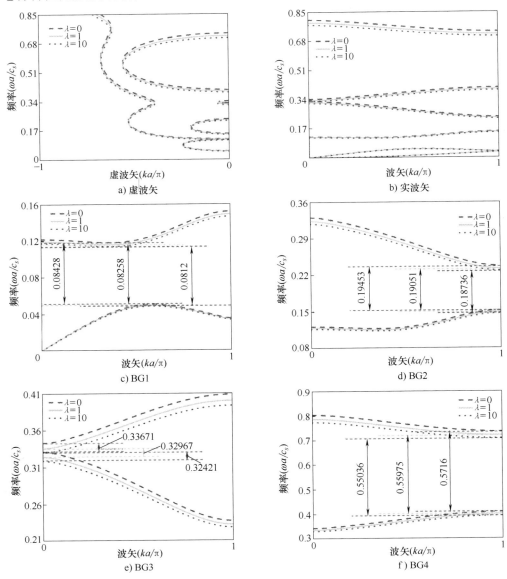

图 2-9 三种梯度参数下复合折叠声子晶体梁的带隙和衰减

的中心频率随梯度参数的增大而减小。此外，如图 2-9a 所示，随着梯度参数的增加，复能带结构的虚部的最大绝对值除了相应的负频移外，几乎没有变化。换句话说，梯度参数的变化对弹性波传播的衰减影响不大。

此外，随着梯度参数的进一步增大，图 2-10 所示曲线为四个带隙的连续变化趋势。可以清楚地看到，随着梯度参数增加，四个带隙的中心频率呈对数递减。对于 $\lambda < 10$，随着梯度参数的增加，四个带隙的中心频率都迅速降低；而对于 $\lambda > 10$，随着梯度参数的增加，中心频率的下降逐渐减缓；当梯度参数趋于 50 时，中心频率基本保持恒定。这主要是因为当梯度参数在 0~10 范围内变化时，复合波纹折叠梁的材料性质由单一磁致伸缩材料转变为压电与磁致伸缩材料复合的磁电弹性材料，导致中心频率发生显著变化。然而，当梯度参数增加到很大的值，式（2-1）中等号右侧的第一项几乎为零，功能梯度材料几乎是压磁性的，此时中心频率的变化将趋于一个稳定的值。

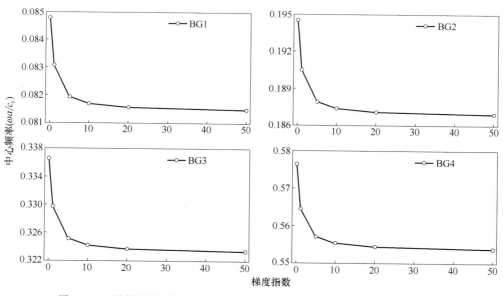

图 2-10　不同梯度参数的复合折叠声子晶体梁的四个带隙的中心频率变化

4. 结构阻尼对波衰减的影响

在实际应用中，材料和结构总是表现出耗散行为，应考虑构件连接界面之间的内摩擦和相对滑移引起的结构阻尼。对于结构阻尼系统，其运动方程为

$$M\ddot{X} + KX + \mathrm{i}RX = F \tag{2-56}$$

式中，M、K、R 分别是刚度矩阵、质量矩阵和结构阻尼矩阵。迟滞阻尼是一种结构阻尼，在接下来的分析中考虑。在阻尼材料中，虚波矢是一个复数值。也就是说，所有的波都是消逝模，称为指数衰减模。对于多自由度振动系统，通过引入结构损耗因子，主要研究滞回阻尼对复杂带结构的影响。特征值方程可以通过傅里叶

变换得

$$(\boldsymbol{I}+\mathrm{i}\boldsymbol{G})\boldsymbol{K}-\omega^2\boldsymbol{M}=0 \tag{2-57}$$

其中，$\boldsymbol{G}$ 和 $(\boldsymbol{I}+\mathrm{i}\boldsymbol{G})\boldsymbol{K}$ 分别是结构损失因子矩阵和复刚度矩阵，且满足 $\boldsymbol{GK}=\boldsymbol{R}$。此外，对于各向同性结构损失因子，结构损失因子矩阵为对角线上具有相同值的对角矩阵。因此式（2-57）可简化为

$$(1+\mathrm{i}\eta_s)\boldsymbol{K}-\omega^2\boldsymbol{M}=0 \tag{2-58}$$

基于式（2-58），比例因子定义为 $\xi=1+\mathrm{i}\eta_s$。

各向同性结构损耗因子的变化对复合折叠声子晶体梁的复能带结构的影响如图 2-11 所示。为方便起见，分别以方形标记表示的无阻尼虚部和浅灰色标记的不考虑阻尼的四个带隙作为参考。其余不同形状标记代表了不同各向同性结构损失因子（$\eta_s=0.001\sim0.009$）下倏逝波的连续变化。

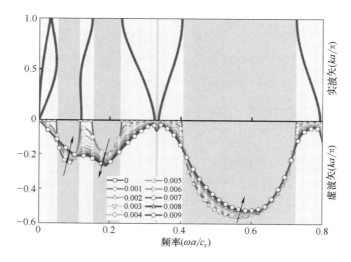

图 2-11   各向同性结构损耗因子的变化对复合折叠声子晶体梁复能带结构的影响

总的来说，每个频点对应下的波矢都有一个非零的虚部。随着阻尼的增加，无阻尼带通频率范围对应的虚部绝对值显著增大，说明所有波均为倏逝波，衰减显著增大。具体来说，虚部的变化在所有四个带隙中都是不同的。对于第一带隙和第四带隙，随着 η_s 的增大，最大衰减常数减小，且其对应的频率点增大。而第二带隙和第三带隙的变化完全相反，即随着 η_s 的增加，最大衰减常数增加，而相应的频率点略有下降。通过比较带隙和带通区域的变化可以发现，随着阻尼的增加，后一区域的衰减比前一区域的衰减更敏感。主要原因是随着各向同性损耗因子的增大，结构中的阻尼增强了对弹性波传播的抑制作用。然而，对于固有指数衰减的带隙区，相比之下阻尼效应不再显著。

2.3　波纹-折纸超材料的设计和带隙优化

2.3.1　多尺度微观力学模型

在本节中，采用广泛用于捕获石墨烯增强材料有效响应的 Halpin-Tsai 模型来推导纳米增强基体的有效材料性能。各层中石墨烯增强基体的弹性模量、切变模量、泊松比和密度用均匀分布石墨烯的微观力学方程表示。

$$E_{\mathrm{GM}}^{\{k\}} = \left(\frac{3}{8} \frac{1 + z_L h_L V_{\mathrm{GPL}}^{\{k\}}}{1 - h_L V_{\mathrm{GPL}}^{\{k\}}} + \frac{5}{8} \frac{1 + z_T h_T V_{\mathrm{GPL}}^{\{k\}}}{1 - h_T V_{\mathrm{GPL}}^{\{k\}}} \right) E_{\mathrm{M}} \tag{2-59}$$

式中，$E_{\mathrm{GM}}^{\{k\}}$、E_{M} 和 $V_{\mathrm{GPL}}^{\{k\}}$ 分别是每层石墨烯增强基体的弹性模量、环氧树脂的弹性模量和第 k 层 GPLs 的体积含量。通过 GPLs 的长度（l_{GPL}）、宽度（w_{GPL}）和高度（t_{GPL}）得到尺寸参数 z_L 和 z_T 的表达式如下：

$$z_L = 2l/t, \quad z_T = 2w/t \tag{2-60}$$

同时

$$h_L = \frac{E_{\mathrm{G}}/E_{\mathrm{M}} - 1}{E_{\mathrm{G}}/E_{\mathrm{M}} + z_L}, \quad h_T = \frac{E_{\mathrm{G}}/E_{\mathrm{M}} - 1}{E_{\mathrm{G}}/E_{\mathrm{M}} + z_T} \tag{2-61}$$

式中，E_{G} 是 GPL 的弹性模量。

石墨烯增强基体各层中 GPL 的体积分数 $V_{\mathrm{GPL}}^{\{k\}}$ 可以用其质量分数 $W_{\mathrm{GPL}}^{\{k\}}$ 来计算：

$$V_{\mathrm{GPL}}^{\{k\}} = \frac{W_{\mathrm{GPL}}^{\{k\}}}{W_{\mathrm{GPL}}^{\{k\}} + (r_{\mathrm{GPL}}/r_{\mathrm{M}})(1 - W_{\mathrm{GPL}}^{\{k\}})} \tag{2-62}$$

式中，r_{GPL} 和 r_{M} 是石墨烯和环氧树脂基体的密度。

此外，各层石墨烯增强基体的有效切变模量（$G_{\mathrm{GM}}^{\{k\}}$）、有效密度（$r_{\mathrm{GM}}^{\{k\}}$）和有效泊松比（$n_{\mathrm{GM}}^{\{k\}}$）分别为

$$G_{\mathrm{GM}}^{\{k\}} = \frac{E_{\mathrm{GM}}^{\{k\}}}{2(1 + n_{\mathrm{GM}}^{\{k\}})} \tag{2-63}$$

$$r_{\mathrm{GM}}^{\{k\}} = r_{\mathrm{GPL}} V_{\mathrm{GPL}}^{\{k\}} + r_{\mathrm{M}}(1 - V_{\mathrm{GPL}}^{\{k\}}) \tag{2-64}$$

$$n_{\mathrm{GM}}^{\{k\}} = n_{\mathrm{GPL}} V_{\mathrm{GPL}}^{\{k\}} + n_{\mathrm{M}}(1 - V_{\mathrm{GPL}}^{\{k\}}) \tag{2-65}$$

在此基础上，进一步将石墨烯增强基体作为新基体，通过细观力学关系计算各层纤维增强复合材料的有效性能：

$$E_{11}^{\{k\}} = E_{\mathrm{F11}}^{\{k\}} V_{\mathrm{F}}^{\{k\}} + E_{\mathrm{GM}}^{\{k\}}(1 - V_{\mathrm{F}}^{\{k\}}) \tag{2-66}$$

$$E_{22}^{\{k\}} = E_{\mathrm{GM}}^{\{k\}} \left(\frac{E_{\mathrm{F11}}^{\{k\}} + E_{\mathrm{GM}}^{\{k\}} + (E_{\mathrm{F22}}^{\{k\}} - E_{\mathrm{GM}}^{\{k\}}) V_{\mathrm{F}}^{\{k\}}}{E_{\mathrm{F11}}^{\{k\}} + E_{\mathrm{GM}}^{\{k\}} - (E_{\mathrm{F22}}^{\{k\}} - E_{\mathrm{GM}}^{\{k\}}) V_{\mathrm{F}}^{\{k\}}} \right) \tag{2-67}$$

$$G_{12}^{|k|} = G_{13}^{|k|} = G_{GM}^{|k|} \left(\frac{G_{F12}^{|k|} + G_{GM}^{|k|} + (G_{F12}^{|k|} - G_{GM}^{|k|}) V_F^{|k|}}{G_{F12}^{|k|} + G_{GM}^{|k|} - (G_{F12}^{|k|} - G_{GM}^{|k|}) V_F^{|k|}} \right) \tag{2-68}$$

$$G_{23}^{|k|} = \frac{E_{22}^{|k|}}{2(1 + n_{23}^{|k|})} \tag{2-69}$$

$$n_{12}^{|k|} = n_{F12}^{|k|} V_F^{|k|} + n_{GM} (1 - V_F^{|k|}) \tag{2-70}$$

$$n_{23}^{|k|} = n_{F12}^{|k|} V_F^{|k|} + n_{GM} (1 - V_F^{|k|}) \left(\frac{1 + n_{GM} + n_{12}^{|k|} E_{GM}^{|k|} / E_{11}^{|k|}}{1 - n_{GM} (n_{GM} + n_{12}^{|k|} E_{GM}^{|k|} / E_{11}^{|k|})} \right) \tag{2-71}$$

$$r^{|k|} = r_F^{|k|} V_F^{|k|} + r_{GM}^{|k|} (1 - V_F^{|k|}) \tag{2-72}$$

2.3.2 波纹-折纸超材料的微结构设计

本节考虑了一种多尺度石墨烯/纤维增强复合波纹-折纸超材料的波衰减和能带结构，如图 2-12 所示，描绘了含各边长度 a、向外延伸长度 b 和折叠角 θ 的原始单胞构型的生成过程。通过指定面板之间虚线（见图 2-12a），并沿着它们连接的山线和谷线获得一个空间折叠板（见图 2-12b）。弹性介质中波的传播高度依赖于空间构型。因此适当安排 N 个原始的单一构型，并通过在规定的山线和谷线内进行空间上的重新配置，可以产生一系列混合的多构型。图 2-13 展示了其中的三个（$N = 2、4、6$）。为了准确计算波纹-折纸超材料的能带结构，图 2-13d 给出了三种构型相应的不可约布里渊区。

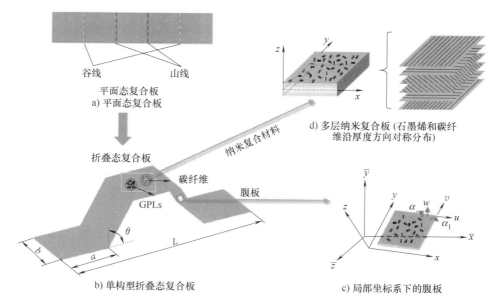

图 2-12　多尺度单构型折纸超材料的结构示意图

　　图 2-12b 所示的多尺度复合结构由三相材料组成，包括石墨烯、碳纤维和环氧树脂基体。三相复合材料的概念可分为两个步骤。首先，将少量石墨烯分布到基体中，得到纳米增强各向同性基体；然后，将纳米增强的各向同性基体作为新型基体，用碳纤维进一步增强，形成多尺度复合材料结构。此外，图 2-12d 所示的复合板由 K 层组成，石墨烯和碳纤维沿厚度方向对称分布，石墨烯的质量分数、碳纤维的体积分数和每层中碳纤维的取向是不同的。各组分的弹性性能见表 2-4。

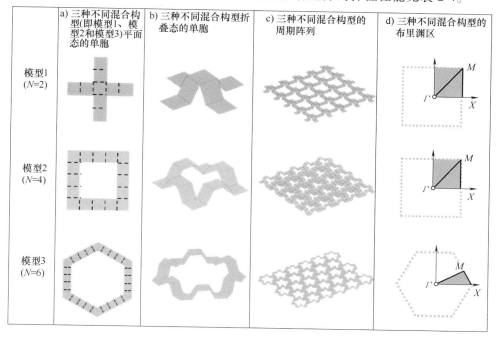

图 2-13　多尺度混合构型折纸超材料的结构示意图

表 2-4　多尺度复合折纸超材料单胞几何参数和材料参数

材料属性	石墨烯	碳纤维	环氧树脂	几何参数	数值
E_{11}/GPa	1010	263	3	a/mm	10
E_{22}/GPa	1010	13	3	b/mm	10
G_{12}/GPa	425.801	27.6	1.119	θ/(°)	60
ν_{12}	0.186	0.2	0.34	l_{GPL}/μm	2.5
ρ/(kg/m³)	1060	1750	1200	w_{GPL}/μm	1.5
—	—	—	—	t_{GPL}/μm	1.5

2.3.3　能带和波传输特性

　　本节考虑了三种不同混合多构型复合波纹-折纸超材料的能带结构。为了进一步证明波的衰减，通过频响分析获得了有限尺寸的波纹-折纸超材料的透射谱。计算中采用表2-4给出的几何参数和材料性能，石墨烯和碳纤维的分布情况如下：

$$V_{0F}^{|k|} = [35\%/35\%/35\%]_s, W_{0GPL}^{|k|} = [5\%/5\%/5\%]_s, \alpha_0^{|k|} = [0/0/0]_s \quad (2-73)$$

三种模型（$N=2$、4、6）的能带结构分别如图2-14a~c所示，其中波矢量沿布里渊带边界 Γ-X-M-Γ 变化。我们知道在完全带隙的频率范围内，在布里渊带上没有真正的实数解。类似地，定向带隙是在特定方向上没有实正解的频率范围。三个不同构型的波纹-折纸超材料的两个完整带隙由BG1和BG2定义。具体来说，这三种构型的两个完整带隙的频率范围分别为2638.03~3018.68Hz和4749.45~

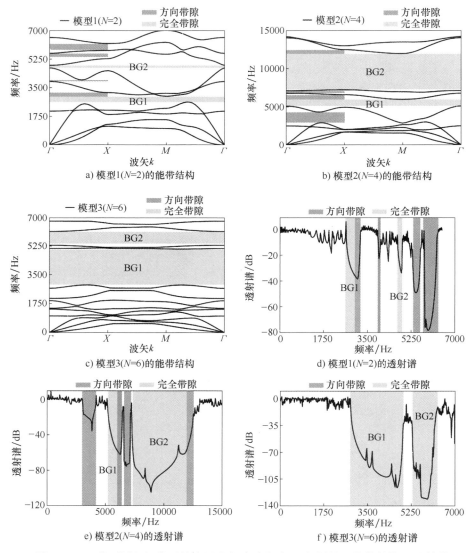

图2-14　三种不同空间构型的多尺度复合波纹-折纸超材料的能带结构和透射谱

4933.07Hz，5115.25~5981.36Hz 和 7233.99~11983.48Hz，2879.46~5094.38Hz 和 5302.42~6147.68Hz。直观来看，模型 1（$N = 2$）的第一个完全带隙位于第四分支和第五分支之间，第二个完全带隙位于第六分支和第七分支之间。

同样，模型 2（$N = 4$）的两个完整的带隙分别位于第五分支、第六分支和第八分支、第九分支之间。对于模型 3（$N = 6$），两个完整的带隙位于较高的支路，第一个位于第九分支和第十分支之间，第二个位于第十一分支和第十二分支之间。此外，通过透射谱的计算以评估有限尺寸结构中波衰减和振动缓冲的性能。图 2-14d~f描述了三种构型折纸超材料的透射谱。观察到在通带频率范围内，振动透过率在 0dB 左右变化，说明弹性波的传播没有衰减。相比之下，在透射率显著下降的频率范围与图 2-14a~c 中的带隙区间基本吻合。

2.3.4　纳米复合材料的分布对带隙的影响

以往研究表明，弹性波的传播受空间结构的影响很大。然而，周期性结构中复合材料各组分的分布对带隙的影响还有待进一步研究。因此在提出优化设计问题之前，对不同石墨烯质量分数和碳纤维体积分数对多尺度复合折纸超材料带隙的影响进行了初步探讨。为此，下面考虑四种分布情况，以评估不同含量的石墨烯和碳纤维对能带结构的影响。同时，定义 W 是第一带隙和第二带隙的带宽总和。

首先，选取石墨烯质量分数在 1%~10% 之间连续变化，分析三种不同构型的 W 的变化，如图 2-15 所示。同时，每个子层碳纤维的体积分数分别为 10% 或 60%，碳纤维取向为 $\alpha_0 = [0/0/0]_s$。对于模型 1（$N = 2$），可以观察到，随着石墨烯质量分数的增加，$V_F = 10\%$ 组分下 W 的变化比 $V_F = 60\%$ 时更显著。而对于模型 2（$N = 4$）和模型 3（$N = 6$），当碳纤维体积分数为 10% 和 60%时，W 随石墨烯质量分数的增加而增加。其次，图 2-16 所示为在碳纤维体积分数与第一种情况相同的情况下，随着石墨烯质量分数的增加，W 的变化情况，并且为每个子层指定了碳纤维取向 $\alpha_0 = [0/45/90]_s$。结果表明，对于模型 2（$N = 4$）和模型 3（$N = 6$），W 表现出与第一种情况相似的变化。相比之下，模型 1（$N = 2$）显示出更复杂的变化。然后，选取碳纤维体积分数在 10%~60% 之间连续变化，分析三种不同构型 W 的变化规律，碳纤维取向为 $\alpha_0 = [0/0/0]_s$，如图 2-17 所示。同时，设定每个子层石墨烯的质量分数为 1% 或 6%。值得注意的是，对于模型 1（$N = 2$），W 随碳纤维体积分数的增加呈非单调变化。相比之下，模型 2（$N = 4$）和模型 3（$N = 6$）表明，随着碳纤维体积分数的增加，W 迅速增加。最后，图 2-18 所示为在石墨烯含量与第三种情况相同的情况下，随着碳纤维体积分数的增加，W 的变化情况。而每个子层都指定了碳纤维的取向 $\alpha_0 = [0/45/90]_s$。可以清楚地观察到，不同石墨烯含量的多尺度复合材料的 W 随碳纤维体积分数增加的变化规律基本一致。

对上述行为可以给出一个物理解释。由于石墨烯和碳纤维具有较高的弹性模量，当纳米增强材料含量较高时，纳米增强材料的贡献对结构刚度矩阵的影响较大。

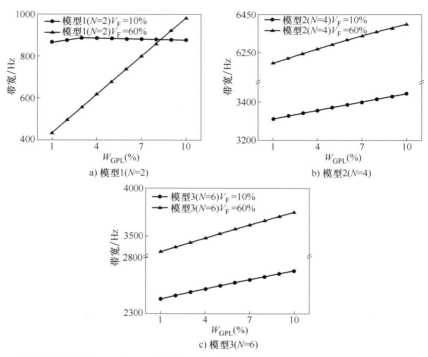

图 2-15 当碳纤维取向为 $\alpha_0 = [0/0/0]_s$ 时石墨烯质量分数对多尺度复波纹-折纸超材料带隙的影响

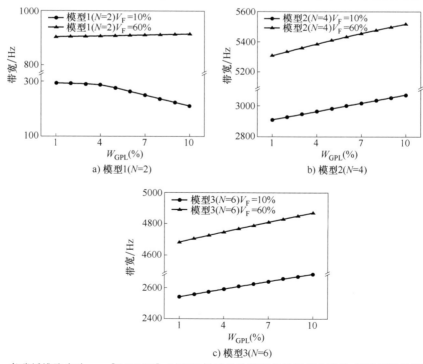

图 2-16 当碳纤维取向为 $\alpha_0 = [0/45/90]_s$ 时石墨烯质量分数对多尺度复合波纹-折纸超材料带隙的影响

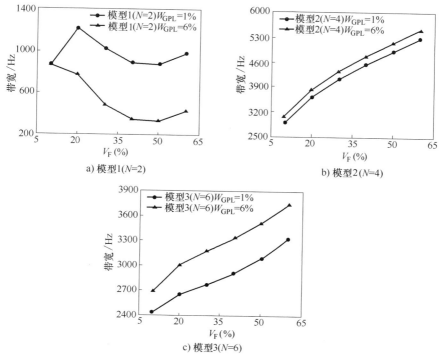

图 2-17　当碳纤维取向为 $\alpha_0 = [0/0/0]_s$ 时碳纤维体积分数对多尺度复合波纹-折纸超材料带隙的影响

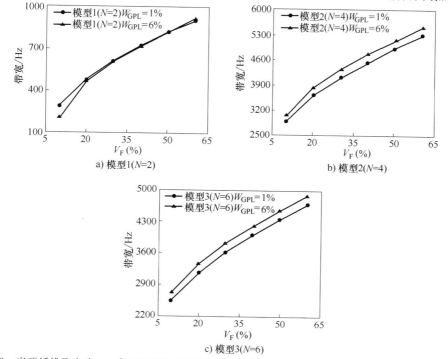

图 2-18　当碳纤维取向为 $\alpha_0 = [0/45/90]_s$ 时碳纤维体积分数对多尺度复合波纹-折纸超材料带隙的影响

此外，不同纤维取向引起的各向异性刚度也会影响弹性波在结构中的传播。这一结果表明，由于三个设计参数（石墨烯的质量分数、碳纤维的体积分数和碳纤维取向）对 W 的调节具有耦合效应，因此需要同时考虑石墨烯和碳纤维在不同子层中的最佳分布。

2.3.5 优化问题的定义

几何参数和弹性参数的周期性分布导致弹性波在带隙频率范围内的传播受到抑制。由于低频带隙在实际工程应用中更具吸引力，因此设计目标（W）是利用多个设计参数最大化第一带隙和第二带隙的带宽总和。作为一种经典的周期结构，折纸材料具有广泛的构型，为弹性波的控制提供了理想的平台。此外，石墨烯和碳纤维的分布也显著影响弹性波的传播。因此优化参数包括：①折纸结构的几何参数（b，θ）；②纤维在各个层中的方向（α）；③石墨烯的质量分数（W_{GPL}）；④碳纤维的体积分数（V_F）。

对于三种不同构型的多尺度复合波纹-折纸超材料，由于同时考虑多个设计参数，不容易通过一次优化获得最优结果。因此我们的优化过程将分为四个小问题，逐步进行。第一个优化问题涉及两个重要的几何参数，即向外延伸长度 b 和折叠角 θ，并且石墨烯和碳纤维在各个层中的分布相同。后两个优化问题的几何参数均采用第一个优化结果。对于第二个优化问题，基于上一步的最优几何参数进一步优化每个子层中的石墨烯的质量分数和碳纤维体积分数。第三个优化问题同时考虑了与纳米增强材料相关的三个设计参数，以此避免纳米增强材料含量与碳纤维取向之间的耦合效应。在第四个优化问题中，上述五个变量都被指定为设计变量。图 2-12d 所示的层合板，$K = 6$ 层，纳米材料沿厚度对称分布。如上所述，碳纤维的体积分数、石墨烯的质量分数和碳纤维在每层中的取向分别表示为 $V_F^{|k|}$、$W_{GPL}^{|k|}$ 和 $\alpha^{|k|}$。此外，还引入了设计效率因子来评价优化设计的有效性。我们定义了优化设计的多尺度复合折纸超材料的最优带宽之比 W_{max} 和参考值 W_0。计算参考值的几何参数见表 2-4，石墨烯和碳纤维分布见式（2-15）。

$$\eta = \frac{W_{max}(b, q, V_F^{|k|}, W_{GPL}^{|k|}, \alpha^{|k|})}{W_0(b_0, q_0, V_{0F}^{|k|}, W_{0GPL}^{|k|}, \alpha_0^{|k|})} \tag{2-74}$$

1. 基于石墨烯和碳纤维特定分布的结构参数优化

对于 6 层层合结构的优化问题可以表示为

$$\begin{cases} max : W(b, q, V_F^{|k|}, W_{GPL}^{|k|}, \alpha^{|k|}) \\ s.t. \ b \in [b_{min}, b_{max}], q \in [q_{min}, q_{max}] \\ V_F^{|k|} = V_{0F}^{|k|}, W_{GPL}^{|k|} = W_{0GPL}^{|k|}, \alpha^{|k|} = \alpha_0^{|k|} \end{cases} \tag{2-75}$$

为了保证折纸超材料的刚性可折叠性，我们在优化的数学模型（$b_{min} = 1mm$，$b_{max} = 10mm$ 和 $\theta_{min} = 0°$，$\theta_{max} = 90°$）中引入了尺寸约束。同时，石墨烯和碳纤维在

各层中的相同分布（石墨烯的质量分数、碳纤维的体积分数和碳纤维的取向）表示为 $V_F^k = 35\%$，$W_{GPL}^k = 5\%$，$\alpha_0^{|k|} = [0/0/0]_s$。

2. 特定结构参数和碳纤维取向下石墨烯和碳纤维含量的优化

根据初始碳纤维取向和前文导出的最优几何参数，我们优化了每个子层中石墨烯的质量分数和碳纤维的体积分数。优化问题可表述如下：

$$
\begin{cases}
\max : W(b, q, V_F^{|k|}, W_{GPL}^{|k|}, \alpha^{|k|}) \\
\mathrm{s.\,t.} \quad V_F^{|k|} \in [V_{Fmin}^{|k|}, V_{Fmax}^{|k|}], W_{GPL}^{|k|} \in [W_{GPLmin}^{|k|}, W_{GPLmax}^{|k|}] \\
\alpha^{|k|} = \alpha_0^{|k|}, b = b_{optim}^1, q = q_{optim}^1
\end{cases}
\tag{2-76}
$$

式中给出了每一子层碳纤维体积分数的上下限 $V_{Fmin}^{|k|} = 10\%$ 和 $V_{Fmax}^{|k|} = 60\%$，以及石墨烯质量分数的上下限 $W_{GPLmin}^{|k|} = 1\%$ 和 $W_{GPLmax}^{|k|} = 10\%$。其中 $b = b_{optim}^1$，$q = q_{optim}^1$ 为最优几何参数，$\alpha_0^{|k|} = [0/0/0]_s$ 为碳纤维的初始取向。

3. 特定结构参数下石墨烯和碳纤维含量以及碳纤维取向的优化

随后，在优化问题中同时考虑了与纳米材料相关的三个设计参数，以避免纳米材料含量与碳纤维取向之间的耦合效应。优化问题可表述如下：

$$
\begin{cases}
\max : W(b, q, V_F^{|k|}, W_{GPL}^{|k|}, \alpha^{|k|}) \\
\mathrm{s.\,t.} \quad V_F^{|k|} \in [V_{Fmin}^{|k|}, V_{Fmax}^{|k|}], W_{GPL}^{|k|} \in [W_{GPLmin}^{|k|}, W_{GPLmax}^{|k|}], \alpha^{|k|} \in [\alpha_{min}^{|k|}, \alpha_{max}^{|k|}] \\
b = b_{optim}^1, q = q_{optim}^1
\end{cases}
$$

$$\tag{2-77}$$

对于每个子层，整个层压板的最大和最小碳纤维方向设置为 $90°$ 和 $-90°$。纳米材料含量的限制与前文一致。

4. 结构参数、石墨烯和碳纤维含量以及碳纤维取向的优化

最后，将这 5 个变量均指定为设计变量，优化问题可表述为

$$
\begin{cases}
\max : W(b, q, V_F^{|k|}, W_{GPL}^{|k|}, \alpha^{|k|}) \\
\mathrm{s.\,t.} \quad b \in [b_{min}, b_{max}], q \in [q_{min}, q_{max}], V_F^{|k|} \in [V_{Fmin}^{|k|}, V_{Fmax}^{|k|}] \\
W_{GPL}^{|k|} \in [W_{GPLmin}^{|k|}, W_{GPLmax}^{|k|}], \alpha^{|k|} \in [\alpha_{min}^{|k|}, \alpha_{max}^{|k|}]
\end{cases}
\tag{2-78}
$$

同样，这里所研究的优化问题中 5 个设计参数的约束条件与前文所述的约束条件是一致的。

5. 粒子群优化算法

粒子群优化最初是由 Kennedy 和 Eberhar 提出的，其灵感来自于鸟群中生物的运动。它对优化问题几乎不做任何假设，而是在巨大的解空间中搜索候选解。此外，它不要求优化问题是可微的，而经典的优化方法通常要求可微。因此粒子群算法是应用最广泛的元启发式算法之一，现将该方法简要介绍如下：

1）在 D 维空间中定义一个随机粒子数为 N 的初始种群。每个粒子都是优化问题的可能解，其位置 $X_{id} = (x_{i1}, x_{i2}, \cdots, x_{iD})$ 和飞行速度 $V_{id} = (v_{i1}, v_{i2}, \cdots, v_{iD})$。

2）粒子的局部最佳位置表示为 $P_{id,\mathrm{pbset}}=(P_{i1}, P_{i2}\cdots P_{id})$，所有粒子的全局最佳位置表示为 $P_{d,\mathrm{gbset}}=(p_{1,\mathrm{gbest}}, p_{2,\mathrm{gbest}}, \cdots, p_{D,\mathrm{gbest}})$。粒子的位置和飞行速度通过局部最优和全局最优不断更新，从而产生新的种群。

3）局部最优位置是每个粒子在迭代过程中的最优位置，全局最优位置是整个种群在迭代过程中的最优位置。假设 x_{id}^{m} 和 v_{id}^{m} 是第 m 次迭代中第 i 个粒子的位置和速度，每个粒子的速度和位置迭代更新为

$$\begin{cases} v_{id}^{m+1}=Rv_{id}^{m}+st_1\times\mathrm{rand}_1^{m}\times(p_{id,\mathrm{pbset}}^{m}-x_{id}^{m})+st_2\times\mathrm{rand}_2^{m}\times(p_{d,\mathrm{gbset}}^{m}-x_{id}^{m}) \\ x_{id}^{m+1}=x_{id}^{m}+v_{id}^{m+1} \end{cases} \tag{2-79}$$

式中，$i=1, 2, \cdots, M$，M 为群体中的粒子数；$d=1, 2, \cdots, D$，D 为粒子维数（即设计变量的个数）；m 是当前迭代步骤；st_1 和 st_2 是局部和全局的学习因子；rand_1^{m} 和 rand_2^{m} 是 $[0, 1]$ 范围内的随机值；$v_{id}^{m}\in[v_{\min}, v_{\max}]$ 是粒子 i 在第 m 次迭代中 d 维的速度矢量；$x_{id}^{m}\in[x_{\min}, x_{\max}]$ 是粒子 i 在第 m 次迭代中 d 维的位置矢量；$p_{id,\mathrm{pbset}}^{m}$ 是粒子 i 在第 m 次迭代中 d 维的局部最优位置；$p_{id,\mathrm{gbset}}^{m}$ 是种群在第 m 次迭代后 d 维的全局最佳位置。

此外，R 是增强全局搜索能力的惯性权值，由权值线性递减确定：

$$R=R_{\max}-(R_{\max}-R_{\min})\times m/T_{\max} \tag{2-80}$$

式中，$R_{\min}$、$R_{\max}$、$T_{\max}$ 分别是惯性权值的最小值、最大值和最大迭代步长。注意，当获得最优解或步骤 $m=T_{\max}$ 时，迭代应终止。粒子群优化算法设计过程流程图如图 2-19 所示。

2.3.6 优化结果的讨论

本节介绍了通过最大化第一带隙和第二带隙的宽度之和（W）获得的优化结果。同时给出了三种不同构型多尺度复合波纹-折纸超材料的计算结果。除了两个重要的几何参数外，设计变量还包括石墨烯的质量分数、碳纤维的体积分数、碳纤维取向以及这些变量的组合。此外，这些层合结构的每一层都具有相同的设计约束。

1. 结构参数作为设计变量

第一个设计问题涉及优化两个重要的几何参数，即向外延伸长度 b 和折叠角 θ。设计约束用 $b_{\min}=1\mathrm{mm}$，$b_{\max}=10\mathrm{mm}$ 和 $\theta_{\min}=0°$，$\theta_{\max}=90°$ 表示。同时，对于每个子层，石墨烯的体积分数、碳纤维的质量分数和碳纤维的取向分别表示为 $V_{\mathrm{F}}^{k}=35\%$，$W_{\mathrm{GPL}}^{k}=5\%$，$\alpha^{k}=0$。

图 2-20 给出了与两个重要几何参数相关的收敛历史，显示了适应度函数的大幅增加。在不到 150 次迭代的情况下，粒子群算法可以找到收敛解。可以清楚地看

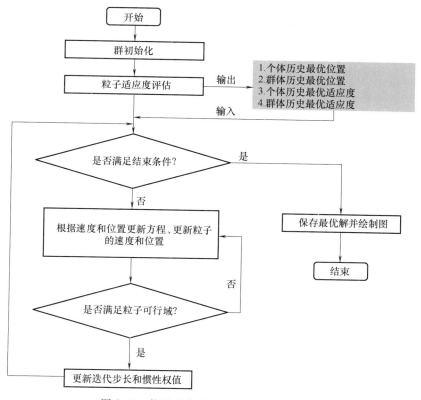

图 2-19　粒子群优化算法设计过程流程图

到，随着迭代次数的增加，三种模型的空间构型发生了明显的变化，并在大约 100 次迭代内逼近最优解。表 2-5 显示了最佳几何参数、最大带宽和设计效率因素的结果。参考值 W_0 对应于式（2-15）的初始参数。对于表 2-5 的三种不同构型，最优结果与初始参考值相比变化明显。特别对于模型 1（$N = 2$），相对于参考值的适应度值增加了四倍。对于模型 2（$N = 4$）和模型 3（$N = 6$），W 相对于 W_0 的最大增幅分别为 14.8% 和 5.6%。可以看出，在优化过程中，后两种模型的设计变量 b 与参考模型相比没有变化，只有折叠角度 θ 有比较明显的变化。图 2-21a ~ c 分别展示了三种不同构型多尺度折纸超材料最优几何参数的能带结构。可以直观地看到，与初始几何参数配置相比，完全带隙的带宽明显变宽。特别是对于模型 1（$N = 2$），虽然第一带隙是关闭的，但适应度值是最优的。此外，三种模型在几何参数最优时对应的透射谱如图 2-21d ~ f 所示。值得注意的是，在通频带的频率范围内，传输频谱的幅值大多在 $-10 ~ 10 \text{dB}$ 之间，这意味着入射波在具有最优几何参数的三种不同构型多尺度折纸超材料中传播时没有衰减。相反，在图 2-21a ~ c 所示的两个完整的带隙频率范围内，有非常显著的减少。同时，在方向带隙的频率范围内也存在衰减，从而拓宽了衰减区域。

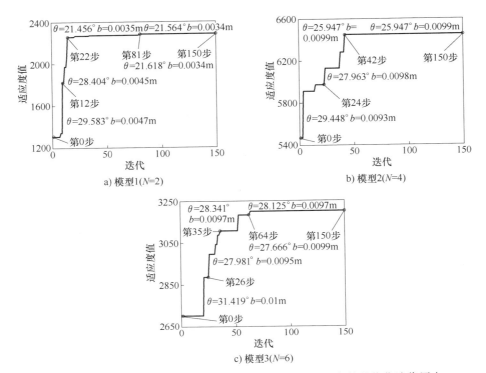

图 2-20　多尺度复合波纹-折纸超材料的两个重要几何参数的优化迭代历史

表 2-5　以两个重要几何参数为设计变量，求解三种不同构型的最优 **W**

N	模型 1($N=2$)	模型 2($N=4$)	模型 3($N=6$)
W_{GPL}	$[0.05/0.05/0.05]_s$	$[0.05/0.05/0.05]_s$	$[0.05/0.05/0.05]_s$
V_F	$[0.45/0.45/0.45]_s$	$[0.45/0.45/0.45]_s$	$[0.45/0.45/0.45]_s$
$\alpha/(°)$	$[0/0/0]_s$	$[0/0/0]_s$	$[0/0/0]_s$
最优 $\theta/(°)$	21.618	25.974	27.666
最优 b/m	0.0034	0.0099	0.0099
W/Hz	2279.9	6448.6	3202.8
$\eta=W/W_0$	4.046	1.148	1.056

2. 石墨烯和碳纤维含量作为设计变量

此外，考虑石墨烯和碳纤维含量作为设计变量的最优问题，该优化问题的几何参数采用第一个优化结果。同样，对于每个子层，碳纤维方向表示为 $\alpha_0^{|k|}=[0/0/0]_s$。石墨烯的最小质量分数为 1%，最大质量分数为 10%，碳纤维的最小体积分数和最大体积分数分别为 10% 和 60%。计算设计效率的参考值 W_0 与前文一致。

如图 2-22 所示，石墨烯质量分数与碳纤维体积分数的收敛历史揭示了适应度函数的剧烈变化。对于模型 1（$N=2$）和模型 2（$N=4$），大约需要 80 次迭代才能

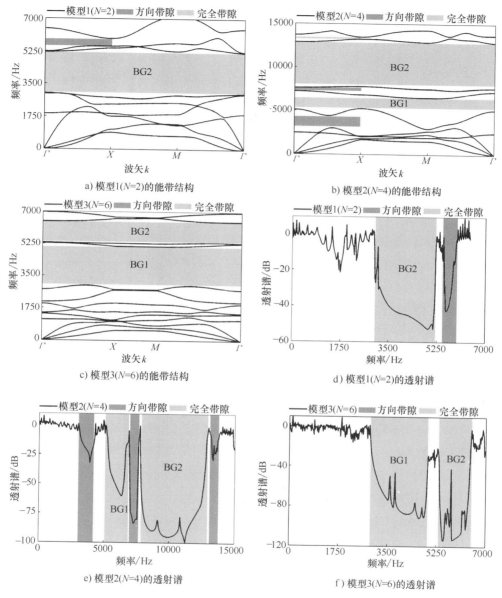

图 2-21　多尺度复合波纹-折纸超材料最优几何参数对应的能带结构和透射谱

得到最优解；而对于模型 3（$N=6$），收敛过程相对复杂。它与初始随机分布的粒子位置有关。由于只考虑两个设计变量，模型 1（$N=2$）和模型 2（$N=4$）的适应度值在初始化时接近最优值，收敛速度较快。

　　此优化问题的结果见表 2-6。可以看出，与参考值相比，最大增幅为 446.4%［模型 1（$N=2$）］，最小增幅为 19.5%［模型 2（$N=4$）］。具体来说，对于模型 1

（$N=2$），这种增加相当显著。然而，由于空间构型对弹性波传播的影响是巨大的，所以这个结果是基于第一个优化问题得到的。因此石墨烯质量分数和碳纤维体积分数的优化效率需要与第一个优化问题的结果进行比较才能可靠。对于模型 1（$N=2$），$b=b_{\text{optim}}^{1}$，$\theta=\theta_{\text{optim}}^{1}$ 时 Ω 的增幅最大，为 $4.464-4.046=41.8\%$。对于模型 2（$N=4$）和模型 3（$N=6$），第一个优化问题 Ω 的增幅最大，分别为 $1.195-1.148=4.7\%$ 和 $1.370-1.056=31.4\%$。可以看出，模型 1（$N=2$）和模型 3（$N=6$）对石墨烯质量分数和碳纤维的体积含量比模型 2（$N=4$）更敏感。图 2-23a~c 分别所示为石墨烯质量分数和碳纤维体积分数最优的三种模型的能带结构。其中，由于模型 2（$N=4$）对石墨烯质量分数和碳纤维体积含量的变化相对不敏感，因此直观地看，带隙带宽变化不明显。而对于模型 1（$N=2$）和模型 3（$N=6$），带隙所在的频率范围相对于之前的情况有了比较明显的增加。此外，图 2-23d~f 所示为几何参数最优的三种模式对应的透射谱，并且三种模式的最大带隙衰减发生了显著变化。

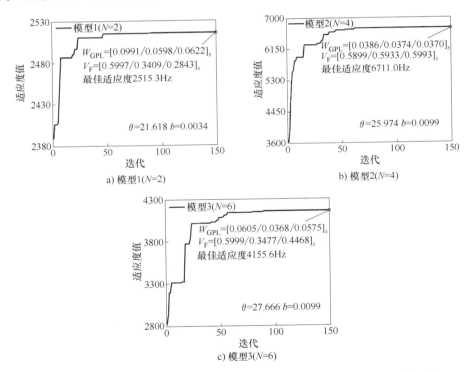

图 2-22　多尺度复合波纹-折纸超材料中石墨烯和碳纤维含量的优化迭代历史

表 2-6　以石墨烯和碳纤维含量作为设计变量，求解三种不同构型的最优 Ω

N	模型 1（$N=2$）	模型 2（$N=4$）	模型 3（$N=6$）
最优 W_{GPL}	$[0.0991/0.0598/0.0622]_s$	$[0.0386/0.0374/0.0370]_s$	$[0.0605/0.0368/0.0575]_s$
最优 V_{F}	$[0.5997/0.3409/0.2843]_s$	$[0.5899/0.5933/0.5993]_s$	$[0.5999/0.3477/0.4468]_s$

（续）

N	模型 1（N=2）	模型 2（N=4）	模型 3（N=6）
$\alpha/(\degree)$	$[0/0/0]_s$	$[0/0/0]_s$	$[0/0/0]_s$
$\theta/(\degree)$	21.618	25.974	27.666
b/m	0.0034	0.0099	0.0099
W/Hz	2515.3	6711.0	4155.6
$\eta = W/W_0$	4.464	1.195	1.370

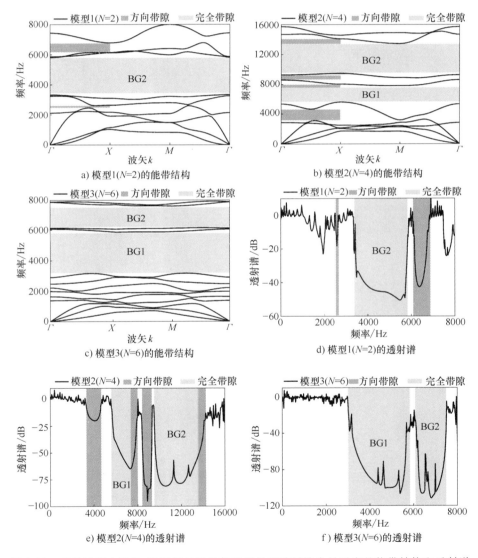

图 2-23　多尺度复合波纹-折纸超材料最优石墨烯和碳纤维含量对应的能带结构和透射谱

3. 石墨烯和碳纤维含量、碳纤维取向作为设计变量

除了石墨烯的质量分数和碳纤维的体积分数这两个设计变量外，还加入了另一个材料参数碳纤维取向作为设计变量。同样，该优化问题的几何参数采用第一种优化结果。对于每一子层，石墨烯质量分数的最大值和最小值分别设置为1%和10%，碳纤维的体积分数最大值和最小值设置为10%和60%，碳纤维的取向最大值和最小值设置为-90°和90°。图2-24所示为三种不同构型中三个设计变量的收敛历史，优化结果见表2-7。与第二种优化结果相比，同时考虑三个变量的优化问题可以获得更好的性能。此外，考虑第一个优化问题的影响，该问题中所研究的相关变量对模型1、模型2和模型3的效率分别为5.730-4.046=168.4%、1.214-1.148=6.6%和1.441-1.056=38.5%。为了更好地体现复合材料含量与纤维取向之间的耦合效应，具体对比如下：对于模型1（$N=2$），在考虑碳纤维取向后达到最佳适应度值时，石墨烯的质量分数和碳纤维的体积分数变化较大。石墨烯在第一层/第六层的质量分数减少了近一半（5.06%~9.91%）。相比之下，碳纤维在第二亚层/第五亚层和第三亚层/第四层的体积分数增加了一倍（34.09%~59.54%，28.43%~56.39%）。对于模型2（$N=4$），最佳适应度值对应于第三亚层/第四层中石墨烯的

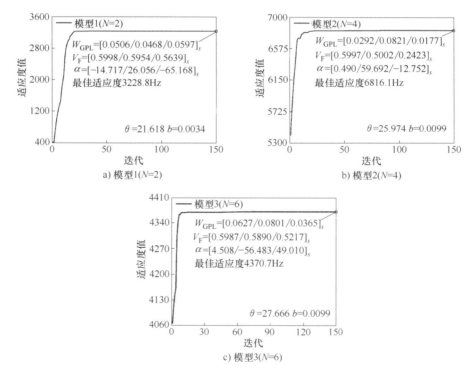

a) 模型1($N=2$)

b) 模型2($N=4$)

c) 模型3($N=6$)

图2-24 多尺度复合波纹-折纸超材料中石墨烯和
碳纤维含量以及碳纤维取向的优化迭代历史

质量分数（1.77%～3.70%）和碳纤维的体积分数（24.23%～59.93%）均显著降低。对于模型 3（$N=6$），第二层/第五层中石墨烯的质量分数（3.68%～8.01%）和碳纤维的体积分数（34.77%～58.90%）均有较大的增加。图 2-25a～c 所示为具有最优石墨烯质量分数、碳纤维体积分数和碳纤维取向的三种不同构型多尺度折纸超材料的能带结构。值得注意的是，对于模型 1（$N=2$），第一带隙再次打开。此外，所有这三种构型的带隙所在的频率范围与之前的情况相比都有相对明显的增加。相应的透射谱如图 2-25d～f 所示，完全带隙的最大衰减发生了很大的变化。除了完全的带隙之外，方向带隙也发生了显著变化。

表 2-7　以石墨烯和碳纤维含量以及碳纤维取向作为设计变量，求解三种不同构型的最优 Ω

N	模型 1（$N=2$）	模型 2（$N=4$）	模型 3（$N=6$）
最优 W_{GPL}	$[0.0506/0.0468/0.0597]_s$	$[0.0292/0.0821/0.0177]_s$	$[0.0627/0.0801/0.0365]_s$
最优 V_F	$[0.5998/0.5954/0.5639]_s$	$[0.5997/0.5002/0.2423]_s$	$[0.5987/0.5890/0.5217]_s$
最优 $\alpha/(°)$	$[-14.717/26.056/-65.168]_s$	$[0.490/59.692/-12.752]_s$	$[4.508/-56.483/49.010]_s$
$\theta/(°)$	21.618	25.974	27.666
b/m	0.0034	0.0099	0.0099
W/Hz	3228.8	6816.1	4370.7
$\eta=W/W_0$	5.730	1.214	1.441

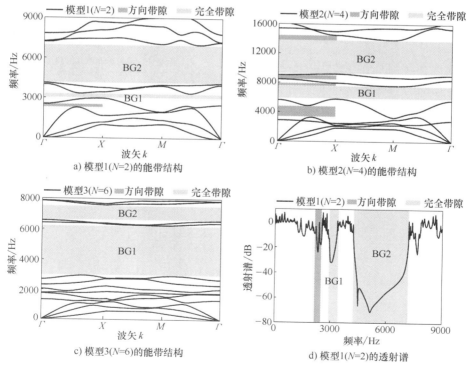

a) 模型1($N=2$)的能带结构　　b) 模型2($N=4$)的能带结构
c) 模型3($N=6$)的能带结构　　d) 模型1($N=2$)的透射谱

图 2-25　多尺度复合波纹-折纸超材料最优石墨烯和碳纤维
含量以及碳纤维取向对应的能带结构和透射谱

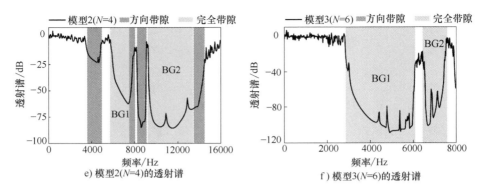

e) 模型2(N=4)的透射谱   f) 模型3(N=6)的透射谱

图 2-25　多尺度复合波纹-折纸超材料最优石墨烯和碳纤维
含量以及碳纤维取向对应的能带结构和透射谱（续）

4. 几何参数、石墨烯和碳纤维含量以及碳纤维取向作为设计变量

考虑几何参数和材料参数在多尺度复合材料层合结构设计中的重要性，在最终优化问题中，这五个变量都被视为设计变量。同样，计算设计效率的参考值 W_0 与式（2-15）一致。图 2-26 所示为五个设计变量相关的收敛历史，揭示了适应度函

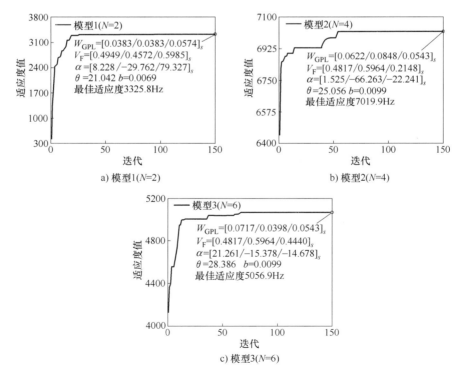

a) 模型1(N=2)   b) 模型2(N=4)

c) 模型3(N=6)

图 2-26　多尺度复合波纹-折纸超材料中几何参数、石墨烯和
碳纤维含量以及碳纤维取向的优化迭代历史

数的实质性演变。此外，此优化问题的结果见表 2-8。结果表明，同时考虑 5 个设计变量的优化设计比之前的优化设计效果更好。对于模型 1 有 5.902 - 4.046 = 185.6%、模型 2 有 1.250 - 1.148 = 10.2% 和模型 3 有 1.671 - 1.056 = 61.5%，这种增长非常显著。

表 2-8　以几何参数、石墨烯和碳纤维含量以及碳纤维取向
作为设计变量，求解三种不同构型的最优 W

N	模型 1($N=2$)	模型 2($N=4$)	模型 3($N=6$)
最优 W_{GPL}	$[0.0383/0.0383/0.0574]_s$	$[0.0622/0.0848/0.0543]_s$	$[0.0717/0.0398/0.0543]_s$
最优 V_F	$[0.4949/0.4572/0.5985]_s$	$[0.4817/0.5964/0.2148]_s$	$[0.4817/0.5964/0.4440]_s$
最优 $\alpha/(°)$	$[8.228/-29.762/79.327]_s$	$[1.525/-66.263/-22.241]_s$	$[21.261/-15.378/-14.678]_s$
最优 $\theta/(°)$	21.042	25.056	28.386
最优 b/m	0.0069	0.0099	0.0099
W/Hz	3325.8	7019.9	5065.9
$\eta = W/W_0$	5.902	1.250	1.671

对比表 2-5（仅包含几何参数）和表 2-8（包含所有五个设计变量），模型 1 的向外延伸长度（3.4～6.9mm）和折叠角（21.042°～21.618°）出现了显著变化。相比之下，模型 2（25.056°～25.974°）和模型 3（27.666°～28.386°）只有折叠角发生了变化。此外，对于这三种模型，石墨烯的最优质量分数、碳纤维的最优体积分数和最优碳纤维取向与之前的优化结果有很大的不同。

图 2-27a～c 分别所示为具有五个最优设计变量的三种不同构型的多尺度折纸超材料的能带结构。与前述优化相比，位于完全带隙的频率范围有相对明显的增加。可以观察到，完全带隙的上、下截止频率所在的分支变得平坦，这有助于带宽的增加。此外，三种模型对应的透射谱如图 2-27d～f 所示，三种模型的最大带隙的衰减都有明显的增加，这对于设计以宽频减振为目标的弹性超材料具有重要的指导意义。

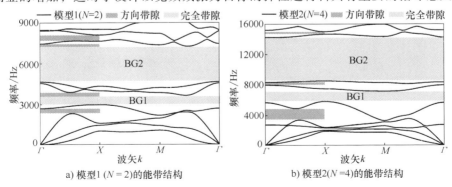

a) 模型1($N=2$)的能带结构　　　　b) 模型2($N=4$)的能带结构

图 2-27　多尺度复合波纹-折纸超材料最优几何参数、
石墨烯和碳纤维分布对应的能带结构和透射谱

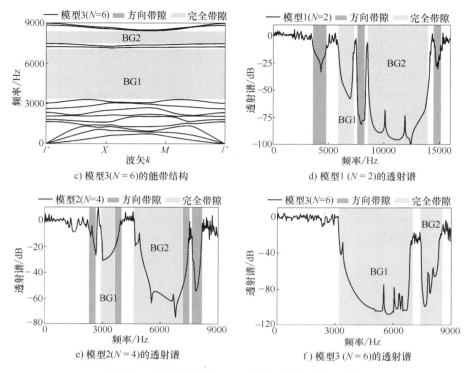

图 2-27　多尺度复合波纹-折纸超材料最优几何参数、
石墨烯和碳纤维分布对应的能带结构和透射谱（续）

2.4　点阵-折纸超材料的设计和性能优化

2.4.1　点阵-折纸超材料的结构设计

以往的研究表明，由于固有的几何限制，三浦折纸实现完整的带隙一直具有局限性。为此，通过结合点阵结构的高阻抗不匹配性和折纸结构的空间可变形性来解决这一挑战，旨在实现产生完整布拉格带隙的目标。为了扩大结构在各个领域的应用，选择用多尺度复合材料取代传统材料，并提出了多尺度纳米增强复合点阵-折纸超材料。

图 2-28 所示为多尺度复合点阵-折纸超材料的设计过程。引入两种经典点阵类型，即正交点阵和六边形点阵来设计折纸超材料，分别如图 2-28a 和 d 所示。随后，将图 2-28b 中所示的三浦折纸单元纳入点阵结构，从而得到点阵-折纸超材料。此外，所提出的超材料单胞的三维视图和俯视图如图 2-28a 和 d 的第三列所示。图 2-28a 中展示的具有正交点阵的新型折纸结构被命名为正交点阵折纸超材料（CC-

OM），其中单胞的晶格尺寸 $L_C = 2(L+U)+D$。图 2-28d 中展示的另一种六边形点阵被命名为六边形点阵折纸超材料（HC-OM），其单胞的晶格尺寸为 $L_H = 2[L+U+D\cos(\pi/6)]$。此外，点阵和折纸结构对弹性波传播的控制得到了广泛的认可，使它们在减振和降噪应用中具有很大的前景。因此，图 2-28a 和 d 的第四列显示了周期性排列的点阵折纸超材料，用于分析能带结构和波衰减。

为了研究折纸结构的弹性波传播特性，我们采用三维壳元来描述连续模型。如图 2-28c 所示，用于折纸结构的多尺度复合材料包括三种：石墨烯（GPLs）、碳纤维和环氧树脂。GPLs 作为纳米填料分散到基体中，产生石墨烯增强纳米复合材料。随后，纳米复合材料作为新的基体，与碳纤维混合，形成三相复合的纳米复合材料。图 2-28c 第三列所示的层压板由 K 层组成，其中 GPL 和碳纤维在整个厚度上对称分布。需要注意的是，GPL 的质量分数、碳纤维的体积分数和碳纤维的取向在每一层都是不同的，可以被优化。

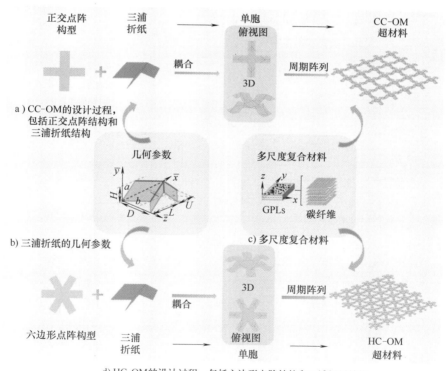

图 2-28　多尺度复合点阵-折纸超材料的结构示意图

2.4.2　波动分析

本节重点分析了所提出的多尺度复合点阵-折纸超材料的波传播特性。首先，研究了能带结构、透射谱和模态分析，以探索波的衰减行为。随后，考虑与折纸构型相关的两个重要几何参数来说明带隙的可调性。同时，还研究了石墨烯和碳纤维分布对弹性波传播的影响。

1. 能带结构与波传输

本节演示了两种不同的点阵-折纸超材料的能带结构和透射谱。石墨烯的质量分数、碳纤维的体积分数和碳纤维在每个子层中的取向分别设置为2%、30%和0°。两种点阵折纸超材料的能带结构如图2-29a和c所示，CC-OM在0～8kHz频率范围内有三个完整带隙，HC-OM在0～6kHz频率范围内有五个完整带隙。这表明与CC-OM相比，HC-OM可以在较低频率下实现更宽的带隙。如图2-29a所示，展示三个完整的带隙（BG1、BG2和BG3）。这些带隙禁止弹性波在2.80～4.76kHz、4.81～5.23kHz和5.35～5.75kHz的频率范围内传播。虽然本节强调完全带隙而不是方向带隙，但方向带隙仍然在图中展示出来。同样，图2-29c显示了五个完整带

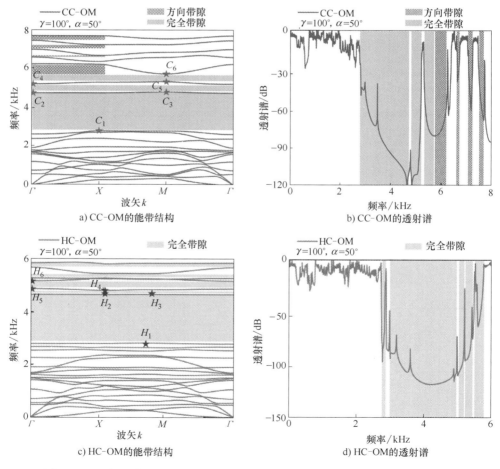

a) CC-OM的能带结构

b) CC-OM的透射谱

c) HC-OM的能带结构

d) HC-OM的透射谱

图 2-29 两种不同空间构型的多尺度复合点阵-折纸超材料的能带结构和透射谱

隙。由于低频带隙在实际工程应用中具有更大的吸引力，因此我们的重点是位于 2.79~4.68kHz，4.69~4.81kHz 和 4.86~5.16kHz 频率范围内的三个低频带隙。

随后，通过对波传输的计算和分析，验证了带隙所在区间的准确性。图 2-29b 所示为 CC-OM 弹性波的透射谱，通过观察可以发现，在图 2-29a 所示的三个完整带隙对应的频率范围内，传输率显著降低；相反，在带通的频率范围内，振动透射率保持在 0dB 左右。同样，HC-OM 的透射谱如图 2-29d 所示，传输比显著降低的区域与图 2-29c 中完全带隙所在的频率范围一致。此外，为了进一步阐明带隙机制，在图 2-30 中给出了 CC-OM 和 HC-OM 的本征模。在图 2-29a 中，五角星标记的 C_1，C_2、C_3，C_4，C_5 和 C_6 分别表示 CC-OM 中前三个带隙的下截止频率和上截止频率。同样，图 2-29c 中五角星标记的 H_1，H_2、H_3，H_4，H_5 和 H_6 分别表示 HC-OM 中前三个带隙的下截止频率和上截止频率。通过观察位移场的分布可以发现，打开带隙的本征模的位移主要集中在由三浦折纸所取代的点阵结构的分支部位，由此可以将带隙的出现归因于 Bragg 散射。

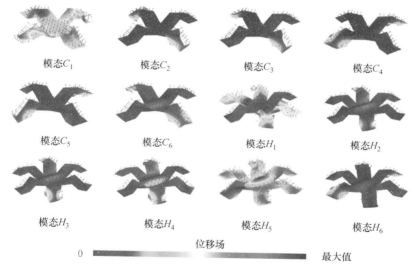

图 2-30　两种不同构型点阵-折纸超材料中相应模态的位移场分布

2. 带隙特性的参数化调控

对于本节所提出的晶格-折纸超材料，由于二面角和扇形角的变化，晶格尺寸和晶格类型的变化范围很大。因此本节将在相关范围内研究重要几何参数对带隙的影响，并探究两种不同晶格-折纸超材料的带隙可调性。

首先，我们研究了二面角的影响。为了确保 CC-OM 和 HC-OM 的刚性折叠性，如图 2-31 所示，我们分析了在其他参数保持不变的情况下，γ 在 30°~120° 内连续变化时，前两阶带隙的演化行为。对于 CC-OM，如图 2-31a 所示，在增大二面角的同时，第一带隙的中心频率保持相对稳定，而其带宽经历了显著的波动。当二面角较小时，带宽较窄。但是，随着二面角的增大，第一带隙的下截止频率迅速降低，而上截止频率增加，导致带宽明显增加。类似地，第二带隙的中心频率也相对稳定，而带宽显示出非单调的变化。当二面角小于30°时，第二带隙的带宽随着二面角的增大而迅速增加。随后，当二面角在60°~100°之间变化时，带宽逐渐减小。然而，对于二面角大于100°的情况，带宽随着二面角的增加而增加。同时，图2-31b展示了HC-OM前两个带隙随二面角的变化规律。第一带隙的中心频率和带宽变化模式类似于CC-OM中观察到的情况。然而，第二带隙在其变化中显示出显著的差异。尽管第二带隙在带宽上也呈现出非单调的变化模式，但它只具有一个拐点。当二面角小于80°时，带宽随着二面角的增加逐渐增加。相反，对于大于80°的二面角，带宽随着二面角的增加逐渐减小。此外，第二带隙的中心频率也发生了显著变化。

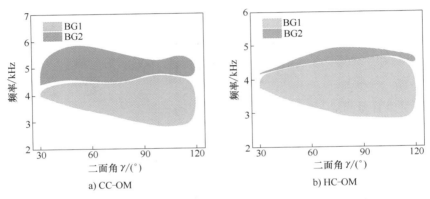

图 2-31　二面角对多尺度复合点阵-折纸超材料带隙的影响

考虑另一个关键参数扇形角，在保持其他参数不变的情况下，分析扇形角在20°~70°范围内连续变化时的第一带隙的变化规律。图2-32a所示为CC-OM的第一带隙随扇形角的变化规律。很明显，随着α的增加，带隙带宽保持相对稳定。

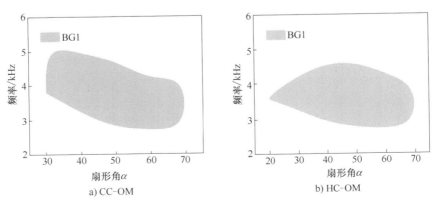

图 2-32　扇形角对多尺度复合点阵-折纸超材料带隙的影响

同时，下截止频率和上截止频率的下降幅度几乎相同，导致带隙的中心频率迅速降低。这一特性在实际工程应用中为降低低频噪声提供了显著的优势。图 2-32b 所示为 HC-OM 的第一带隙随扇形角的变化规律。当扇形角超过 20° 时，带隙逐渐打开。随着扇形角的进一步增大，带隙的中心频率保持相对稳定，而带隙带宽呈现先增大后减小的规律。

3. 纳米复合材料的分布对带隙的影响

以往的研究表明，折纸结构可以通过基本几何参数的操纵精确控制弹性波的传播和衰减。而多尺度复合材料有助于在微观尺度上对材料成分进行细化和优化。因此在本节，我们对所提出的点阵-折纸超材料中石墨烯和碳纤维分布对低频带隙、带宽的影响进行了初步研究。

为确保通用性，相应的点阵-折纸超材料选择三个不同的二面角，同时保持固定的扇形角。此外，纳米复合材料在各层中的分布保持均匀。首先，如图 2-33 所示，通过在 1%~6% 的范围内逐步改变 GPLs 的质量分数，分析第一带隙的带宽的变化模式我们以两种成分的碳纤维体积分数作为比较措施，以评估石墨烯质量分数和碳纤维体积分数对弹性波传播特性的耦合效应，碳纤维的取向为 $\theta = [0/0/0]_s$。观察 CC-OM 超材料可以发现，带宽明显随着石墨烯质量分数的增加而扩大。同时，更高的碳纤维含量与更宽的带宽相关。此外，可以观察到 HC-OM 超材料的带隙带宽变化模式与 CC-OM 非常相似。

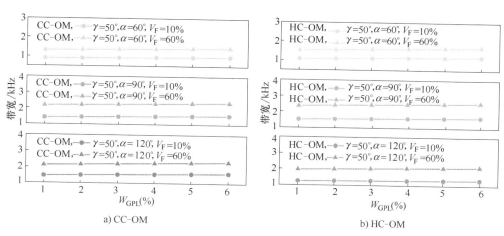

a) CC-OM　　　　　　　　　　　　　b) HC-OM

图 2-33　当碳纤维取向为 $\theta = [0/0/0]_s$ 时石墨烯质量分数对
多尺度复合点阵-折纸超材料带隙的影响

接下来，如图 2-34 所示，通过碳纤维体积分数的连续变化（从 10%~60%）来探究第一带隙带宽的变化。碳纤维的取向为 $\theta = [0/0/0]_s$。我们对两个成分的石墨烯的质量分数进行了比较。总的来说，可以明显观察到，对于三个不同二面角的点阵-折纸超材料来说，第一带隙的带宽随着碳纤维体积分数的增加而增加。然而，随着碳纤维体积分数的增加，带宽的增加程度在不同二面角的结构中有所不同。通过比较两种不同石墨烯质量分数下的带宽变化，可以观察到，虽然两种情况下的带宽都增加了，但带宽的差异仍然不大。以上结果表明，碳纤维的体积分数和石墨烯的质量分数之间存在耦合效应，且均与弹性波传播有关。另外，碳纤维的体积分数对带宽的影响更为显著。

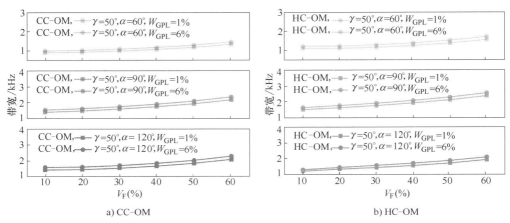

a) CC-OM   b) HC-OM

图 2-34　当碳纤维取向为 $\theta = [0/0/0]_s$ 时碳纤维体积分数对
多尺度复合点阵-折纸超材料带隙的影响

在此基础上，如图 2-35 所示，选取碳纤维取向 $\theta = [0/45/90]_s$ 探究石墨烯的质量分数 1%~6% 连续变化时，第一带隙带宽的变化规律。很明显，随着 GPLs 质量分数的增加，带隙宽度的变化与图 2-33 中观察到的趋势基本一致。尽管如此，在带隙所在的频率范围内的实质性增加是值得注意的。这一现象强调了碳纤维取向对多尺度模型中弹性波传播的重要影响。最后，对比图 2-36 和图 2-34，很明显，带

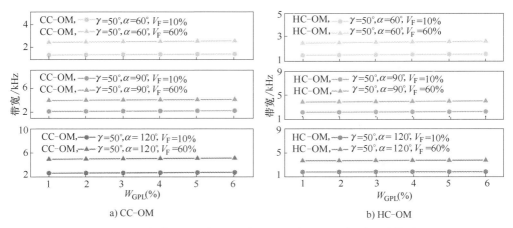

a) CC-OM   b) HC-OM

图 2-35　当碳纤维取向为 $\theta = [0/45/90]_s$ 时石墨烯质量分数对
多尺度复合点阵-折纸超材料带隙的影响

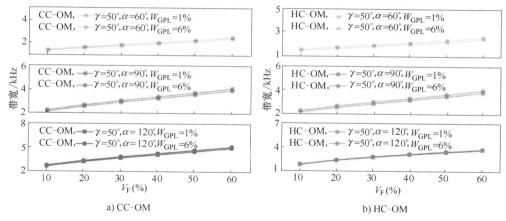

a) CC-OM   b) HC-OM

图 2-36　当碳纤维取向为 $\theta=[\,0/45/90\,]_s$ 时碳纤维体积分数
对多尺度复合点阵-折纸超材料带隙的影响

隙宽度随着碳纤维体积分数的增加而增加。同时，不同的碳纤维取向也对结果产生明显的影响。

2.4.3　低频带隙的宽频优化

1. 优化问题定义

2.4.2 节的结果表明，GPLs 和碳纤维的分布显著影响弹性波的传播。因此考虑低频带隙在实际工程应用中的吸引力，该工作的设计目标是通过在多尺度复合材料的背景下结合多个设计参数来最大化第一带隙的带宽（Ω）。这些设计参数包括石墨烯的质量分数（W_{GPL}）、碳纤维的体积分数（V_F）和碳纤维取向（θ）。优化还考虑了复合材料石墨烯的总质量分数（W_{GPL}^{Tot}）、碳纤维的总体积分数（V_F^{Tot}）、GPLs 在各子层中的质量分数（W_{GPL}^k）和碳纤维在各子层中的体积分数（V_F^k）等约束条件。优化问题可以定义为

$$\begin{cases} \max : \Omega(V_F^k, W_{GPL}^k, \theta^k) \\[2mm] \text{s. t.}\quad V_F^{Tot} = \dfrac{1}{K}\sum_{k=1}^{6} V_F^k \in [\,V_{Fmin}^{Tot}, V_{Fmax}^{Tot}\,] \\[4mm] \qquad W_{GPL}^{Tot} = \dfrac{1}{K}\sum_{k=1}^{6} W_{GPL}^k \in [\,W_{GPLmin}^{Tot}, W_{GPLmax}^{Tot}\,] \\[4mm] \qquad V_F^k \in [\,V_{Fmin}^k, V_{Fmax}^k\,] \\[2mm] \qquad W_{GPL}^k \in [\,W_{GPLmin}^k, W_{GPLmax}^k\,] \\[2mm] \qquad \theta^k \in [\,\theta_{min}, \theta_{max}\,] \end{cases} \tag{2-81}$$

其中，碳纤维总体积分数的上下限分别为 $V_{Fmin}^{Tot}=0$ 和 $V_{Fmax}^{Tot}=30\%$。同样，石墨烯质量分数的下限和上限分别为 $W_{GPLmin}^{Tot}=0$ 和 $W_{GPLmax}^{Tot}=2\%$。在每个子层中，碳纤维体积分数的上限为 $V_{Fmin}^k=60\%$，下限为 $V_{Fmax}^k=0\%$。石墨烯的最小质量分数为 $W_{GPLmin}^k=0$，最大质量分数为 $W_{GPLmax}^k=6\%$。碳纤维取向的下限和上限分别定义为 $\theta_{min}=-90°$ 和 $\theta_{max}=90°$。需要强调的是，在本工作中，材料在多尺度复合材料中的分布相对于中性面是对称的。同时通过引入设计效率因子（η）来评估优化设计的有效性。设计效率因子定义为多尺度复合晶格折纸超材料的第一带隙最优带宽与参考值之比。

$$\eta=\frac{\Omega(V_F^k,W_{GPL}^k,\theta^k)}{\Omega_0(V_{0F}^k,W_{0GPL}^k,\theta_0^k)} \qquad (2\text{-}82)$$

其中 $V_{0F}^k=[20\%/20\%/20\%]$，$W_{0GPL}^k=[2\%/2\%/2\%]$，$k=1$，2，3。该参考值对应于石墨烯和纤维在每层材料中均匀分布的情况，且每个子层的碳纤维取向为 $\theta=[0/0/0]_s$。

2. 优化结果讨论

下面介绍采用三个设计参数（石墨烯的质量分数、碳纤维的体积分数和碳纤维的取向）对两种多尺度复合点阵-折纸超材料的优化结果。图 2-37a、c 和 e 描述了 PSO 算法对三种不同二面角的 CC-OM 适应度值的迭代历史。随着迭代次数的增加，适应度值的收敛逐渐明显，在不到 150 次迭代内，PSO 算法达到了收敛解。在初始阶段，适应度值表现出相当大的波动，这是由于粒子在全局搜索空间中没有遇到合适的解。随着迭代的进行，粒子群逐渐向搜索空间内的潜在最优解收敛。此时，适应度值趋于稳定，波动减小，算法进入局部搜索阶段。在局部搜索过程中，粒子逐渐向更接近全局最优的局部最优收敛，适应度值逐渐增大。在以后的迭代中，适应度值的增长速度减慢，这意味着算法趋于收敛，并且发现了相对接近全局最优的解。三种不同二面角的 CC-OM 在最佳石墨烯质量分数、碳纤维体积分数和碳纤维取向下的透射谱如图 2-37b、d、f 所示。

表 2-9 给出了三种不同二面角的 CC-OM 的优化结果。值得注意的是，三种不同二面角的 CC-OM 的最优带宽对应的三个设计参数值是完全不同的。与 $\gamma=60°$ 模型相反，另外两个模型（$\gamma=90°$ 和 $\gamma=120°$）显示较低的石墨烯质量分数。具体而言，在 $\gamma=90°$ 的情况下，石墨烯质量分数从最外层到最内层逐渐增加，而最外层的含量几乎可以忽略不计。此外，碳纤维在各子层内的体积分数分布也会影响优化结果。在 $\gamma=60°$ 的模型中，碳纤维主要集中在中间层内，而 $\gamma=90°$ 模型则相反，碳纤维主要集中在最外层。对于 $\gamma=120°$ 模型，碳纤维的体积分数在子层之间的变化最小，导致相对均匀的分布。通过对比三种不同模型的优化设计，可以明显看出 $\gamma=120°$ 模型相对于原始材料成分分布表现出最明显的增强。这意味着与 $\gamma=60°$ 和 $\gamma=90°$ 模型相比，$\gamma=120°$ 模型对石墨烯和碳纤维的分布更敏感。

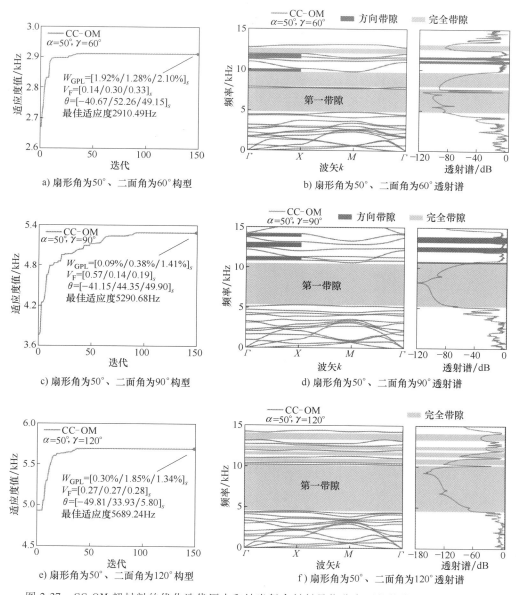

图 2-37 CC-OM 超材料的优化迭代历史和纳米复合材料最优分布下的能带结构和透射谱

表 2-9 以石墨烯和碳纤维含量以及碳纤维取向为设计变量，

三种不同二面角的 CC-OM 的最优 Ω

$\alpha/(°)$	$\gamma/(°)$	最优 $W_{GPL}(\%)$	最优 $V_F(\%)$	最优 $\theta/(°)$	Ω/Hz	$\eta = \Omega/\Omega_0$
50	60	[1.92/1.28/2.10]	[0.14/0.30/0.33]	[-40.67/52.26/49.15]	2910.49	2.89
50	90	[0.09/0.38/1.41]	[0.57/0.14/0.19]	[-41.15/44.35/49.90]	5290.68	3.19
50	120	[0.30/1.85/1.34]	[0.27/0.27/0.28]	[-49.81/33.93/5.80]	5689.24	3.53

HC-OM 以三个选定的二面角进行研究，同时保持恒定的扇形角。图 2-38a、c、e 描绘了通过 PSO 算法得到的三种结构的适应度值，在不到 150 次迭代的时间内呈现逐渐收敛的趋势。由于全局探索没有找到合适的解决方案，最初观察到显著的适应度值波动。随着迭代的进行，算法稳步向潜在最优收敛，适应度值趋于稳定，开始局部搜索阶段。在这个阶段，粒子向局部最优移动，弥合了与全局最优的差距，

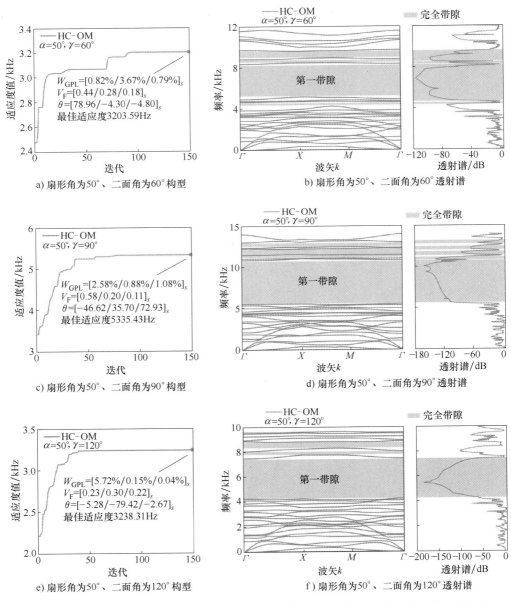

a) 扇形角为50°、二面角为60°构型

b) 扇形角为50°、二面角为60°透射谱

c) 扇形角为50°、二面角为90°构型

d) 扇形角为50°、二面角为90°透射谱

e) 扇形角为50°、二面角为120°构型

f) 扇形角为50°、二面角为120°透射谱

图 2-38　HC-OM 超材料的优化迭代历史和纳米复合材料最优分布下的能带结构和透射谱

并逐步提高了适应度。当解接近全局最优时，算法的收敛性是明显的。此外，图 2-38b、d、f 显示了最佳复合材料分布下，三个不同二面角的 HC-OM 对应的透射谱。

表 2-10 给出了三种不同二面角的 HC-OM 的优化结果。在 $\gamma = 60°$ 的 HC-OM 中，石墨烯的质量分数在第 2 层与第 5 层中达到峰值，而在最外层和最内层中相对较低。碳纤维的体积分数从外层到内层逐渐下降。相反，$\gamma = 90°$ 的 HC-OM 中石墨烯的分布则完全相反，第 2 层与第 5 层的最小，最外层和最内层的质量分数都相对较高。此外，虽然碳纤维的分布从外层到内层逐渐减少，但它们的主要浓度仍在最外层。对于 $\gamma = 120°$ 的 HC-OM，石墨烯主要分布在外层，而最内层的含量可以忽略不计。相比之下，碳纤维在所有子层上呈现均匀分布。总的来说，三个不同二面角的 HC-OM 中复合材料的最优分布是不同的。特别地，与其他两种二面角的 HC-OM 相比，具有 $\gamma = 90°$ 的 HC-OM 表现出最显著的增强。

表 2-10　以石墨烯和碳纤维含量以及碳纤维取向为设计变量，
三种不同二面角的 HC-OM 的最优 Ω

$\alpha/(°)$	$\gamma/(°)$	最优 $W_{GPL}(\%)$	最优 $V_F(\%)$	最优 $\theta/(°)$	Ω/Hz	$\eta = \Omega/\Omega_0$
50	60	$[0.82/3.67/0.79]$	$[0.44/0.28/0.18]$	$[78.96/-4.30/-4.80]$	3203.59	2.71
50	90	$[2.58/0.88/1.08]$	$[0.58/0.20/0.11]$	$[-46.62/35.70/72.93]$	5335.43	3.13
50	120	$[5.72/0.15/0.04]$	$[0.23/0.30/0.22]$	$[-5.28/-79.42/-2.67]$	3238.31	2.13

根据以上分析，优化石墨烯和碳纤维的分布可能会显著增强超材料的能带结构，这在实际工程应用中具有关键意义。通过精确控制石墨烯和碳纤维在不同子层中的含量和分布，可以精确调节弹性波的传播特性，包括带隙和带宽。这将为一系列应用提供更适用和高效的选择，包括振动抑制、降噪、能量耗散以及其他领域。这项研究在推动新型高性能超材料的发展和拓展其在实际工程中的应用领域方面具有重要的理论和实际意义。

第3章

折纸蜂窝超材料的设计和力学性能

3.1 引言

　　蜂窝结构以质量轻、比强度高、压缩行程长、吸能平稳及制造成本低等优点成为防护吸能结构的典型代表，被广泛应用于航空航天、交通运输、建筑等国防及民用工业领域中。传统蜂窝结构的抗冲击性能研究已经比较成熟，防护吸能特性难以显著提高，且蜂窝结构面内-面外强度差异过大，使得蜂窝结构的多向抗冲击性能具有较强的局限性。对此，人们通过材料选择、参数调节、梯度变化、多层级等设计方式对蜂窝结构进行有效的改进，以获取更高的缓冲吸能和抗冲击性能。而起源于折纸艺术的折纸超材料凭借多样化的折痕分布、折叠形式和复杂的几何参数，拥有丰富多变的拓扑构型，具备超常的力学性能及出色的调控能力，使得折纸超材料在抗冲击吸能装备与结构研发中拥有无限的设计空间，在轻质、高强度、高刚度、高吸能力学超材料的定制化设计中发挥着显著的作用。

　　受折纸结构的启发，研究人员将三浦折纸引入内凹蜂窝结构中得到了内凹折纸蜂窝。作为近年来兴起的一种新型结构，逐渐成为学术界的研究热点，然而，目前关于内凹折纸蜂窝超材料面内的动态力学行为及吸能特性研究仍然比较少，缺乏完善的理论研究以及变形分析。因此本章将对内凹折纸蜂窝超材料面内力学性能进行系统研究，同时在内凹折纸蜂窝超材料的基础上进行功能梯度设计，得到梯度内凹折纸蜂窝超材料。最后，基于内凹折纸蜂窝进行层级设计，得到层级内凹折纸蜂窝超材料，对层级内凹折纸蜂窝超材料的面内力学性能进行了研究。

3.2 折纸蜂窝超材料的面内动态响应和吸能特性

　　下面系统地研究内凹折纸蜂窝的面内动态响应行为，对内凹折纸蜂窝的动态冲击行为进行数值研究。比较了传统内凹蜂窝结构和内凹折纸蜂窝在低速、中速和高速不同冲击速度下的变形模式和能量吸收性能。结果表明，内凹折纸蜂窝的平台应力和比吸能远高于传统内凹蜂窝结构。此外，参数化研究表明，倾斜角度的增大会降低内凹折纸蜂窝的平台应力和泊松比绝对值。比吸能曲线随着内凹折纸蜂窝倾斜角度的增大而增大。此外，二面角较小的内凹折纸蜂窝能吸收更多的冲击能，吸收能量的变化与内凹折纸蜂窝结构的细胞壁厚度成正比。这项工作有望为设计先进的能量吸收结构提供新的思路。

3.2.1　内凹折纸蜂窝结构的设计

本节提出的新型折纸蜂窝结构是将传统内凹蜂窝与三浦折纸单元相结合而形成的。将常规内凹蜂窝的四个倾斜细胞壁替换为两个三浦折纸单元，同时将两个水平细胞壁折叠以匹配三浦折纸单元的折叠，并命名为内凹折纸蜂窝，如图 3-1 所示。

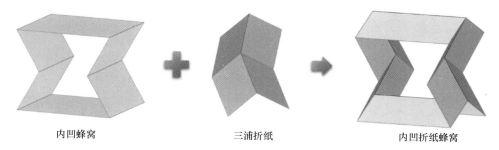

内凹蜂窝　　　　　　　　　三浦折纸　　　　　　　内凹折纸蜂窝

图 3-1　内凹折纸蜂窝的设计流程

图 3-2 所示为传统内凹蜂窝和内凹折纸蜂窝两种结构的几何参数。内凹蜂窝的参数包括倾斜细胞壁长度 l_a、水平细胞壁长度 l_c、细胞壁宽度 l_b 和倾斜角度 θ_0。此外，用另一些参数来定义三浦折纸单元：α，β，γ，l_1，l_2，l_3。由于三浦折纸单元的几何特性，α、β 和 γ 不是独立的，它们符合以下关系：

$$\cos\gamma = \cos\beta\cos\alpha \tag{3-1}$$

相对密度是影响蜂窝结构力学性能的重要参数之一，传统内凹蜂窝和内凹折纸蜂窝的相对密度为

$$\rho_{RH} = \frac{\rho^*_{RH}}{\rho_s} = \frac{1}{2} \frac{t}{l_a} \frac{l_c/2}{(l_c/-\cos\theta_0)\sin\theta_0} \tag{3-2}$$

$$\overline{\rho}_{MRH} = \frac{\rho_{MRH}}{\rho_s} = \frac{(8l_1 l_2 \sin\gamma + 4t)}{2(l_3 - l_1\cos\beta)(2l_1\sin\beta + l_2\cos\alpha)(2l_2\sin\alpha)} \tag{3-3}$$

当传统内凹蜂窝和内凹折纸蜂窝的壁厚都为 0.2mm 时，结构对应的相对密度分别为 0.103 和 0.0987，通过调整结构的壁厚可以改变结构的相对密度。

3.2.2　有限元模型

使用有限元仿真软件 Abaqus/explicit 对内凹折纸蜂窝的动态冲击行为和吸能能

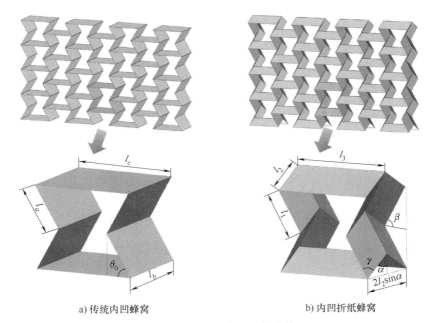

a) 传统内凹蜂窝

b) 内凹折纸蜂窝

图 3-2　两种结构的几何参数

力进行研究。模拟传统内凹蜂窝的动态响应行为，并与内凹折纸蜂窝进行比较。传统内凹蜂窝和内凹折纸蜂窝的总长度为 69.79mm，总高度为 75mm 和 76.25mm 以及面外总宽度为 5mm 和 3.33mm。传统内凹蜂窝和内凹折纸蜂窝的有限元模型如图 3-3 所示。用于数值模拟的蜂窝模型位于两块刚性板之间，当上刚性板沿 y 方向匀速撞击蜂窝时，底板固定。在模型中，对试件的面外自由度进行了约束，约束结构的面外变形。采用一般接触来模拟压缩过程中复杂的相互接触，切向行为的摩擦系数为 0.2，法向行为选择"硬"接触。蜂窝结构采用四节点、减积分壳单元 S4R 进

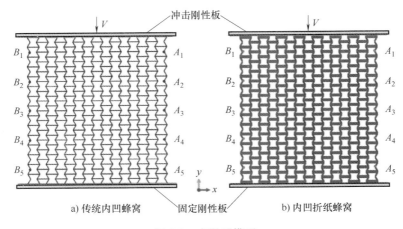

a) 传统内凹蜂窝

b) 内凹折纸蜂窝

图 3-3　有限元模型

行网格划分。在平衡数值稳定性、精度和计算效率的基础上，确定 0.3mm 的网格尺寸为最优。另外，基材的蜂窝结构选用理想弹塑性铝材料，质量密度 $\rho = 2700\text{kg/m}^3$，弹性模量 $E = 70\text{GPa}$，泊松比 $\nu = 0.3$，屈服应力为 130MPa。

为了验证数值模型的准确性，以确保模型能够准确地模拟蜂窝结构的动态压缩行为。这里参照 Qi 等人的工作建立了速度为 1m/s 的冲击加载下的传统内凹蜂窝动态压缩行为进行了建模和分析，并将有限元结果与 Hu 等人的理论结果进行比较，如图 3-4 所示，可以看出仿真结果与理论结果吻合性较好。因此，所建立的有限元模型是可靠的，可用于下一步的仿真研究。

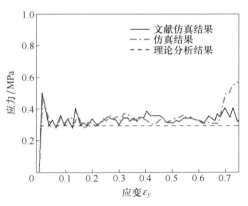

图 3-4　有限元模型验证

3.2.3　两种结构性能对比

1. 变形模式

为了研究冲击速度对内凹折纸蜂窝变形行为的影响，考虑了内凹折纸蜂窝在 1m/s、20m/s 和 50m/s 三种冲击速度下的三种变形模式，并与传统内凹蜂窝进行了比较。如图 3-5 所示是在 1m/s 的冲击速度下传统内凹蜂窝和内凹折纸蜂窝的变形行为。虚线方块表示蜂窝的原始尺寸，深色标记线表示的是变形区域。传统内凹蜂窝的底部区域在沿 y 方向压缩时水平收缩。可以看到底部有一个明显的 X 形变形带并且呈现负泊松比变形。随着应变的增大，X 形变形区附近的单元逐渐坍塌堆

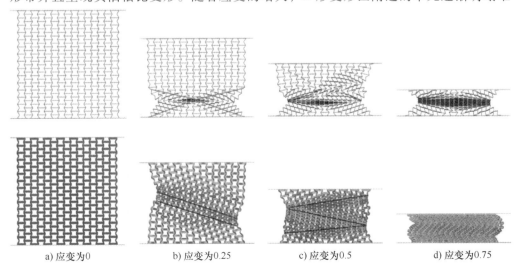

a) 应变为0　　　b) 应变为0.25　　　c) 应变为0.5　　　d) 应变为0.75

图 3-5　低速冲击下的变形模式

积。在内凹折纸蜂窝的左右两侧出现不对称局部收缩，初始阶段出现倾斜变形带（见图 3-5b）。随着压缩位移的增大，倾斜变形带上方和下方的单胞开始垮塌，形成两条新的倾斜变形带。内凹折纸蜂窝表现为"<"和">"两种模式的组合，内凹折纸蜂窝的变形模式明显不同于传统内凹蜂窝。

对于蜂窝结构，其变形模式与冲击速度有关。图 3-6 所示为 20m/s 中速冲击下传统内凹蜂窝和内凹折纸蜂窝的变形过程。随着冲击速度的增加，惯性效应开始显现。靠近冲击端的传统内凹蜂窝的单胞在初始阶段坍塌，而靠近固定端的单胞基本保持不变。随着冲击位移的增大，局部坍塌从上层逐步形成。固定端附近的单胞出现轻微的 X 形变形模式。随着压缩位移的增加，变形区继续扩大，其余的单胞出现崩溃和致密化。在内凹折纸蜂窝初始变形阶段，结构顶部、中上、中下出现三条收缩变形带（见图 3-6b）。随着冲击位移的增大，两个变形带之间的单胞坍塌压实。可以看出，该结构同时表现出明显的负泊松比效应。最后，越来越多的细胞无变形，导致应力极大地增加，直到结构完全压实。

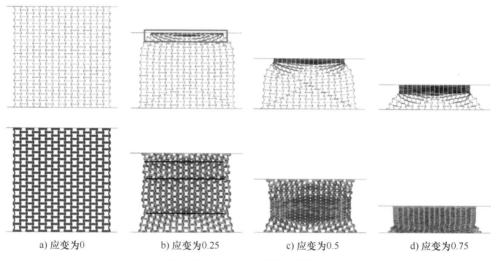

a) 应变为0　　　　b) 应变为0.25　　　　c) 应变为0.5　　　　d) 应变为0.75

图 3-6　中速冲击下的变形模式

在 50m/s 的高速冲击下，两个蜂窝结构的变形过程如图 3-7 所示。由于冲击速度的增加，与中速模式下的变形模式相比，惯性效应明显。传统内凹蜂窝和内凹折纸蜂窝的单胞在撞击端附近最先塌陷，单胞收缩速度快。观察到 I 形带，从冲击端到固定端逐层延伸。值得注意的是，传统内凹蜂窝和内凹折纸蜂窝在高速模式下的变形过程非常相似。最终，当细胞坍塌时，结构发生压缩致密化。

如图 3-8 所示，传统内凹蜂窝和内凹折纸蜂窝在不同冲击速度下的应力-应变曲线可分为弹性阶段、平台阶段和致密化阶段三个不同的阶段。传统内凹蜂窝和内凹折纸蜂窝的峰值力随冲击速度的增加而增大。在相同的冲击速度下，平台阶段内凹折纸蜂窝的应力-应变高于传统内凹蜂窝。此外，内凹折纸蜂窝的密实应变低于

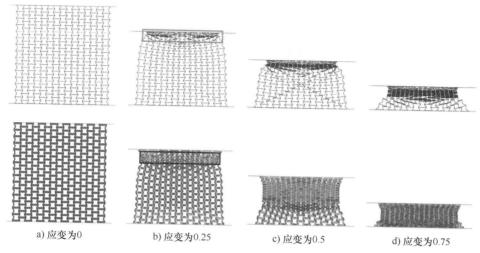

| a) 应变为0 | b) 应变为0.25 | c) 应变为0.5 | d) 应变为0.75 |

图 3-7　高速冲击下的变形模式

传统内凹蜂窝的密实应变，当应变达到约 0.7 时，内凹折纸蜂窝进入密实阶段。值得注意的是，在中速冲击曲线上存在一个跳跃点，在此跳跃点上进行变形分析。

2. 比吸能

通过仿真可以发现，在不同的速度下，内凹折纸蜂窝的平台应力高于传统内凹蜂窝。除了平台应力外，比吸能也是一个重要参数来评价结构的能量吸收性能，比吸能可以消除质量的影响，可以表示为

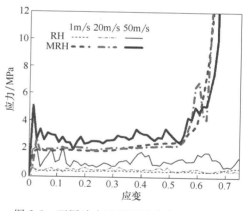

图 3-8　不同冲击速度下的应力-应变曲线

$$U_m = \frac{VU_v}{M} = \frac{\int_0^{\varepsilon_d} \sigma \mathrm{d}\varepsilon}{\rho_r \rho_s} \tag{3-4}$$

图 3-9 所示为不同冲击速度下传统内凹蜂窝和内凹折纸蜂窝的比吸能。不难看出，在不同冲击速度下，内凹折纸蜂窝比传统内凹蜂窝具有更高的比吸能曲线。值得注意的是，在应变为 0.75 时，低速冲击下内凹折纸蜂窝的比吸能是传统内凹蜂窝的 11.45 倍，冲击速度为 20m/s 时内凹折纸蜂窝的比吸能比传统内凹蜂窝大982.1%，冲击速度为 50m/s 时内凹折纸蜂窝的吸收能量比传统内凹蜂窝大402.1%。因此，相对于传统内凹蜂窝，内凹折纸蜂窝具有更好的能量吸收能力。内凹折纸蜂窝吸收更多的能量可以归因于倾斜的细胞壁被三浦折纸单元所取代。这

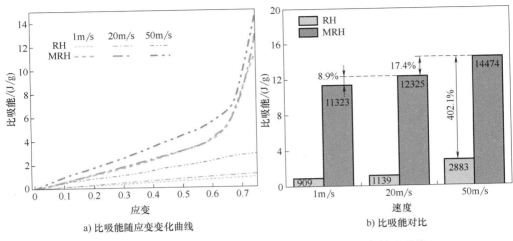

a) 比吸能随应变变化曲线　　　b) 比吸能对比

图 3-9　不同冲击速度下传统内凹蜂窝和内凹折纸蜂窝的比吸能

也导致内凹折纸蜂窝具有比传统内凹蜂窝更高的刚度。

3. 泊松比

在冲击过程中，不同冲击速度下，内凹折纸蜂窝呈现负泊松比效应。通过数值模拟，评估了动态冲击载荷下的泊松比。如图 3-3 所示，记录了蜂窝结构两侧 10 个点的横向位移，横向平均位移值可表示为

$$\Delta \overline{X} = \frac{1}{5} \sum_{i=1}^{5} (A_i - B_i) \tag{3-5}$$

式中，A_i 和 B_i（$i = 1，2，3，4，5$）为 10 个对称点的位移。用模型的横向平均位移值除以原横向长度即为横向应变。动态泊松比定义为横向应变与纵向应变的比值：

$$\nu = -\frac{\varepsilon_x}{\varepsilon_y} = -\frac{\Delta \overline{X} / X}{\varepsilon_y} \tag{3-6}$$

图 3-10 所示为不同冲击速度下传统内凹蜂窝和内凹折纸蜂窝动态泊松比曲线。可以观察到，传统内凹蜂窝和内凹折纸蜂窝均呈现负泊松比，且最小泊松比出现在初始冲击应变中。低冲击速度下，内凹折纸蜂窝的最小泊松比大于传统内凹蜂窝。泊松比随轴向应变的增大而逐渐增大。同时，传统内凹蜂窝和内凹折纸蜂窝的横向应变曲线也随着应变的增大而增大。当应变达到 0.65 左右时，内凹折纸蜂窝的横向应变曲线开始减小，说明横向收缩变形减小。在中速和高速加载时，早期冲击应变中传统内凹蜂窝的泊松比曲线高于内凹折纸蜂窝，说明内凹折纸蜂窝在早期的侧向收缩变形比传统内凹蜂窝大。随着冲击应变的增大，传统内凹蜂窝和内凹折纸蜂窝的泊松比曲线接近。传统内凹蜂窝的泊松比曲线小于内凹折纸蜂窝的泊松比曲线。

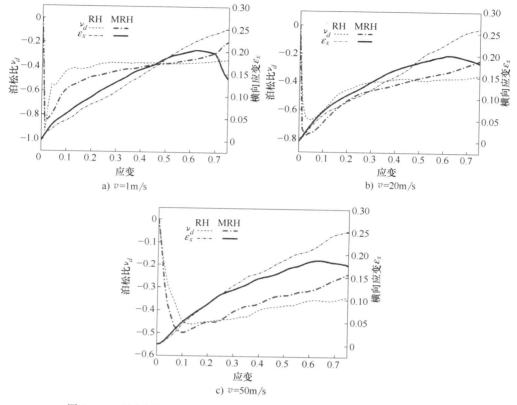

a) $v=1$m/s

b) $v=20$m/s

c) $v=50$m/s

图 3-10　不同冲击速度下传统内凹蜂窝和内凹折纸蜂窝动态泊松比曲线

3.2.4　参数变化

　　上述研究表明，内凹折纸蜂窝比传统内凹蜂窝具有更好的吸能能力。同时，内凹折纸蜂窝也表现出优异的变形行为。为了系统地揭示内凹折纸蜂窝的力学性能，进一步研究了倾斜角、二面角等参数对结构的影响，五种蜂窝模型的几何模型见表 3-1。

表 3-1　五种蜂窝模型的几何模型

参数					
倾斜角/(°)	30	45	60	60	60
二面角/(°)	60	60	60	45	30
长度/mm	6	6	6	6	6
高度/mm	3.64	3.84	5.75	6.06	6.3
宽度/mm	2.6	2.6	2.6	2.12	1.5

1. 低速冲击

对于蜂窝结构而言，倾斜角度的变化会对结构的力学性能产生很大的影响。选择了 30°、45° 和 60° 的倾斜角度，研究了倾斜角度 β 对内凹折纸蜂窝力学性能的影响。三种内凹折纸蜂窝的总长度和总高度为 43.1 和 53.96mm、62.06 和 61.39mm 以及 75.75 和 69.79mm。不同内凹折纸蜂窝在低速冲击下的变形过程如图 3-11 所示，不同深浅颜色方块表示蜂窝结构的原始尺寸，深色标记线表示结构的变形区域，第 1~2 行方块表示不同倾斜角度的内凹折纸蜂窝。当内凹折纸蜂窝倾斜角度为 30° 时，整个蜂窝结构在压缩变形过程中均匀坍塌，没有明显的变形带。当倾斜角度为 $\beta = 45°$ 时，结构中部出现两条变形带。随着应变的增大，第一变形带和第二变形带之间的胞体发生崩塌和密实。第 3 行方块表示倾斜角度为 $\beta = 60°$ 的内凹折纸蜂窝。对比图 3-5 和图 3-11，不同宽度的内凹折纸蜂窝的变形模式相似。在初始压

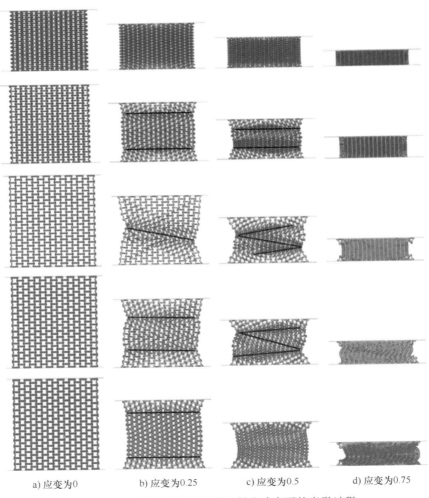

a) 应变为0   b) 应变为0.25   c) 应变为0.5   d) 应变为0.75

图 3-11　不同内凹折纸蜂窝在低速冲击下的变形过程

缩阶段，构造中部出现一条倾斜变形带。然后，随着应变的增加，倾斜变形带上方和下方的单元开始坍塌，内凹折纸蜂窝呈现"<"和">"两种模式的组合。第4~5 行方块表示不同二面体的内凹折纸蜂窝结构，对于二面角 $\alpha = 45°$ 的内凹折纸蜂窝，在结构的左右两侧出现不对称的局部收缩，在结构中出现两条变形带。随着应变的不断增大，内凹折纸蜂窝呈现"<"形变形模式。$\alpha = 30°$ 和 $\alpha = 45°$ 的内凹折纸蜂窝变形模式相似。所有内凹折纸蜂窝结构均表现为负泊松比。

图 3-12 所示为低速冲击下不同倾斜角度和二面角内凹折纸蜂窝的应力-应变曲线，实线表示不同二面角的内凹折纸蜂窝，二面角 $\alpha = 30°$ 的内凹折纸蜂窝应力-应变曲线比其他角度高，值得注意的是，内凹折纸蜂窝的二面角对密实应变有很大的影响，二面角越小，结构进入密实阶段越快。

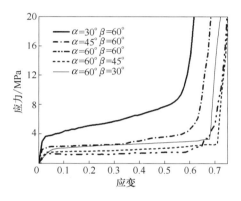

图 3-12　低速（$v = 5\text{m/s}$）冲击下不同倾斜角度和二面角
内凹折纸蜂窝的应力-应变曲线

2. 中速冲击

随着冲击速度的增加，结构的变形模式会发生变化。图 3-13 所示为中速冲击下各内凹折纸蜂窝的变形过程。对于倾斜角度 $\beta = 60°$、二面角 $\alpha = 60°$ 的内凹折纸蜂窝，变形初期在结构的顶部和底部出现两条变形带。随着应变的增加，两个变形带附近的胞元致密化。而随着倾斜角的减小，结构变形趋于稳定，整个蜂窝结构变形均匀。此外，内凹折纸蜂窝的最终变形模式被表示为一个压实的立方体。内凹折纸蜂窝的变形模式与结构的相对密度有关。具有相似相对密度的结构也具有相似的变形模式。

图 3-14 所示为中速冲击下不同内凹折纸蜂窝的应力-应变曲线。中速冲击下的应力-应变曲线趋势与低速冲击下的应力-应变曲线趋势相似。值得注意的是，在密实阶段中出现了一些跳跃点，根据变形模式分析原因是靠近固定板的细胞发生塌陷，导致应力急剧下降。

3. 高速冲击

图 3-15 所示为内凹折纸蜂窝在高速冲击作用下的变形过程。在高速冲击下，

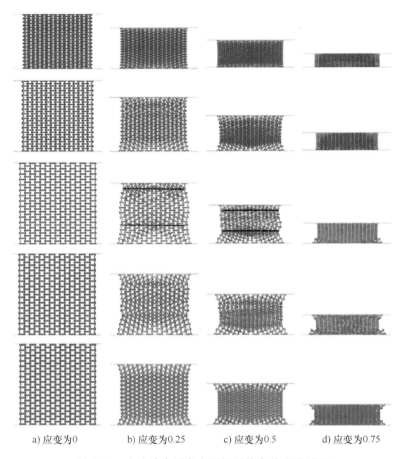

a) 应变为0　　　b) 应变为0.25　　　c) 应变为0.5　　　d) 应变为0.75

图 3-13　中速冲击下各内凹折纸蜂窝的变形过程

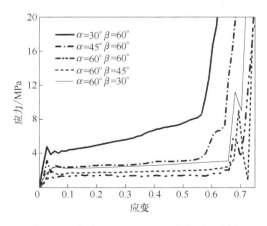

图 3-14　中速（$v = 20\text{m/s}$）冲击下不同内
凹折纸蜂窝的应力-应变曲线

内凹折纸蜂窝的变形模式非常相似。撞击端附近的细胞首先收缩，呈现 I 形变形带。随着冲击应变的增大，I 形变形带逐行向固定端传播，直至整个结构被完全破坏。

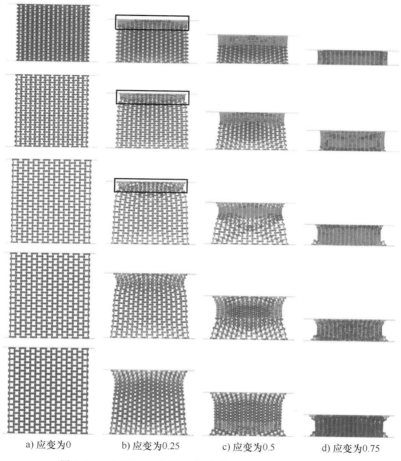

a) 应变为0　　　　b) 应变为0.25　　　　c) 应变为0.5　　　　d) 应变为0.75

图 3-15　内凹折纸蜂窝在高速冲击作用下的变形过程

图 3-16 所示为高速冲击下不同内凹折纸蜂窝的应力-应变曲线。高速冲击作用下，内凹折纸蜂窝的峰值力较为突出。平台应力随冲击速度的增大而增大。由图 3-12 和图 3-14 分析可知，在不同冲击速度下，内凹折纸蜂窝的应力-应变曲线随着二面角和倾斜角的增大而减小。

3.2.5　变形模式图

研究了不同冲击速度下内凹折纸蜂窝的变形模式。结果表明，变形模式对冲击速度和相对密度敏感，因此，绘制变形模式图，表示不同速度和相对密度下的变形模态，如图 3-17 所示，双点画线和实线的线是内凹折纸蜂窝的两个相邻模式之间的关键转变。将结果与 Liu 等人研究工作中的传统内凹蜂窝变形模式图做了比较。短虚线和长虚线代表传统内凹蜂窝。相邻两种变形模式的临界过渡冲击速度与相对密度呈线性关系。经验公式为

$$v_{c1} = 10 \qquad (3-7)$$

$$v_{c2} = 24 + 100\bar{\rho}_{MRH} \qquad (3-8)$$

式中，v_{c1} 是低速模式与中速模式之间的第一临界冲击速度；v_{c2} 是中速模式与高速模式之间的第二临界冲击速度。当速度较低时，内凹折纸蜂窝的变形模式呈现 <形。随着冲击速度的增加，内

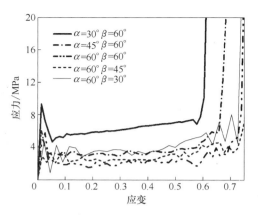

图 3-16　高速（$v=50\text{m/s}$）冲击下不同内凹折纸蜂窝的应力-应变曲线

凹折纸蜂窝呈现出两条变形带。当速度较大时，内凹折纸蜂窝呈现 I 形变形模式。

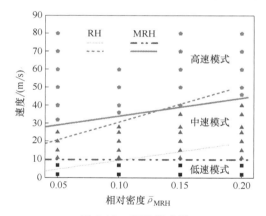

图 3-17　变形模式图

3.2.6　能量吸收

图 3-18 所示为不同冲击速度下内凹折纸蜂窝的比吸能曲线，5m/s、20m/s 和 50m/s 的冲击速度正好对应了内凹折纸蜂窝的三种变形模式。很容易看出，结构的二面角的增加会提高结构的吸能能力。由于三浦折纸单元在结构被压缩时产生更多的塑性铰，二面角越小，塑性铰变形耗散的能量越大。通过对应力-应变曲线的分析，可以得出结构的平台应力会随着倾斜角度的增大而减小，表明倾斜角度 $\beta=30°$ 的内凹折纸蜂窝的平台盈利优于倾斜角度为 $\beta=60°$ 的内凹折纸蜂窝。然而，随着结构倾角的增大，结构的相对密度也随之降低，倾斜角度 $\beta=30°$ 的内凹折纸蜂窝相对密度是倾斜角度 $\beta=60°$ 的 2 倍，因此结构的比吸能曲线随结构倾角的增大而增大。

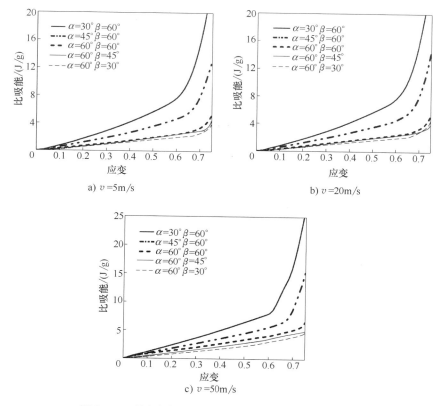

图 3-18 不同冲击速度下内凹折纸蜂窝的比吸能曲线

壁厚对内凹折纸蜂窝能量吸收的影响如图 3-19 所示。当内凹折纸蜂窝的壁厚分别为 0.1mm、0.2mm 和 0.3mm 时，得到内凹折纸蜂窝相应的相对密度为 0.049、0.099 和 0.148，吸收的能量随壁厚的增加而增加。

3.2.7 泊松比效应

为了研究倾斜角度对内凹折纸蜂窝在不同冲击速度下的动态泊松比和横向应变的影响，根据式（3-5）和式（3-6）得到不同斜角下内凹折纸蜂窝的动态泊松比曲线如

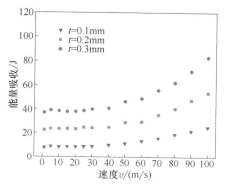

图 3-19 壁厚对内凹折纸蜂窝能量吸收的影响

图 3-20 所示。结果表明，泊松比绝对值随倾斜角度的增大而增大，表明倾斜角度的增大会增大内凹折纸蜂窝的横向变形。同一内凹折纸蜂窝在高速冲击泊松比的绝对值小于低速冲击。

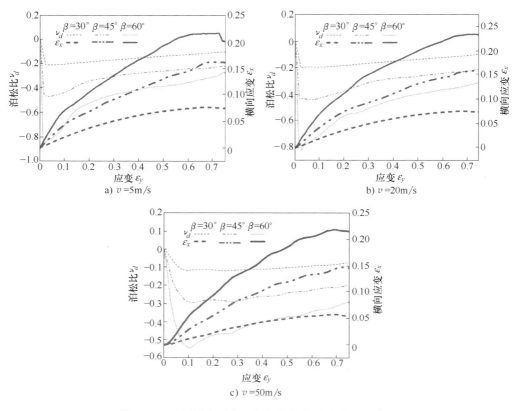

图 3-20 不同斜角下内凹折纸蜂窝的动态泊松比曲线

不同二面角内凹折纸蜂窝的动态泊松比曲线如图 3-21 所示。不同二面角内凹折纸蜂窝的动态泊松比曲线较为接近，且趋势一致。这说明二面角对动态泊松比的影响很小。值得注意的是，随着结构二面角的增大，泊松比的绝对值也会增大。

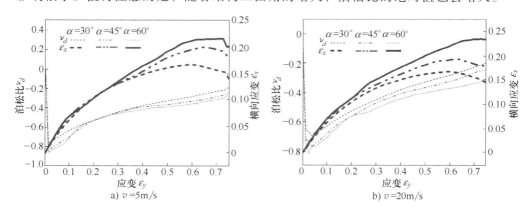

图 3-21 不同二面角内凹折纸蜂窝的动态泊松比曲线

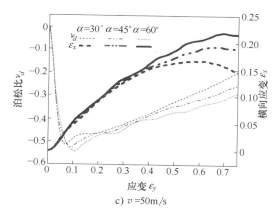

c) $v=50\mathrm{m/s}$

图 3-21　不同二面角内凹折纸蜂窝的动态泊松比曲线（续）

3.3　梯度折纸蜂窝超材料的面内压缩性能

本节针对之前对内凹折纸蜂窝研究中存在的不足进行了完善补充，理论分析了内凹折纸蜂窝在面内加载下的平台应力，并且将结果与试验进行了对比。此外，对内凹折纸蜂窝进行功能梯度设计，通过改变内凹折纸蜂窝的角度和壁厚得到角度梯度和厚度梯度内凹折纸蜂窝。根据梯度的排列方式又分为单向正梯度厚度内凹折纸蜂窝、单向负梯度厚度内凹折纸蜂窝、双向负梯度厚度内凹折纸蜂窝和双向正梯度厚度内凹折纸蜂窝。研究了厚度梯度内凹折纸蜂窝在准静态压缩和高速冲击下的动态变形行为，并且研究了厚度梯度内凹折纸蜂窝的吸能性能和泊松比，并与均布内凹折纸蜂窝进行了比较。

3.3.1　结构模型

1. 均布内凹折纸蜂窝模型

内凹折纸蜂窝单元由传统的内凹蜂窝单元和三浦折纸单元组合而成，如图 3-22 所示。用以下几何参数来描述内凹折纸蜂窝单元。l_a 和 l_b 为三浦折纸单元斜壁的长度，l_c 为水平壁的长度，γ 为倾斜角，α 为平行四边形平面的锐角，二面角 β 和 θ 用于量化折纸的程度。角 α、角 γ、角 β 和角 θ 之间的几何关系为

$$\beta = \arccos\left(\frac{\cos\alpha}{\cos\gamma}\right) \tag{3-9}$$

$$\theta = \arcsin\left(\frac{\cos\beta}{\cos\alpha}\right) \tag{3-10}$$

通过在三个方向上排列内凹蜂窝单元可以构造出整个内凹折纸蜂窝结构，内

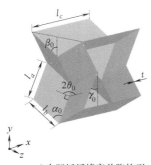 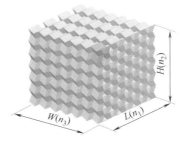 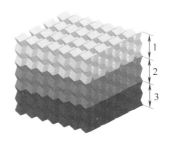

a) 内凹折纸蜂窝单胞构型   b) 内凹折纸蜂窝结构   c) 梯度内凹折纸蜂窝结构

图 3-22   内凹折纸蜂窝结构示意图

凹折纸蜂窝在 x 轴、y 轴和 z 轴方向上的蜂窝单元数分别为 $n_1 = 4$、$n_2 = 6$ 和 $n_3 = 7$。根据上述参数，整个折纸蜂窝结构的宽度 W、长度 L、高度 H 和相对密度 ρ 可表示为

$$W = 2n_3 l_b \sin\beta \tag{3-11}$$

$$H = 2n_2 l_a \cos\gamma + l_b \cos\beta \tag{3-12}$$

$$L = 2n_1(l_c - l_a \sin\gamma) - (l_c - 2l_a \sin\gamma) \tag{3-13}$$

$$\bar{\rho} = \frac{\rho^*_{\mathrm{ROH}}}{\rho_s} = \frac{2n_3(2n_1 n_2 + n_1 - n_2)l_b l_c t + 8n_1 n_2 n_3(l_a l_b \sin\alpha)t}{LHW} \tag{3-14}$$

2. 梯度内凹折纸蜂窝模型

为了系统地研究梯度内凹折纸蜂窝的力学性能，设计了四种类型的梯度内凹折纸蜂窝。如图 3-23 所示，GTROH-1 和 GTROH-2 为单向厚度梯度内凹折纸蜂窝，GTROH-3 和 GTROH-4 为双向厚度梯度内凹折纸蜂窝。具体来说，GTROH-1 是单向正厚度梯度内凹折纸蜂窝。第一梯度层壁厚为 0.5mm，第二梯度层壁厚为 0.85mm，第三梯度层壁厚为 1.2mm。GTROH-2 是单向负厚度梯度内凹折纸蜂窝。GTROH-3 为双向负厚度梯度内凹折纸蜂窝，GTROH-4 为双向正厚度梯度内凹折纸蜂窝。另外，用点 $A_1 \sim A_6$ 记录位移，绘制泊松比曲线。

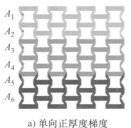 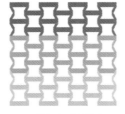 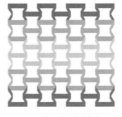 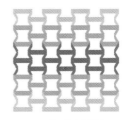

a) 单向正厚度梯度   b) 单向负厚度梯度   c) 双向负厚度梯度   d) 双向正厚度梯度
GTROH-1   GTROH-2   GTROH-3   GTROH-4

图 3-23   梯度内凹折纸蜂窝构型

3.3.2 数值模型与验证

1. 有限元模型

利用 Abaqus/explicit 软件建立了梯度蜂窝结构的数值模拟模型，研究了梯度蜂窝结构的变形行为和能量吸收。如图 3-24 所示，蜂窝模型位于两块刚性板之间，底部刚性板固定，上部刚性板在 y 方向以 2m/s 的压缩速度加载。相关研究表明，动能与内能之比小于 5%，说明数值模拟为准静态加载。因此，准静态压缩可以接受 2m/s 的加载速度。在模型中，采用四节点壳单元 S4R 对蜂窝结构进行网格划分。采用通用接触来模拟压缩过程中复杂的相互接触。切向行为的摩擦系数为 0.25，法向行为选择"硬"接触。

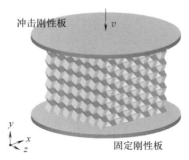

图 3-24 有限元模型

为了验证理论模型和数值模型的正确性，这里选用 Li 等人（2022）研究工作中的试验结果作为对比。结构的几何尺寸相同，$l_a = l_b = 9\text{mm}$，$l_c = 18\text{mm}$，$\gamma = 30°$，$\beta = 60°$。蜂窝结构的网格尺寸为 0.8mm。蜂窝结构的基材为不锈钢，材料参数为：密度 $\rho = 7980\text{kg/m}^3$，弹性模量 $E = 180\text{GPa}$，泊松比 $\nu = 0.32$，屈服应力 $\sigma_y = 430\text{MPa}$，应变达到 0.4 时材料的极限应力 σ_u 为 780MPa。

2. 模型验证

理论结果、仿真结果和试验结果如图 3-25 所示。可以看出，理论结果、仿真结果与试验结果吻合较好。平台应力是评估蜂窝抗压强度的重要指标，平台应力的定义为从初始峰值应力到密实应力的平均值。当应变为 0.5 时，结构进入密实阶段。通过对理论、仿真和试验平台应力的比较，理论结果与试验结果的最大误差为

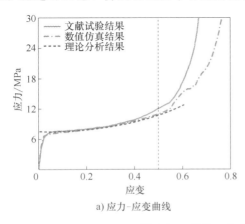

a) 应力-应变曲线

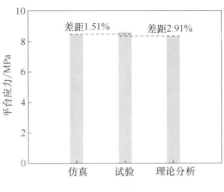

b) 误差对比

图 3-25 理论、仿真以及试验结果对比

2.91%。图 3-26 所示为内凹折纸蜂窝有限元与试验的变形过程。有限元模型的变形模式与试验的变形模式吻合较好。因此,理论和数值模型是准确可靠的。

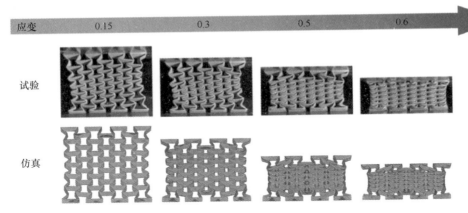

图 3-26 试验与仿真变形模式对比

3.3.3 理论分析

1. 低速压缩

为了研究内凹折纸蜂窝在 y 轴压缩过程中的能量耗散,选取了具有代表性的内凹折纸蜂窝单元进行理论分析。通过观察数值模型和试验模型的变形行为,代表性蜂窝单元的变形过程如图 3-27 所示。选择正视图和侧视图来描述蜂窝单元格的变形过程。塑性铰沿折线随角度变化而弯曲所耗散的能量可表示为

$$E_1 = 16M_\gamma l_b \Delta\gamma + 16M_\theta l_a \Delta\theta \tag{3-15}$$

$$M_y = M_\theta = M_0 = \frac{\sigma_s t^2}{4} \tag{3-16}$$

式中,M_0 是沿折痕单位长度的全塑性弯矩。

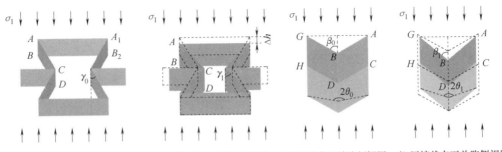

a) 初始状态下单胞正视图 b) 压缩状态下单胞正视图 c) 初始状态下单胞侧视图 d) 压缩状态下单胞侧视图

图 3-27 低速加载下代表性蜂窝单元的变形过程

能量等效流动应力 σ_s 与极限应力 σ_u 有关,可由下式计算:

$$\sigma_s = \frac{\sigma_u}{(1+k)} \tag{3-17}$$

式中，$k = 0.2$ 是幂律指数。

$$\Delta\gamma = \gamma_1 - \gamma_0 \tag{3-18}$$

式中，γ_0 是初始角度；γ_1 是变化后的角度，角 γ_1 与压缩位移 Δh 有关，可表示为

$$\Delta h = l_a(\cos\gamma_0 - \cos\gamma_1) \tag{3-19}$$

由式（3-9）、式（3-10）可得角 γ 与 θ 的几何关系为

$$\theta = \arcsin\left[\frac{\sin\left(\arccos\left(\frac{\cos\alpha}{\cos\gamma}\right)\right)}{\sin\alpha}\right] \tag{3-20}$$

值得强调的是，式（3-9）、式（3-10）、式（3-20）均为几何推导，将面板视为刚体，不考虑力学条件下的塑性变形。受板内塑性变形的影响，结果变小。这一点已经通过结构的变形行为在模拟和试验中得到证实。通过有限元模拟记录角度变化，可以得到折减系数 n：

$$n = \frac{\beta_0}{\theta_0} \tag{3-21}$$

因此，倾斜角 γ 与 θ 之间的关系变为

$$\Delta\theta = \arcsin\left[\frac{\sin\left(\arccos\left(\frac{\cos\alpha}{\cos(n\gamma_0)}\right)\right)}{\sin\alpha}\right] - \arcsin\left[\frac{\sin\left(\arccos\left(\frac{\cos\alpha}{\cos(n\gamma_1)}\right)\right)}{\sin\alpha}\right] \tag{3-22}$$

$$\theta_1 = \arcsin\left[\frac{\sin\left(\arccos\left(\frac{\cos\alpha}{\cos(n\gamma_1)}\right)\right)}{\sin\alpha}\right] \tag{3-23}$$

除了沿折痕方向的能量耗散外，面板在压缩过程中还表现出塑性弯曲，如图 3-28 所示。通过对比结构在不同压缩状态下的变形图可以看出，随着压缩位移的增大，结构构件 $ABCDGH$ 的二面角减小。此外，CK 线的逐渐弯曲也表明面板深色区域不断发生弯曲变形，不断耗散能量。一个可重新进入的折纸蜂窝共有 16 个深色区域。因此，面板耗散的总能量可表示为

$$E_2 = 16\frac{M_0}{t}\Delta S\gamma_a \tag{3-24}$$

然而，塑性变形区域 ΔS 和弯曲角 γ_a 是难以评估和计算的。Yu 等人（1997）的研究表明，角钢的耗能与受弯变形有关。考虑结构构件 $ABCDGH$ 为特殊角型钢，如图 3-25 和图 3-28 所示，面板的塑性变形区域与结构构件 $ABCDGH$ 的抗弯刚度有关。随着压缩位移的增大，二面角减小，$ABCDGH$ 的刚度增大。与此相对应，塑性变形区面积和弯曲角不断增大。因此，做一个基本假设：在压缩过程中，该区域的

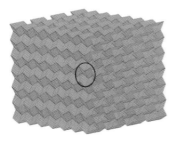
a) 初始状态下的内凹折纸蜂窝

b) 压缩变形下的内凹折纸蜂窝结构

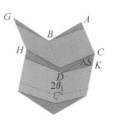

c) 内凹折纸蜂窝单元塑性变形区域

图 3-28　内凹折纸蜂窝面板变形过程

塑性变形面积和角度不断增大，以抵消构件 $ABCDGH$ 不断增大的抗弯刚度，定义为

$$\frac{M_0}{t}\Delta S\gamma_a = EI\lambda\Delta\gamma \tag{3-25}$$

根据经典弯曲理论可得

$$\lambda = \frac{1}{l_{ck}} = \frac{1}{l_b\cos\alpha} \tag{3-26}$$

$$I = \frac{tl_b^3(\cos\theta_1)^2}{6} \tag{3-27}$$

式中，E 是弹性模量；I 是角截面钢的转动惯量；l_{ck} 是弯曲半径。

总能量 E_t 可表示为

$$E_t = E_1 + E_2 = 16M_0l_b\Delta\gamma + 16M_0l_a\Delta\theta + 16EI\lambda\Delta\gamma \tag{3-28}$$

在蜂窝单元的压缩过程中，外力所做的功由压缩应力产生作用于单元为

$$E_w = F\cdot 2\Delta h = \sigma_1 S\cdot 2\Delta h \tag{3-29}$$

$$S = 4l_b\sin\beta_0(l_c - l_a\sin\gamma_0) \tag{3-30}$$

因此，结构在低速压缩下的平台应力为

$$\sigma_1 = \frac{2(M_0l_b\Delta\gamma + M_0l_a\Delta\theta + EI\lambda\Delta\gamma)}{l_b\sin\beta_0(l_c - l_a\sin\gamma_0)l_a(\cos\gamma_0 - \cos\gamma_1)} \tag{3-31}$$

$$\varepsilon = \frac{\cos\gamma_0 - \cos\gamma_1}{\cos\gamma_0} \tag{3-32}$$

图 3-29 所示为不同倾斜角 γ_0、二面角 β_0 和厚度 t 时内凹折纸蜂窝的应力-应变曲线。可以看出，理论计算结果与仿真计算结果高度一致，最大误差为 11.32%。而理论分析模型得到的结果是近似解，通过比较结合试验结果和不同仿真参数的结果，证明理论结果与仿真和试验数据吻合较好。这表明了理论结果的可靠性。理论分析模型对下一步的研究是可靠的。

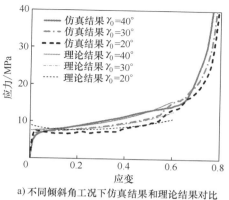

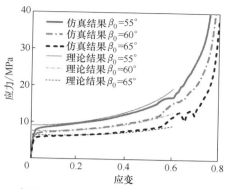

a) 不同倾斜角工况下仿真结果和理论结果对比   b) 不同二面角工况下仿真结果和理论结果对比

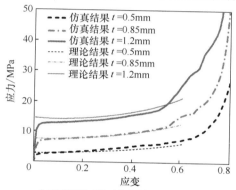

c) 不同厚度工况下仿真结果和理论结果对比

图 3-29 低速加载下不同倾斜角、二面角和厚度参数的
内凹折纸蜂窝的仿真结果和理论结果对比

2. 高速冲击

图 3-30 所示为高速冲击下内凹折纸蜂窝的变形过程，从冲击端到固定端逐层折叠内凹折纸蜂窝单元。需要考虑惯性效应和动能，σ_2 为典型蜂窝顶部在崩溃期间的平均应力，σ_1 为典型蜂窝底部在崩溃期间的支撑应力。该单元一个坍缩周期的开始时间瞬间为 T_0，致密化状态的结束时间瞬间为 T_f

$$S(\sigma_2-\sigma_1)T=\Delta p \tag{3-33}$$

$$T=T_f-T_0=\frac{2l_a\cos\gamma-4t}{v} \tag{3-34}$$

式中，T 是典型单元压缩过程的时间间隔。通过分析各运动条件和代表单元的对称性，得到单元壁 AA_1BB_1 和 CC_1DD_1 的动量增量为

$$\Delta p_1=l_bl_ct\rho_sv \tag{3-35}$$

$$\Delta p_2=\frac{1}{2}l_bl_ct\rho_sv \tag{3-36}$$

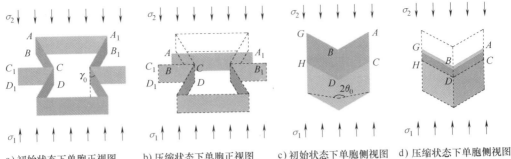

a) 初始状态下单胞正视图　　b) 压缩状态下单胞正视图　　c) 初始状态下单胞侧视图　　d) 压缩状态下单胞侧视图

图 3-30　高速冲击下代表性蜂窝单元的变形过程

单元壁 $ABCD$ 的动量增量为

$$\Delta p_3 = l_a l_b t \sin\alpha \rho_s v \tag{3-37}$$

因此，蜂窝单元的整体动量增量为

$$\Delta p = 2\Delta p_1 + 4\Delta p_2 + 8\Delta p_3 \tag{3-38}$$

在高速冲击下，蜂窝结构的整体动量增量为

$$\Delta p = (4l_b l_c + 8l_a l_b \sin\alpha) t \rho_s v \tag{3-39}$$

因此，结构在高速冲击下的平台应力为

$$\sigma_2 = \sigma_1 + \frac{(4l_b l_c + 8l_a l_b \sin\alpha) t \rho_s v^2}{4l_b \sin\beta_0 (l_c - l_a \sin\gamma_0)(2l_a \cos\gamma_0)} \tag{3-40}$$

与低速压缩时的应力-应变曲线相似，图 3-31 所示为高速冲击下不同倾斜角 γ_0、二面角 β_0 和厚度 t 的内凹折纸蜂窝的应力-应变曲线。内凹折纸蜂窝的应力-应变曲线也可分为三个阶段，平台阶段是从峰值力对应的应变到应变为 0.7 的范围，可以观察到理论预测与仿真结果吻合较好。

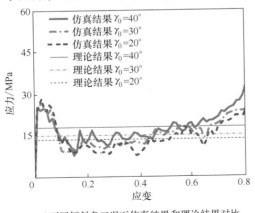

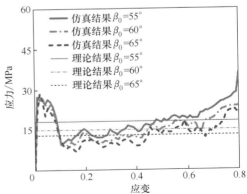

a) 不同倾斜角工况下仿真结果和理论结果对比　　b) 不同二面角工况下仿真结果和理论结果对比

图 3-31　高速冲击下不同倾斜角、二面角和厚度参数的内凹折纸蜂窝的仿真结果和理论结果对比

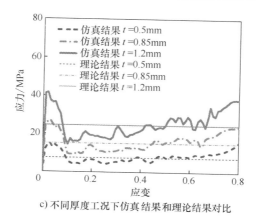

c) 不同厚度工况下仿真结果和理论结果对比

图 3-31 高速冲击下不同倾斜角、二面角和厚度参数的内
凹折纸蜂窝的仿真结果和理论结果对比（续）

3.3.4 梯度内凹折纸蜂窝

1. 变形行为

图 3-32 所示为不同速度下均布内凹折纸蜂窝和梯度内凹折纸蜂窝的变形过程。许多研究表明，在不同的冲击速度下，蜂窝结构会表现出不同的变形模式。在本节中，研究了厚度梯度内凹折纸蜂窝在低速和高速冲击速度下的变形模式。

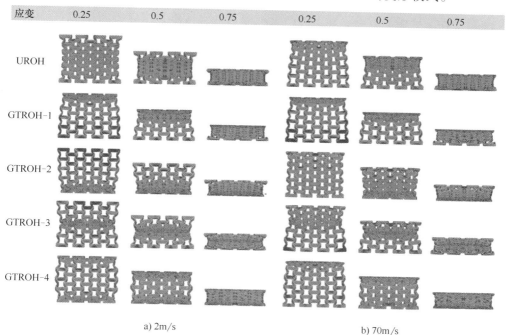

a) 2m/s   b) 70m/s

图 3-32 不同速度下均布内凹折纸蜂窝和梯度内凹折纸蜂窝的变形过程

　　加载速度为 2m/s 时均布内凹折纸蜂窝和梯度内凹折纸蜂窝的变形过程如图 3-32a 所示。受压缩时，均布内凹折纸蜂窝整体呈现均匀变形，结构中部水平收缩。它表现出明显的 X 形变形模式，均布内凹折纸蜂窝表现出负泊松比效应。GTROH-1 的初始变形发生在第一梯度层，表现出收缩变形，呈现 I 形变形模式；随着压缩应变的增大，GTROH-1 单元细胞从上到下依次塌陷致密化。GTROH-1 和 GTROH-2 的变形过程完全相反。GTROH-2 的厚度梯度由下向上递增。因此，GTROH-2 从下到上呈现收缩变形。与 UROH 相似，GTROH-3 的初始变形出现在中间部分。GTROH-3 比 UROH 表现出更明显的负泊松比行为。对于 GTROH-4 而言，顶部和底部单元细胞变形，出现 I 形致密带。随着应变的增大，I 形致密带从顶部和底部向中部扩展。随着冲击速度的增大，惯性效应明显。靠近冲击端的均布内凹折纸蜂窝和厚度梯度内凹折纸蜂窝在初始阶段都发生变形和坍塌。对于均布内凹折纸蜂窝而言，I 形致密带出现在初始阶段，从冲击端到固定端逐层扩展，可以看出，GTROH-1 的变形过程与均布内凹折纸蜂窝相似。由于最后一层的壁厚最薄，当应变为 0.5 时，GTROH-2 的底部区域水平收缩。随着应变的增加，I 形变形带从顶部和底部向中部扩展。GTROH-2 和 GTROH-4 的变形演化过程相似。前三层变形崩塌后，最后一层 GTROH-4 在应变为 0.5 时发生收缩变形。随着冲击应变的增大，GTROH-4 逐渐密实。对于 GTROH-3 而言，第一层在初始阶段发生变形。在应变为 0.25 时，壁厚最薄的中部向中心收缩。随着冲击位移的增大，靠近中间变形带的单元逐渐坍塌堆积。

　　由于梯度壁厚的影响，梯度内凹折纸蜂窝的横向位移沿 y 方向不均匀。因此，选择典型的单向正梯度蜂窝 GTROH-1，进一步研究梯度蜂窝的侧向收缩变形，记录 6 个点的水平位移，得到 GTROH-1 的横向位移-应变曲线，如图 3-33a 所示。第一梯度层首先出现冲击坍塌，因此 A_2 点首先达到最大侧向位移。此时，第二梯度层的侧向位移达到最大，A_1 点和 A_6 点的最大侧向位移较小。计算六个点的平均侧向位移，得到平均水平应变。动态泊松比定义为水平应变与纵向应变的比值：

$$\nu = -\frac{\varepsilon_x}{\varepsilon_y} = \left(-2\sum_{i=1}^{6} A_i/6X \right) /\varepsilon_y \tag{3-41}$$

式中，X 是结构的水平长度；ε_y 是纵向应变。图 3-33b 所示为低速冲击下厚度梯度内凹折纸蜂窝的泊松比-应变曲线。可以看出，均布内凹折纸蜂窝和厚度梯度内凹折纸蜂窝均表现出负泊松比效应，且所有蜂窝结构的泊松比值均出现在初始压缩应变中。随着应变的增大，泊松比逐渐增大。

　　高速冲击下 GTROH-1 的横向位移-应变曲线如图 3-34a 所示。第一级梯度层最先收缩，A_2 点水平位移最大。中间层的水平位移大于顶部和底部层的水平位移。图 3-34b 所示为厚度梯度内凹折纸蜂窝的动态泊松比-应变曲线。可以观察到，GTROH-1 的泊松比高于 GTROH-2，说明负梯度折纸蜂窝表现出更强的负泊松比效应，各蜂窝状结构的泊松比值均随压缩应变的增大而增大。

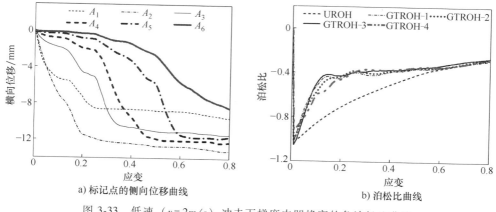

a) 标记点的侧向位移曲线　　　　b) 泊松比曲线

图 3-33　低速（$v = 2\text{m/s}$）冲击下梯度内凹蜂窝的负泊松比曲线

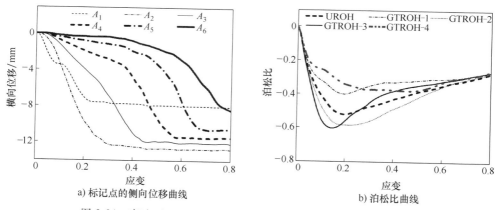

a) 标记点的侧向位移曲线　　　　b) 泊松比曲线

图 3-34　高速（$v = 70\text{m/s}$）冲击下梯度内凹蜂窝的负泊松比曲线

2. 能量吸收

比吸能是衡量结构能量吸收性能的重要参数，可表示为

$$U_{\text{SEA}} = \frac{U_{\text{EA}}}{m} \tag{3-42}$$

式中，U_{EA} 是蜂窝结构的总吸收能量；m 是整个蜂窝结构的理论质量。厚度梯度内凹折纸蜂窝在准静态压缩下的应力-应变曲线如图 3-35a 所示。可以看出，GTROH-1 和 GTROH-2 的应力-应变曲线相似，所有梯度蜂窝都有三个梯度层，因此在厚度梯度内凹折纸蜂窝的应力-应变曲线中可以观察到三个平台应力阶段。在第一个平台应力阶段，梯度蜂窝的初始峰值应力小于均布内凹折纸蜂窝。初始峰值应力是衡量蜂窝结构防护性能的重要指标，峰值应力越小，抗冲击能力越好。在第二平台应力阶段，厚度梯度内凹折纸蜂窝应力与均布内凹折纸蜂窝应力一致。第三个平台应力阶段持续时间较短。随着压缩应变的增大，蜂窝结构在第三次平台应力阶段后进入密实阶段。在密实阶段，GTROH-3 的应力-应变曲线高于其他结构，这也导致

GTROH-3 在应变达到 0.65 后比吸能值更高。

如图 3-35b 所示，当应变小于 0.65 时，均布内凹折纸蜂窝的比吸能曲线高于厚度梯度内凹折纸蜂窝。而在应变达到 0.72、0.73 和 0.65 时，GTROH-1、GTROH-2 和 GTROH-3 分别超过了 UROH。因此，GTROH-1、GTROH-2 和 GTROH-3 具有比均布内凹折纸蜂窝更好的能量吸收能力。

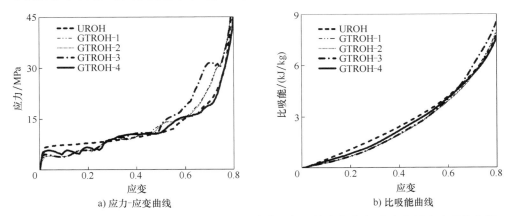

图 3-35　低速（$v = 2\mathrm{m/s}$）冲击下不同厚度梯度内凹折纸蜂窝的应力-应变曲线和比吸能曲线

高速冲击作用下厚度梯度内凹折纸蜂窝的应力-应变曲线如图 3-36a 所示。由于惯性效应，冲击应力与各层厚度相对应。对于 GTROH-2 和 GTROH-3，第一层壁厚最厚。因此，GTROH-2 和 GTROH-3 的初始应力高于其他结构。相反，GTROH-1 和 GTROH-4 在初始变形阶段的冲击应力低于均布内凹折纸蜂窝。然而，随着壁厚的增加，GTROH-1 的应力继续增加，与 GTROH-1 类似，GTROH-3 的最后一层是最厚的壁厚。因此，当应变达到 0.6 时，GTROH-3 的应力急剧上升。高速冲击作用下厚度梯度内凹折纸蜂窝的比吸能曲线如图 3-36b 所示。GTROH-2 为单向负厚度梯度内凹折纸蜂窝。在应变达到 0.6 之前，GTROH-2 的比吸能曲线高于均布内

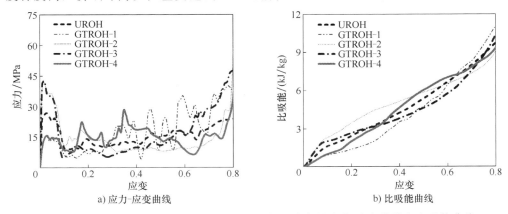

图 3-36　高速（$v = 70\mathrm{m/s}$）冲击下梯度内凹折纸蜂窝的应力-应变曲线和比吸能曲线

凹折纸蜂窝。这说明 GTROH-2 在应变为 0 ~ 0.6 时具有较好的吸能性能。值得注意的是，当应变达到 0.29 时，GTROH-2 的 SEA 值比均布内凹折纸蜂窝提高了 36%。当应变为 0.6 时，GTROH-1 的 SEA 值高于均布内凹折纸蜂窝。此外，从应变 0 到应变 0.26，GTROH-3 的比吸能曲线高于均布内凹折纸蜂窝。随着冲击应变的增大，从应变 0.26 到应变 0.76，GTROH-3 的比吸能曲线低于均布内凹折纸蜂窝。这一变化表明，在高速冲击下，可以通过调整壁厚来设计比吸能曲线。

图 3-37 对比了低、高速冲击下的均布内凹折纸蜂窝和厚度梯度内凹折纸蜂窝的峰值应力和比吸能值。由应变为 0.8 时蜂窝结构的比吸能和应变 0 ~ 0.1 范围内蜂窝结构的峰值应力可以看出，低速冲击下，所有厚度梯度内凹折纸蜂窝的峰值应力都低于均布内凹折纸蜂窝的峰值应力。与均布内凹折纸蜂窝相比，GTROH-1、GTROH-2、GTROH-3 和 GTROH-4 的峰值应力分别降低了 43.5%、44%、36.7% 和 21.4%。与此同时，GTROH-1、GTROH-2、GTROH-3、GTROH-4 的比吸能值分别上涨了 3.5%、3.5%、11.3% 和-1.9%。在高速冲击下，由于 GTROH-2 和 GTROH-3 的第一层梯度更厚，这两种结构的峰值应力比均布内凹折纸蜂窝分别增加了 55.2% 和 57.2%，但峰值应力高表明抗冲击能力差。值得强调的是，与均布内凹折纸蜂窝相比，GTROH-1 不仅峰值应力降低了 42.9%，比吸能也提高了 13.4%。总体而言，单向正厚度梯度内凹折纸蜂窝 GTROH-1 在低速和高速冲击下均表现出出色的抗冲击性能。

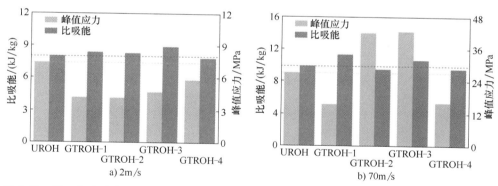

图 3-37　低、高速冲击下的均布内凹折纸蜂窝和厚度梯度内凹折纸蜂窝的峰值应力和比吸能值

3. 不同梯度内凹折纸蜂窝的比较

对于蜂窝结构，除了壁厚梯度设计外，胞壁角梯度设计也是提高结构力学性能的常用策略。为了比较厚度梯度设计和角度梯度设计对内凹折纸蜂窝结构能量吸收性能的影响，通过改变细胞壁角度 γ_0 设计了角度梯度内凹折纸蜂窝（GAROHs）。为了得到 GTROH-1 对应的相对密度，选择角度 $\gamma_0 = 20°$，$\gamma_0 = 30°$，$\gamma_0 = 40°$ 来构建角度梯度内凹折纸蜂窝。如图 3-38 所示，四种类型的角度梯度折纸蜂窝分别为单向正角度梯度内凹折纸蜂窝 GAROH-1、单向负角度梯度内凹折纸蜂窝 GAROH-2、双向正角度梯度内凹折纸蜂窝 GAROH-3 和双向负角度梯度内凹折纸蜂窝 GAROH-4。

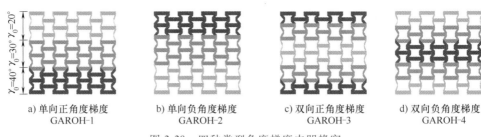

a) 单向正角度梯度
GAROH-1

b) 单向负角度梯度
GAROH-2

c) 双向正角度梯度
GAROH-3

d) 双向负角度梯度
GAROH-4

图 3-38　四种类型角度梯度内凹蜂窝

研究梯度角变化对 GAROHs 变形模式的影响。如图 3-39 所示，在加载速度为 2m/s 时，GAROHs 的变形模式与 GTROH 相似。GAROHs 与 GTROHs 的区别在于梯度厚度层间强度差异显著，从而导致不同梯度厚度层间的侧向位移存在较大差异。相反，不同梯度角层之间的强度差比较接近，导致不同梯度角层之间的侧向位移差异较小。与 UROH 相比，$\gamma_0 = 20°$ 梯度层产生的 GAROHs 的侧向收缩位移大于其他梯度层。因此，$\gamma_0 = 20°$ 梯度层增强了结构的 NPR 性能。此外，不同梯度层间 GAROHs 强度差异较小。UROH 和 GAROHs 在高速撞击下表现出相似的变形模式，从上到下呈现出 I 形变形带。

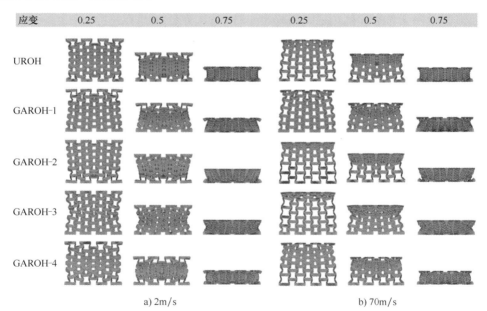

a) 2m/s　　　　　　　　　　　　　b) 70m/s

图 3-39　不同速度下均布内凹折纸蜂窝和角度梯度内凹折纸蜂窝的变形过程

图 3-40 所示为不同冲击速度下 UROH 和 GAROHs 的泊松比-应变曲线，UROH 与其他 GAROHs 的泊松比曲线相似。尽管在 $\gamma_0 = 20°$ 的梯度层中有明显的变形，梯度为 $\gamma_0 = 40°$ 的层变形小。因此，整个 GAROH 的平均变形量与 UROH 的结构相对接近。在高速加载下，最小泊松比 GAROH-1 和 GAROH-4 小于 UROH，说明 GAROH-1 和

GAROH-4 与 UROH 相比，负泊松比行为更为明显。在高速冲击作用下，所有结构的变形都是从上到下发生的。对于 GAROH-1 和 GAROH-4 而言，第一层 $\gamma_0 = 20°$ 产生较大的横向位移。

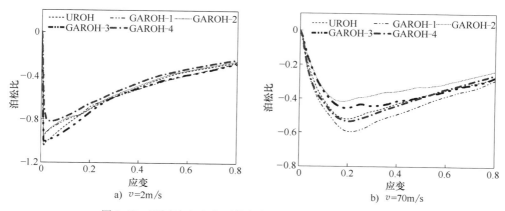

a) $v=2\text{m/s}$ b) $v=70\text{m/s}$

图 3-40 不同冲击速度下梯度内凹蜂窝的泊松比-应变曲线

不同冲击速度下单向正厚度梯度内凹折纸蜂窝和角度梯度内凹折纸蜂窝的应力-应变曲线如图 3-41 所示。在低速冲击下，角度梯度内凹折纸蜂窝应力-应变曲线非常相似。与 GTROH-1 相比，角度梯度内凹折纸蜂窝的应力-应变曲线没有表现出明显的多平台应力。这是因为不同角度内凹折纸蜂窝之间的应力变化不大，而不同厚度内凹折纸蜂窝之间的应力差异较大。在高速冲击作用下，角度梯度内凹折纸蜂窝在初始变形阶段的峰值应力高于 GTROH-1，但在应变达到 0.3 后，GTROH-1 的应力-应变曲线高于角度梯度内凹折纸蜂窝。

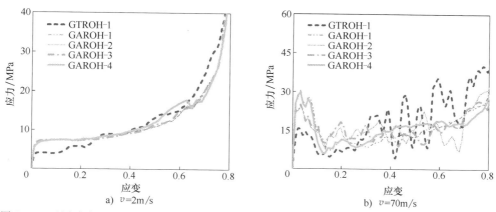

a) $v=2\text{m/s}$ b) $v=70\text{m/s}$

图 3-41 不同冲击速度下单向正厚度梯度内凹折纸蜂窝和角度梯度内凹折纸蜂窝应力-应变曲线

GTROH-1 和 GAROHs 在不同冲击速度下的比吸能曲线如图 3-42 所示。在低速冲击条件下，GAROH-4 的比吸能曲线高于其他结构。在应变达到 0.76 后，GTROH-1 的比吸能曲线高于角度梯度内凹折纸蜂窝。在高速冲击下，GTROH-1 比吸能曲线低于应变为 0.65 前的角度梯度内凹折纸蜂窝。

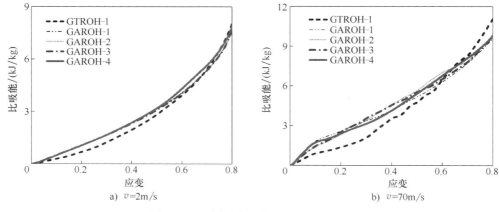

图 3-42　不同冲击速度下的比吸能曲线

图 3-43 对比了 GTROH-1 和 GAROHs 在不同冲击速度下的峰值应力和比吸能。无论低速还是高速冲击，角度梯度内凹折纸蜂窝的峰值应力均高于 GTROH-1，比吸能值均低于 GTROH-1，这也意味着 GTROH-1 比四种类型的角度梯度内凹折纸蜂窝具有更好的抗冲击性。

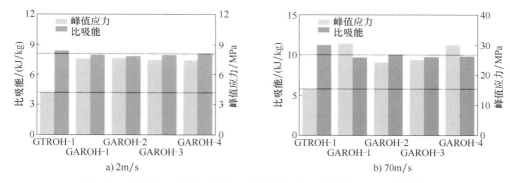

图 3-43　不同冲击速度下单向正厚度梯度内凹折纸蜂窝和角度梯度内
凹折纸蜂窝峰值应力和比吸能

3.4　层级折纸蜂窝超材料的力学性能和结构优化

为了满足日益增长的工程要求，研究人员提出了许多提高结构吸能性能的方法。仿生设计是改善结构性能的一种非常有用的方法。许多吸能蜂窝状结构都受到了仿生层级特性的启发。为了进一步提高内凹折纸蜂窝的力学性能，本节在内凹折纸蜂窝引入了仿生层级设计，得到了一种新型的层级内凹折纸蜂窝（HROH）。首先，研究了新型的层级内凹折纸蜂窝的变形模式和吸能能力，并与传统的层级内凹蜂窝和内凹折纸蜂窝进行了比较。在此基础上，对不同压缩速度下层级内凹折纸蜂窝的抗压强度进行了理论和数值研究。采用双尺度法推导了层级内凹折纸蜂窝的理论分析表达式，并通过数值模拟验证了理论结果。研究了折叠二面角和壁厚对平台应力和比吸能曲线的影响。最后，采用基于代理模型和非支配排序遗传算法 Ⅱ（NSGA-Ⅱ）的多目标优化方法获得层级内凹折纸蜂窝的最优结构。

3.4.1　超结构模型和耐撞性指标

1. 层级内凹折纸蜂窝模型

在自然界中，动植物经过几千年的进化都发展出了结构能够适应环境、提供保护和支持繁殖的形式。如图 3-44 所示，草茎具有良好的支撑能力，而龟壳具有较强的抵抗外部载荷能力。通过对草茎和龟壳结构的分析，观察到了草茎和龟壳的结构特征两者都具有层次结构特征。因此，为了进一步提高内凹折纸蜂窝的力学性能，我们将仿生层级设计引入到内凹折纸蜂窝中，如图 3-45 所示。

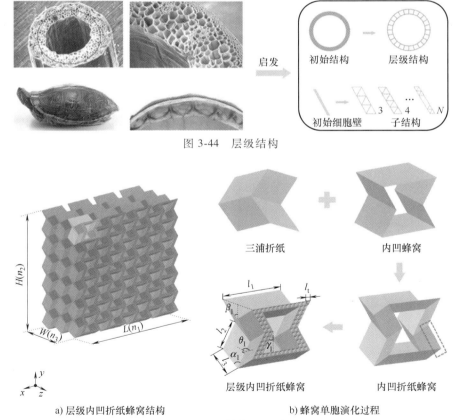

图 3-44　层级结构

a) 层级内凹折纸蜂窝结构　　　　b) 蜂窝单胞演化过程

图 3-45　层级结构的设计流程

新型层级内凹折纸蜂窝是通过用等边三角形子结构代替内凹折纸蜂窝单元细胞壁来构建的。用一些几何参数来描述层级内凹折纸蜂窝单元，l_1 是水平壁的长度，

l_2 和 l_3 是单元倾斜壁的长度，γ_1 是凹角，α_1 是平行四边形平面的锐角，用二面角 β_1 和 θ_1 来量化折叠的程度。其中，l_t 为等边三角形子结构的边长，层次因子 N_1 和 N_2 表示子结构的数量，可以表示为

$$l_1 = N_1 l_t \tag{3-43}$$

$$l_2 = l_3 = N_2 l_t \tag{3-44}$$

然后，通过在三个方向上排列基础单胞形成层级内凹折纸蜂窝。层级内凹折纸蜂窝在 x 轴、y 轴和 z 轴方向上的单元数分别为 $n_1 = 4$、$n_2 = 6$ 和 $n_3 = 3$。层级内凹折纸蜂窝的整体尺寸用长度 L、宽度 W 和高度 H 表示。相对密度是影响材料变形行为和能量吸收的重要因素。根据子结构的几何参数，可计算出层级内凹折纸蜂窝的相对密度为

$$
\begin{cases}
\bar{\rho}_1 = \dfrac{\rho_1^*}{\rho_s} = \dfrac{2n_1 n_2 n_3 \left[3l_1 l_3 + ((8N_2 - 14) + (4N_1 - 20 + 8N_2)\sin\alpha_1) l_t l_3 + 12 l_2 l_3 \sin\alpha_1 \right] t}{LHW} \\[2mm]
\bar{\rho}_2 = \dfrac{\rho_2^*}{\rho_s} = \dfrac{2(n_1 - 1)n_2 n_3 \left[3l_1 l_3 + ((4N_1 - 5)\sin\alpha_1 - 14) l_t l_3 \right] t + 2n_1 n_3 l_1 l_3 t}{LHW} \\[2mm]
\bar{\rho}_{\mathrm{HROH}} = \bar{\rho}_1 + \bar{\rho}_2
\end{cases}
\tag{3-45}
$$

式中，t 是细胞壁的厚度。

2. 耐撞性指标

为了评价层级内凹折纸蜂窝的耐撞性和吸能性能，将考虑初始峰值应力（IPCS）和比吸能（SEA）等耐撞性指标。峰值应力定义为线性区域后的初始峰值应力。对于许多实际应用，过高的初始峰值应力是不可取的，因为它将导致大的减速，大大增加损害或人员死亡的概率。比吸能是评价结构吸能的关键指标，它表示单位质量所吸收的能量，表示为

$$SEA = \frac{EA}{m} \tag{3-46}$$

式中，m 是结构总质量；EA 是能量吸收，可以表示为

$$EA = \int_0^{\varepsilon_d H} F(x)\,\mathrm{d}x \tag{3-47}$$

式中，H 是结构在压缩方向上的高度；ε_d 是密实应变，用能量效率 $E(\varepsilon)$ 确定致密化应变。能量效率可以定义为

$$E(\varepsilon) = \frac{\displaystyle\int_0^\varepsilon \sigma(\varepsilon)\,\mathrm{d}\varepsilon}{\sigma(\varepsilon)} \tag{3-48}$$

式中，ε 是压缩应变；$\sigma(\varepsilon)$ 是压缩应力，当能量效率曲线显著降低时，密实应变为能量效率曲线的拐点。利用能量效率来确定结构最优能量吸收能力的有效行程。

3.4.2　数值模型和验证

1. 有限元模型

为了系统地研究层级内凹折纸蜂窝的抗压性能和能量吸收性能，采用 Abaqus 显式程序对其进行数值模拟。如图 3-46 所示，蜂窝模型位于两块刚性板之间，底部刚性板固定，上部刚性板在 y 方向以恒定的速度压缩。在模型中，采用四节点壳单元 S4R 对蜂窝结构进行网格划分。在平衡数值稳定性、精度和计算效率的基础上，确定 0.8mm 的网格尺寸为最优，采用一般接触来模拟压缩过程中复杂的相互接触，切向行为的摩擦系数为 0.25，法向行为选择"硬"接触。此外，蜂窝结构的基材选用铝合金，其密度 $\rho = 2700 \text{kg/m}^3$，

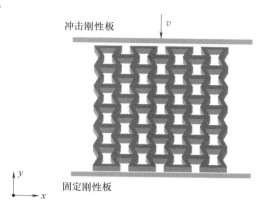

图 3-46　有限元模型

弹性模量 $E = 70 \text{GPa}$，泊松比 $\nu = 0.3$，屈服应力 $\sigma_{ys} = 130 \text{MPa}$。

2. 模型验证

为了验证有限元模型的正确性，建立了与 Li 等人（2022）研究中模型尺寸和材料属性相同的数值模型，并与试验结果进行了对比。值得注意的是，加载速度设置为 2m/s，以模拟准静态条件。相关研究表明，动能与内能之比小于 5%，说明数值模拟为准静态加载。因此，准静态压缩可以接受 2m/s 的加载速度。如图 3-47 所示，可以看出仿真结果与 Li 等人（2022）研究中的试验结果吻合较好，差异在可接受范围内，验证了有限元计算结果的正确性。

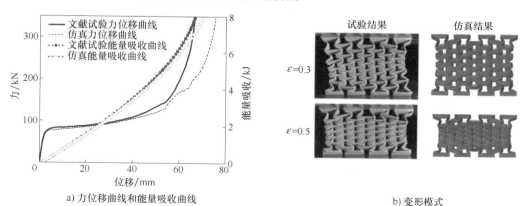

a) 力位移曲线和能量吸收曲线　　　　　　　　b) 变形模式

图 3-47　仿真结果和试验结果对比

3. 耐撞性对比

为了研究内凹折纸蜂窝、层级内凹蜂窝和层级内凹折纸蜂窝的耐撞性差异，对三种结构的变形行为和能量吸收性能进行了比较。在基本模型中，层级内凹折纸蜂窝的参数为：$l_1 = 21\text{mm}$，$l_2 = 9\text{mm}$，$l_3 = 9\text{mm}$，$\gamma_1 = 30°$，$\beta_1 = 60°$，$\alpha_1 = 63.34°$，$\theta_1 = 147.8°$。层级内凹折纸蜂窝的总长、高、宽分别为 102mm、98.03mm 和 46.77mm。当结构壁厚 $t = 0.1365\text{mm}$ 时，层级内凹折纸蜂窝的相对密度为 0.15。对于三种结构保持相同的相对密度，内凹折纸蜂窝和层级内凹蜂窝的壁厚设置为 0.7847mm 和 0.1408mm。

图 3-48 所示为三种蜂窝结构在不同加载速度下的变形过程。在低速压缩下，层级内凹折纸蜂窝结构发生不对称向内收缩，变形为不对称的 X 形变形模式，而内凹折纸蜂窝则表现出均匀的变形，具有明显的负泊松比效应，层级内凹蜂窝也经历向内收缩，表现为 X 形变形模式。在中速冲击时，随着冲击速度的增大，惯性效应逐渐显现。三个蜂窝结构在冲击端附近的单元在初始阶段都发生了变形和坍

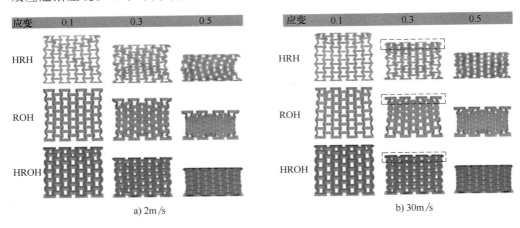

a) 2m/s   b) 30m/s

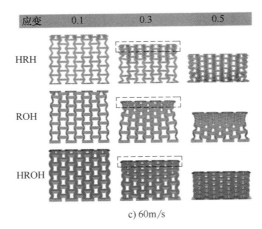

c) 60m/s

图 3-48　三种蜂窝结构在不同加载速度下的变形过程

塌，然而冲击载荷引起的第一层的坍塌并没有逐层向下传播。蜂窝结构的底部区域随压应变的增大而逐渐变形，随着冲击速度的增加，惯性效应明显。在高速冲击作用下，所有蜂窝结构均出现 I 形变形带，并从冲击端向固定端逐层扩散。

低速压缩下层级内凹蜂窝和层级内凹折纸蜂窝的应力-应变曲线可以划分为平台阶段、转换阶段和密实阶段。在转换阶段，层级蜂窝结构的细胞壁坍塌，整个结构开始密实。随着应变进一步增大，组织进入密实阶段，致密化应变以圆实心低点为标志。在中速冲击下，层级内凹蜂窝和层级内凹折纸蜂窝在中速冲击下的应力-应变曲线与低速冲击下的应力-应变曲线相似，不同之处在于在平台阶段和转换阶段应力-应变曲线有明显的波动。在高速冲击作用下，结构迅速从平台阶段过渡到密实阶段，没有转换阶段，见图 3-49。此外，在不同冲击速度下，层级内凹折纸蜂窝的主要破坏模式是起皱和塑性屈曲。当层级内凹折纸蜂窝受到面内压缩时，层级内凹折纸蜂窝的四个倾斜壁发生弯曲变形。这也导致面板的塑性屈服，表现为起皱失效。与此同时，与面板连接的子结构壁发生塑性屈曲，导致结构破坏。

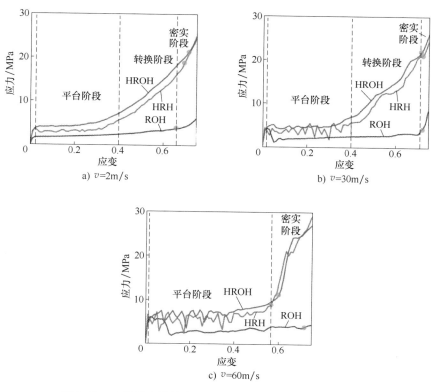

图 3-49　三种蜂窝结构在不同加载速度下的应力-应变曲线

三种蜂窝结构在不同加载速度下的比吸能曲线如图 3-50 所示。在低速和高速压缩下，层级内凹折纸蜂窝的比吸能曲线高于层级内凹蜂窝和内凹折纸蜂窝。对比三种蜂窝结构在密实应变的比吸能值，低速压缩下，层级内凹折纸蜂窝相对于层级内凹蜂窝增加 36.37%，相对于内凹折纸蜂窝增加 281.63%；在中速冲击下，层级内凹折纸蜂窝的比吸能值比层级内凹蜂窝和内凹折纸蜂窝高 13.36% 和 219.73%；在高速冲击下，层级内凹折纸蜂窝的比吸能值比层级内凹蜂窝和内凹折纸蜂窝高 28.56% 和 75.05%。结果表明，层级内凹折纸蜂窝的吸能性能优于层级内凹蜂窝和内凹折纸蜂窝。

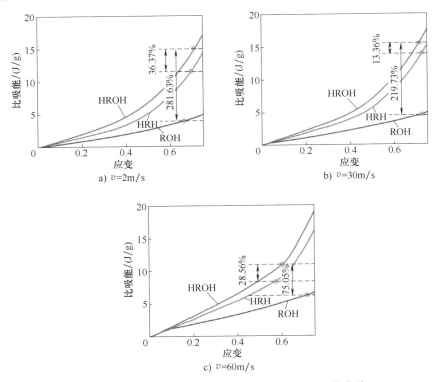

图 3-50　三种蜂窝结构在不同加载速度下的比吸能曲线

3.4.3　理论分析

1. 低速压缩

由变形过程可以看出，层级内凹折纸蜂窝的变形行为是复杂的。因此，提出了一种双尺度法来推导分析结果。将子结构简化为均质固体，便于宏观结构分析。在微观尺度上，均质固体的塌缩与子结构的塌缩相对应。这是通过量化子结构的崩溃应力而不是其初始屈服应力来实现的。如图 3-51 所示，将初始模型与变形模态进行对比，可以看出塑性铰沿 AB、AC 线发生旋转变形，可以表示为

$$E_1 = 8[M_0 l_2 \gamma_1 + M_0 l_3 (\theta_1 - \beta_1)] \tag{3-49}$$

式中，M_0 是塑性弯矩，可以写成

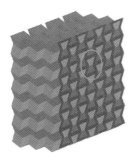

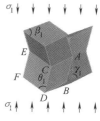

a) 初始结构图　　　　　　b) 变形结构图　　　　　　c) 简化单胞

图 3-51　低速加载下层级内凹折纸蜂窝变形过程分析

$$M_0 = \frac{3l_t^2}{4}\sigma_0^{tri} \tag{3-50}$$

等边三角形子结构的坍塌应力可表示为

$$\sigma_0^{tri} = 0.534\bar{\rho}_{tri}^2\sigma_{ys} \tag{3-51}$$

式中，$\bar{\rho}_{tri}$ 是等边三角形子结构的相对密度。塑性变形所耗散的能量 E 既包括塑性铰的转动，也包括面板的变形。因此，由板件缩短过程引起的塑性变形的能量耗散 E_2 可表示为

$$E_2 = 2\sqrt{3}\,l_3^2 l_t \sigma_0^{tri} \tag{3-52}$$

$$h = \frac{\sqrt{3}}{2}l_2 \tag{3-53}$$

对于层级内凹折纸蜂窝，外力引起的压缩位移为

$$W = \sigma_1 Sh = \sqrt{3}\,\sigma_1(2l_1 - 4l_t - l_2)l_2 l_3 \sin\beta_1 \tag{3-54}$$

$$W = E = E_1 + E_2 \tag{3-55}$$

因此，结构的平台应力可以表示为

$$\sigma_1 = \frac{6l_t^2\sigma_0^{tri}[l_2\gamma_1 + l_3(\theta_1 - \beta_1)] + 2\sqrt{3}\,l_3^2 l_t \sigma_0^{tri}}{\sqrt{3}(2l_1 - 4l_t - l_2)l_2 l_3 \sin\beta_1} \tag{3-56}$$

2. 高速冲击

层级内凹折纸蜂窝在高速冲击下的变形过程如图 3-52 所示。可以看出，高速冲击时，冲击端出现初始变形，层级内凹折纸蜂窝单元从压缩端到固定端逐层坍塌。根据变形模式和动量守恒理论，外力的冲量可表示为

$$S(\sigma_2 - \sigma_1)T = p_f - p_0 = \Delta p \tag{3-57}$$

$$S = 2(2l_1 - 4l_t - l_2)l_3 \sin\beta_1 \tag{3-58}$$

式中，p_0 和 p_f 分别是高速冲击的初始状态和最终状态时的动量；σ_2 是蜂窝顶部在坍塌过程中的平均破碎应力；σ_1 是蜂窝底部在坍塌期间的支撑应力；S 是单元格的截面积。

$$T = \frac{2(h - \sqrt{3}l_t)}{V} = \frac{\sqrt{3}(l_2 - 2l_t)}{V} \tag{3-59}$$

$$\Delta p = 2VSh\rho_s\bar{\rho} \tag{3-60}$$

a) 高速冲击下的结构变形图

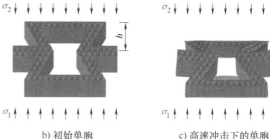
b) 初始单胞

c) 高速冲击下的单胞

图 3-52　高速冲击下的变形图

根据动量守恒定律，高速冲击下的平台应力可计算为

$$\sigma_2 = \sigma_1 + \rho_s\bar{\rho}\frac{V^2}{(1 - 2l_t/l_2)} \tag{3-61}$$

3.4.4　参数研究

1. 单胞壁厚

　　相对密度是影响蜂窝结构力学性能的重要参数之一，为了保持单一变量，研究相对密度对结构能量吸收性能的影响，通常在保持其他因素不变的情况下，改变结构的壁厚。层级内凹折纸蜂窝的相对密度分别为 0.1、0.15 和 0.2 时，计算出结构壁厚为 0.091mm、0.1365mm 和 0.182mm。

　　不同壁厚的层级内凹折纸蜂窝在不同加载速度下的变形过程如图 3-53 所示。可以看出，在准静态压缩下，所有层级内凹折纸蜂窝都表现出向内塌陷变形，在模

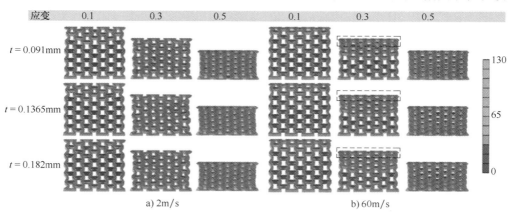
a) 2m/s　　　　　　　　　　b) 60m/s

图 3-53　不同壁厚的层级内凹折纸蜂窝在不同加载速度下的变形过程

型中出现了轻微的 X 形变形带。高速冲击下所有层级内凹折纸蜂窝的变形模式相似，可以观察到结构出现 I 形变形带，从冲击端到固定端逐层扩散，在不同压缩速度下，所有层级内凹折纸蜂窝均表现出负泊松比效应。

不同壁厚的层级内凹折纸蜂窝的应力-应变曲线如图 3-54 所示。在准静态压缩条件下，层级内凹折纸蜂窝的应力-应变曲线可划分为弹性阶段、平台阶段、过渡阶段和密实阶段。当应变达到 0.4 左右时，层级内凹折纸蜂窝的应力-应变曲线开始迅速上升。由图 3-53 的变形模式可以看出，蜂窝单元的斜壁坍塌，蜂窝结构开始进入密实阶段。在密实应变下，结构被完全压实。在高速冲击下，蜂窝结构在应变 0.6 左右开始进入密实阶段。理论预测平台应力的计算结果与仿真平台应力的结果吻合较好，验证了理论预测结果的正确性。在不同加载速度下，层级内凹折纸蜂窝的平台应力随壁厚的增加而增加。

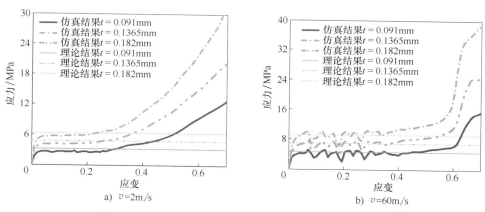

图 3-54　不同壁厚的层级内凹折纸蜂窝的应力-应变曲线

不同壁厚层级内凹折纸蜂窝的比吸能曲线如图 3-55a 所示。在不同的加载速度下，壁厚越厚的层级内凹折纸蜂窝的比吸能值越高。不同壁厚的层级内凹折纸蜂窝在不同压缩速度下的峰值应力值如图 3-55b 所示。可以看出，峰值应力值随着层级内凹折纸蜂窝的壁厚增加而增加。

2. 折叠二面角

与传统的分层蜂窝相比，在层级内凹折纸蜂窝中引入折纸单元为其提供了更多的几何参数来控制其力学性能。为了研究二面角 β_1 对力学性能的影响，建立了几种具有不同二面角 β_1 的结构。为了消除壁厚对结果的影响，所有层级内凹折纸蜂窝的壁厚 $t = 0.1365\text{mm}$ 相同。图 3-56 所示为不同二面角的层级内凹折纸蜂窝在不同加载速度下的变形过程。选取正视图和侧视图，研究改变二面角对变形模式的影响。对于二面角 $\beta_1 = 40°$ 的层级内凹折纸蜂窝，结构在准静态压缩下发生均匀的向内坍塌变形。随着二面角 β_1 的增大，其他层级内凹折纸蜂窝呈现<和 X 变形模式。不同相对密度和不同二面角 β_1 的层级内凹折纸蜂窝在高速条件下表现

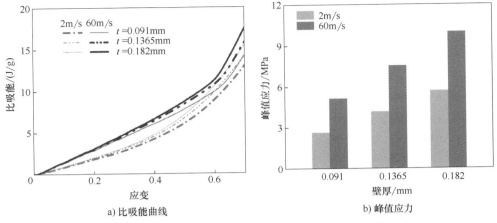

a) 比吸能曲线　　　　　　　　　b) 峰值应力

图 3-55　不同壁厚层级内凹折纸蜂窝的比吸能曲线和峰值应力

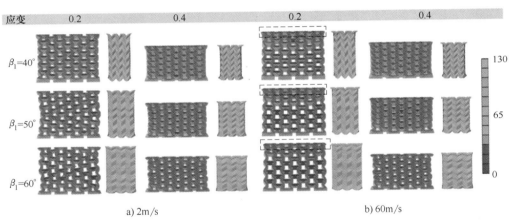

a) 2m/s　　　　　　　　　　　　b) 60m/s

图 3-56　不同二面角的层级内凹折纸蜂窝在不同加载速度下的变形过程

出相似的变形模式。此外，具有不同二面角 β_1 的层级内凹折纸蜂窝也表现出负泊松比效应。

　　不同二面角的层级内凹折纸蜂窝的应力-应变曲线如图 3-57 所示。在准静态压缩下，当应变达到 0.4 左右时，层级内凹折纸蜂窝开始进入密实阶段。在高速冲击下，蜂窝结构在应变 0.6 左右开始进入密实阶段。分析结果与平台阶段的数值结果吻合较好。此外，在准静态或高速冲击下，层级内凹折纸蜂窝的平台应力随着二面角 β_1 的减小而增大。

　　图 3-58 所示为不同速度下不同二面角 β_1 层级内凹折纸蜂窝的比吸能曲线和峰值应力。二面角为 $\beta_1 = 40°$ 的层级内凹折纸蜂窝具有较高的比吸能曲线。层级内凹折纸蜂窝的比吸能曲线随着二面角的减小而增大，峰值应力随着层级内凹折纸蜂窝的二面角 β_1 的减小而增大。

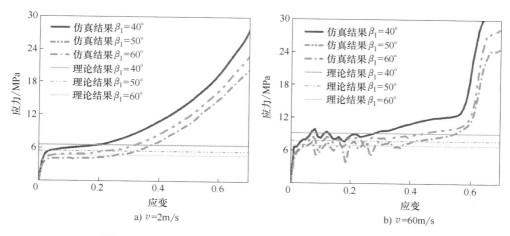

图 3-57 不同二面角的层级内凹折纸蜂窝的应力-应变曲线

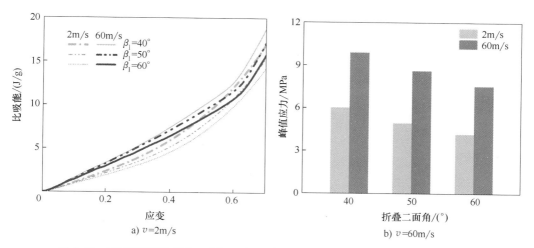

图 3-58 不同速度下不同二面角 β_1 层级内凹折纸蜂窝的比吸能曲线和峰值应力

3.4.5 多目标优化设计

1. 优化问题的定义

对于冲击防护结构而言，期望单位质量吸收更多的冲击能量，降低最大过载，以满足冲击过程中的安全要求。在优化问题中，采用比吸能（SEA）计算单位质量的能量吸收，采用峰值应力（IPCS）计算最大载荷。因此，选择比吸能和峰值应力作为两个目标。由之前的研究可知，壁厚 t 和二面角 β_1 对结构的耐撞性有显著影响。因此，选择壁厚 t 和二面角 β_1 作为设计变量。此外，为了进一步与工程应用相结合，优化问题重点关注高速冲击下相同位移下的抗冲击性能，同样的压缩应变设置为 0.6。优化问题可表示为

$$\begin{cases} \min\{-\mathrm{SEA}(t,\beta_1),\mathrm{IPCS}(t,\beta_1)\} \\ \mathrm{s.t.} \quad 0.1\mathrm{mm} \leqslant t \leqslant 0.3\mathrm{mm} \\ \quad\quad 30° \leqslant \beta_1 \leqslant 90° \end{cases} \tag{3-62}$$

2. 代理模型

为了解决优化问题，提出了一种基于代理模型的多目标优化方法使用非支配排序遗传算法（NSGA-Ⅱ），具体过程如图 3-59 所示。代理模型是求解多目标优化问题的常用方法，它可以减少优化过程中的计算时间。为了建立准确的代理模型，采用全因子取样方法设计生成 25 个设计采样点，采用拉丁超立方体试验设计方法选择 8 个测试采样点，同时采用拉丁超立方体试验设计方法生成 5 个测试采样点，对代理模型的准确性进行评价。设计采样点和测试采样点如图 3-60 所示。通过数值模拟得到了这些采样点对应的数值。

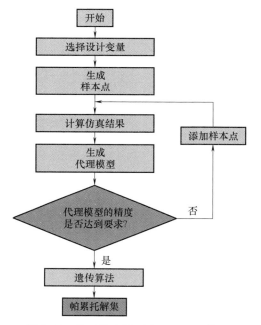

图 3-59　基于代理模型和 NSGA-Ⅱ算法的多目标优化流程

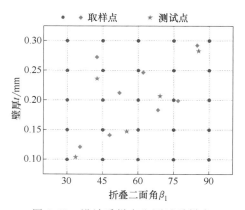

图 3-60　设计采样点和测试采样点

多项式响应面法（PRS）作为一种代理模型可以将数学与数理统计相结合从而研究复杂的目标函数。多项式响应面法可以表示为

$$y^*(x) = b_0 + \sum_{i=1}^{n} b_i x_i + \sum_{i=1}^{n}\sum_{j=1}^{n} b_{ij} \tag{3-63}$$

PRS 可以提高计算效率并满足近似精度，因此适用于耐撞性优化问题，PRS 代理模型的精度可根据 R 平方（R^2）、均方根误差（RMSE）和最大绝对相对误差（MARE）来评价，其定义为

$$R^2 = \frac{\sum_{i=1}^{n}(y_i - \bar{y})^2 - \sum_{i=1}^{n}(y_i - y_i^*)^2}{\sum_{i=1}^{n}(y_i - \bar{y})^2} \qquad (3\text{-}64)$$

$$\mathrm{RMSE} = \sqrt{\frac{\sum_{i=1}^{n}(y_i - y_i^*)^2}{n}} \qquad (3\text{-}65)$$

$$\mathrm{MARE} = \max_{i=1,2,3,\cdots,n}\left(\frac{|y_i - y_i^*|}{|y_i|}\right) \qquad (3\text{-}66)$$

式中，n 是样本点的个数；y_i，y_i^* 分别是第 i 个样本点的模拟值和代理模型的对应值；y 是所有样本点的平均值。需要强调的是，R^2 可以反映代理模型预测值与实际模拟值之间的相关性，RMSE 和 MARE 用于度量代理模型的整体精度和局部精度，R^2 越大，RMSE 和 MARE 越小，代理模型的精度越高。

3. 优化结果

非支配排序遗传算法（NSGA）是专门针对多目标问题而设计的，通常涉及多个相互冲突的目标。NSGA 能够在单一算法框架内同时优化多个目标，旨在找到平衡且高质量的解集。NSGA-Ⅱ是第一代 NSGA 算法的改进版本，引入了更有效的排序和选择机制。它具有计算效率高、计算复杂度低、保持多样性、不需要指定共享半径等特点，是解决多目标优化问题的有力工具。因此，这里采用 NSGA-Ⅱ进行多目标优化。种群大小设置为 200，迭代次数设置为 200，其他设置与 Blank 等人（2020）的研究工作相同。

通过多目标优化算法得到 Pareto 前沿，如图 3-61 所示。值得强调的是，Pareto 前沿的所有点都是最优解，并根据工程需求选择合适的最优点。

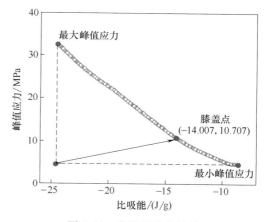

图 3-61　多目标优化结果

为了确定平衡两个目标的相对最优解，采用最小距离选择法（TMDSM）获得 Pareto 前沿的一个膝点，TMDSM 的表达式定义为

$$\min[S(n)] = \min\left[\sqrt{\sum_{m=1}^{2}(f_{mn} - \min f_m(x))^2}\right] \qquad (3\text{-}67)$$

式中，n 是 Pareto 前沿点的个数；$f_m(x)$ 是所有目标函数值的最小值。膝盖点参数为 $\beta_1 = 30°$，$t = 0.128\mathrm{mm}$，将数值模拟结果与 PRS 模型优化结果的峰值应力和比吸能进行对比，代理模型与数值模型的误差小于 3.16%，可见代理模型是准确可靠的。

第4章

双功能超材料的设计及其力学性能

4.1 引言

近年来，超材料的概念及设计理念逐渐深入人心，越来越多的学者投入超材料设计与性能研究领域中，呈现出一片繁荣景象。有别于常规材料的设计思想，凭借基于特定的人工微结构构筑设计实现超常的力学性能，超材料的研究领域逐渐从电磁学、声学延伸到力学领域中，根据这些超常的负刚度、负模量、负泊松比等力学性能，结合不同的应用背景，逐渐演变出具有不同功能用途的超材料类型；同时，随着超材料性能研究的深入及应用前景的拓展，超材料的设计研究逐渐由单一功能向多功能方向发展。本章基于超材料微结构几何特征的参数可调性及构型可重构性，灵活引入多层级、局域共振单元、负刚度等设计思想，设计了三种兼具两种功能（吸能与隔振、带隙与缓冲、负刚度与带隙等）的力学超材料，以期为安全防护领域的装备设计与功能开发提供重要的参考。

本章首先基于多层级思想，设计了一种兼具吸能和隔振性能的多层级内凹蜂窝超材料，研究了这种结构在冲击加载下的变形模式和能量吸收能力，局域共振单元的引入既可改善结构的带隙特性，也可有效提高高速冲击下超材料的吸能特性；其次，基于折纸思想，引入局域共振机制，提出了一种局域共振混合折纸超材料，系统研究了折纸超材料中弹性波的带隙、衰减等特性和结构的缓冲特性；此外，结合负刚度概念和折纸思想，提出了一种多边形负刚度折纸超材料，深入研究负刚度折纸超材料中弹性波的衰减机制和变形诱导下带隙的演化规律。

4.2 多层级内凹蜂窝超材料的波动与隔振特性

本节研究一种新型的多层级内凹蜂窝超材料，将内凹蜂窝（RH）与正方形单元格结合，命名为多层级内凹蜂窝超材料（SRH）。与传统的 RH 结构相比，这种新型的多层级内凹蜂窝超材料不仅可以提高吸能能力，而且具有更好的隔振性能。对 SRH 结构的动态冲击行为进行了理论和数值研究，理论平台应力与数值平台应力吻合较好；同时，比较了不同撞击速度下 RH 蜂窝和方形凹蜂窝的变形模式和吸能能力。

4.2.1　新型多层级内凹蜂窝超材料的几何参数

如图 4-1 所示，通过在传统 RH 中引入正方形结构，可以构造出一种新型的分层 RH，三个壁的实心连接被正方形单元取代，这种新型的结构即层级内凹蜂窝（SRH）。RH 的几何参数如下：水平孔壁的长度为 l_a，倾斜孔壁的长度为 l_b，水平孔壁与倾斜孔壁之间的夹角为 θ_0，孔壁的厚度为 t。有一些参数来定义 SRH：l_1 是正方形的长度，l_2 是倾斜的细胞壁的长度，l_3 是水平的细胞壁的长度。RH 和 SRH 之间的关系可以表示为

$$l_a = l_1 + l_3 \tag{4-1}$$

$$l_b = \frac{l_1}{\sin\theta_0} + l_2 \tag{4-2}$$

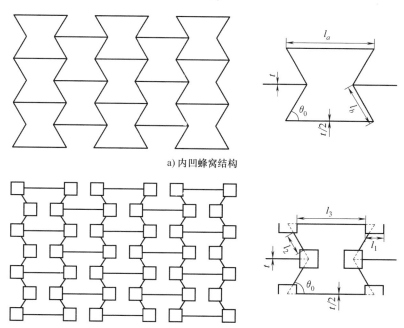

a) 内凹蜂窝结构

b) 层级内凹蜂窝结构

图 4-1　蜂窝结构几何参数

相对密度是影响变形模式和吸能性能的重要参数。根据蜂窝结构的几何参数，RH 和 SRH 的相对密度可以按照如下公式计算：

$$\bar{\rho}_{RH} = \frac{\rho^*_{RH}}{\rho_s} = \frac{1}{2} \frac{t}{l_b} \frac{(l_a/l_b+2)}{(l_a/l_b-\cos\theta_0)\sin\theta_0} \tag{4-3}$$

$$\bar{\rho}_{SRH} = \frac{\rho^*_{SRH}}{\rho_s} = \frac{1}{2} \frac{(8l_1+2l_2+l_3)t}{(l_1+l_3-l_1\cot\theta_0-l_2\cos\theta_0)(l_1+l_2\sin\theta_0)} \tag{4-4}$$

4.2.2 动态行为分析

本节描述了 RH 和 SRH 的动态力学行为。首先，建立有限元模型，并对数值模型的可靠性进行验证。随后，描述 RH 和 SRH 的变形过程，研究引入正方形单元结构的效果。在接下来的研究中，绘制 RH 和 SRH 在三种冲击速度下的动态应力-应变曲线。同时，将平台应力的理论预测结果与数值模拟结果进行比较。最后，分析不同冲击速度下的比吸收能量-应变曲线，比较 RH 和 SRH 的吸能能力。

1. 数值模型和验证

为了系统研究 SRH 的动态压缩性能和吸能能力，采用有限元软件 Abaqus/explicit 对 SRH 的动态压缩性能进行分析。如图 4-2 所示，RH 和 SRH 的模型位于两个刚性板之间。底部刚性板是固定的，上部刚性板以一定的冲击速度沿纵向冲击。在基础有限元模型中，单元格的参数为：$l_1 = 1.2\text{mm}$，$l_2 = 1.61\text{mm}$，$l_3 = 4.8\text{mm}$，$\theta_0 = 60°$，$t = 0.2\text{mm}$，面外宽度 $b = 5\text{mm}$。单元的数量在 x 方向上为 8 个，在 y 方向上为 14 个，SRH 的总长度和总高度分别为 70.2mm 和 73.95mm。其他两个模型的尺寸分别为 $l_1 = 1\text{mm}$，$l_2 = 1.85\text{mm}$，$l_3 = 5\text{mm}$，$\theta_0 = 60°$，$t = 0.2\text{mm}$，面外宽度 $b = 5\text{mm}$；$l_1 = 1.4\text{mm}$，$l_2 = 1.38\text{mm}$，$l_3 = 4.6\text{mm}$，$\theta_0 = 60°$，$t = 0.2\text{mm}$，面外宽度 $b = 5\text{mm}$。

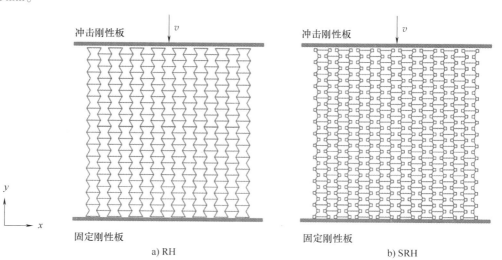

a) RH   b) SRH

图 4-2　有限元模型示意图

在有限元模型中，为了提高计算效率，准确模拟蜂窝结构的变形过程，采用了四节点壳单元 S4R 对蜂窝结构进行网格划分。采用一般接触来模拟压缩过程中复杂的相互接触。切向行为的摩擦系数为 0.2，法向行为选择硬接触。试件的面外自由度受到约束。此外，蜂窝结构的基础材料为铝合金，其密度 $\rho = 2700 \text{kg/m}^3$，杨氏模量 $E = 70 \text{GPa}$，泊松比 $\nu = 0.3$，屈服应力 $\sigma_y = 130 \text{MPa}$。

为了验证有限元模拟的正确性，采用与 Qi 等人研究中相同的结构。有限元模型的尺寸与 Qi 等人研究中的尺寸基本一致。此外，为了保证模拟的精度，还进行了网格尺寸敏感性分析。不同网格尺寸（0.2mm、0.3mm、0.4mm 和 0.8mm）的应力-应变曲线如图 4-3 所示，随着网格尺寸的减小，应力（包括初始峰值应力和平台应力）逐渐减小并趋于收敛。可以看出，0.2mm 和 0.3mm 的应力-应变曲线趋于重合。因此，可以通过比较不同网格尺寸（即 0.3mm）下的应力-应变曲线来研究和确定网格尺寸，从而平衡了数值稳定性、精度和计算效率。在进行网格收敛分析后，将有限元计算结果的应力-应变曲线与文献仿真结果进行了比较。如图 4-4 所示，低速冲击条件下的有限元计算结果与参考结果吻合较好。图 4-5 所示为 RH 在 1m/s 冲击速度下的变形过程，差异是可以接受的，验证了有限元计算结果的正确性。因此，数值模型对于下一步的模拟研究是准确和可靠的。

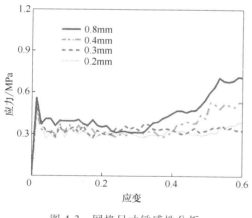

图 4-3　网格尺寸敏感性分析

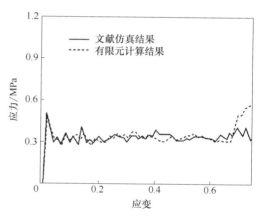

图 4-4　有限元计算结果与文献仿真结果
的应力-应变曲线对比

2. 变形模式

对于蜂窝结构，许多研究表明，在不同的冲击速度下，蜂窝结构会表现出不同的变形性能。在本节，研究了 RH 和 SRH 在三种冲击速度下的变形模式。图 4-6 所示为 RH 和 SRH 在冲击速度为 1m/s 时沿着 y 方向的变形过程。当 RH 被压缩时，初始变形发生在结构的底部，并且该区域水平收缩。在底部区域有明显的 X 形带，结构呈现负泊松比（NPR）。随着压缩位移的增加，X 形变形带周围的单胞逐渐坍塌堆积。对于 SRH，正方形晶胞的尺寸影响结构的变形模式。SRH-10 的左右两侧

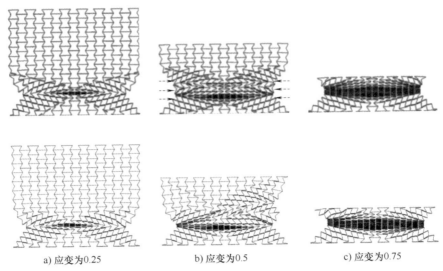

a) 应变为0.25   b) 应变为0.5   c) 应变为0.75

图 4-5　RH 变形过程有限元计算结果（下图）与文献仿真结果（上图）对比

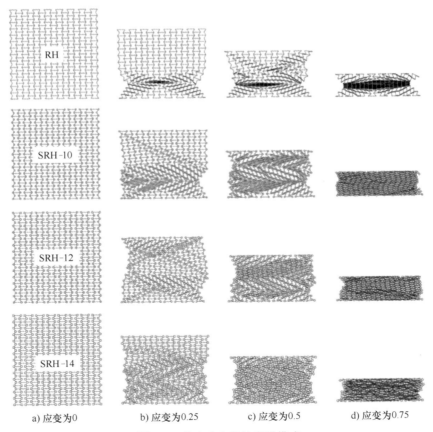

a) 应变为0   b) 应变为0.25   c) 应变为0.5   d) 应变为0.75

图 4-6　低速冲击下的变形模式

出现不对称的局部收缩，底部出现初始变形带。随着应变的增加，变形带周围的细胞逐渐塌陷和堆积。在 SRH-12 中出现了两个变形带，随着应变的增加，变形带顶部和底部附近的单胞逐渐塌陷。在 SRH-14 的初始变形阶段，靠近顶部刚性板的单胞保持不变，而其他胞元变形。随着压缩位移的增加，整个结构的胞体发生坍塌和致密化。

　　图 4-7 所示为 RH 和 SRH 在沿着 y 方向冲击速度为 20m/s 时的变形过程。随着冲击速度的增加，惯性效应逐渐显现。在碰撞初期，RH 和 SRH 靠近碰撞端的胞体发生变形和塌陷。RH 和 SRH 的变形模式不同之处在于，在 SRH 的底部区域存在一条变形带。随着冲击的继续，横向变形带逐行向前扩展到底部变形带。RH 和 SRH 在 50m/s 高速冲击下的变形过程如图 4-8 所示。随着冲击速度的增加，惯性效应明显。碰撞刚性板附近的 RH 和 SRH 胞体首先崩溃。观察到 I 形条带，并从冲击端到固定端逐层扩展。值得注意的是，RH 和 SRH 在高速冲击下的变形过程是相似的。随着冲击应变的增加，最终结构完全致密化。

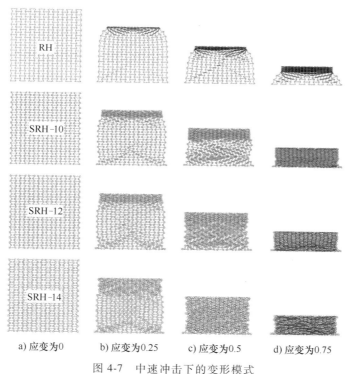

a) 应变为0　　　b) 应变为0.25　　　c) 应变为0.5　　　d) 应变为0.75

图 4-7　中速冲击下的变形模式

3. 平台应力

　　平台应力是评价蜂窝结构抗压强度的重要参数。因此，本节选取典型的蜂窝单元进行理论分析，研究 SRH 的抗压强度。图 4-9 所示为低速冲击下典型蜂窝单胞的变形过程。变形过程可以分为三种不同的形态：初始形态、过渡形态和最终形

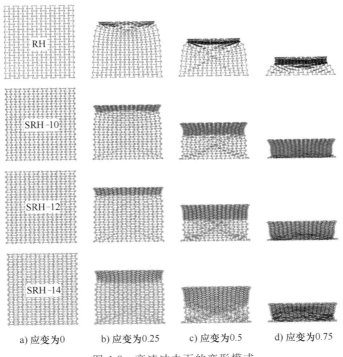

a) 应变为0   b) 应变为0.25   c) 应变为0.5   d) 应变为0.75

图 4-8   高速冲击下的变形模式

态。在过渡阶段，两个倾斜的胞壁（*AB* 和 *GH*）发生变形和倒塌，在两个倾斜的胞壁两端形成四个塑性铰。随着应变的增长，其余的斜壁（*CD* 和 *EF*）变形并塌陷，如图 4-9c 所示。

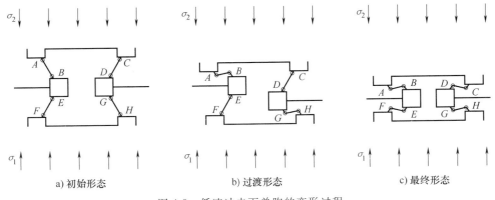

a) 初始形态   b) 过渡形态   c) 最终形态

图 4-9   低速冲击下单胞的变形过程

根据能量守恒定律，冲击力所做的功等于单胞壁塑性铰所耗散的能量与单胞壁动能之和。然而，在准静态或低速加载条件下，胞壁的动能可以忽略不计。因此，在蜂窝单胞从初始构型到最终构型的坍塌过程中，由压碎力所做的功 W 等于由单

胞壁的塑性铰链所耗散的能量 E_p，即

$$W = E_p \tag{4-5}$$

在塌陷过程中，作用在晶胞上的冲击力所做的功 W 表示为

$$W = FH \tag{4-6}$$

式中，F 是冲击力，可按式（4-7）计算；H 是压缩位移，可按式（4-8）计算。

$$F = 2\sigma_1 \left(l_1 + l_3 - l_2 \cos\theta_0 - l_1 \cot\theta_0 \right) b \tag{4-7}$$

$$H = 2l_2 \sin\theta_0 - 4t \tag{4-8}$$

式中，σ_1 是低速冲击条件下坍塌过程中的平台应力。塑性铰的能量耗散与角 θ_0 有关。在低速压缩作用下，四个倾斜的单胞壁绕塑性铰以 θ_0 角转动。因此，能量耗散 E_p 的计算公式为：

$$E_p = M_p \times 8\theta_0 = \frac{1}{4}\sigma_y bt^2 \times 8\theta_0 \tag{4-9}$$

式中，M_p 是单胞壁的全塑性弯矩；σ_y 是单胞壁材料的屈服应力。基于能量守恒原理，得到了蜂窝在低速冲击时的平台应力 σ_1，即

$$\sigma_1 = \frac{\sigma_y t^2 \theta_0}{2\left(l_1 + l_3 - l_2 \cos\theta_0 - l_1 \cot\theta_0 \right)\left(l_2 \sin\theta_0 - 2t \right)} \tag{4-10}$$

如图 4-10 所示，RH 和 SRH 的应力-应变曲线可以分为三个不同的阶段，包括弹性阶段、平台阶段和密实阶段。低速冲击时，SRH 的应力-应变曲线高于 RH。此外，可以发现，增加 SRH 的长度将增加结构的平台应力。值得注意的是，SRH 的平台期将随着长度的增加而减少。当结构应变达到 0.35 左右时，平台阶段结束。因此，它比较了从峰值力到应变 0.35 的理论和模拟平台应力。蜂窝结构在低速压缩过程中，少数边界单胞的变形行为与理论分析模型不同。这些单胞的胞

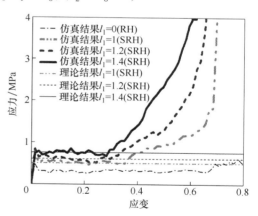

图 4-10　低速（$v = 1\text{m/s}$）冲击下 RH 和 SRH 的应力-应变曲线

壁之间出现了意想不到的接触和碰撞。因此，理论预测结果与仿真结果之间存在一定的误差。理论计算结果与数值模拟结果的误差小于 10%，进一步证明了仿真模型的准确性。

图 4-8 所示为 SRH 在高速冲击下的变形过程。可以看出，高速冲击时，冲击端出现初始变形，从冲击端到固定端，SRH 的胞体以逐层坍塌。当应变达到 0.5 时，正方形单元相互接触而变形。当正方形结构受到冲击时，应力不断增大。它代表着蜂窝结构从平台期进入到致密化阶段。值得注意的是，平台应力对蜂窝结构是重

要的，它决定了蜂窝结构的吸能能力。建立了典型蜂窝结构的分析模型，计算了蜂窝结构的平台应力。如图 4-11 所示，在崩塌开始时，上斜壁（AB 和 CD）首先进入致密状态，而下斜壁（EF 和 GH）保持不变。然后，较低的斜壁变形并坍塌。该单胞崩溃周期的开始时刻是 T_0，而致密化状态的结束时刻是 T_f。

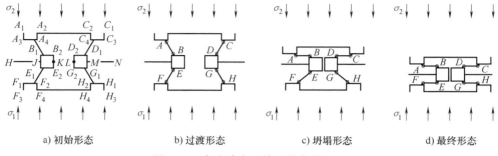

a) 初始形态　　b) 过渡形态　　c) 坍塌形态　　d) 最终形态

图 4-11　高速冲击下单元的变形过程

根据动量定理，典型单胞在变形过程中的动量变化可以写成

$$S(\sigma_2 - \sigma_1)T = p^f - p^0 = \Delta p \tag{4-11}$$

式中，S 是典型蜂窝单胞的截面积，可按式（4-12）计算；T 是典型单胞压缩过程的时间间隔，可按式（4-13）计算；σ_1 和 σ_2 分别是代表性蜂窝单胞顶部和底部的应力，其中，σ_2 是典型蜂窝单胞在塌陷期间顶部上所施加的平均应力，σ_1 等于典型蜂窝单胞在塌陷期间底部上的支撑应力；p^0 和 p^f 分别是蜂窝单胞在冲击的初始状态和最终状态下的动量。

$$S = 2(l_1 + l_3 - l_2\cos\theta_0 - l_1\cot\theta_0)b \tag{4-12}$$

$$T = \frac{2l_2\sin\theta_0 - 4t}{v} \tag{4-13}$$

根据刚体运动学知识，上下单胞壁 $p^0_{A_2C_2}$ 和 $p^0_{F_4h_4}$ 是半壁厚，胞壁 p^0_{F4H4} 在该单胞的崩溃阶段的开始时刻保持静止。胞壁的动量 $p^0_{A_2C_2}$ 和 $p^0_{F_4h_4}$ 为

$$p^0_{A_2C_2} = \frac{\rho_s l_3 btv}{2}, \quad p^0_{F_4h_4} = 0 \tag{4-14}$$

此外，通过分析代表性单胞的运动条件，可以获得单胞壁的动量：

$$p^0_{HJ} = p^0_{MN} = \frac{\rho_s l_3 btv}{4} \tag{4-15}$$

$$p^0_{AB} = p^0_{CD} = \frac{3\rho_s l_2 btv}{4}, \quad p^0_{EF} = p^0_{GH} = \frac{\rho_s l_2 btv}{4} \tag{4-16}$$

$$p^0_{A_1A_2A_3A_4} = p^0_{C_1C_2C_3C_4} = p^0_{B_1B_2JK} = p^0_{D_1D_2LM} = \frac{3\rho_s l_1 btv}{2} \tag{4-17}$$

$$p^0_{F_1F_2F_3F_4} = p^0_{H_1H_2H_3H_4} = p^0_{E_1E_2JK} = p^0_{G_1G_2LM} = \frac{\rho_s l_1 btv}{2} \tag{4-18}$$

当典型的单胞坍塌并加入致密化结构后，典型单胞中的所有胞壁获得相同的恒定速度。因此，每个胞壁的最终动量为

$$p_{AB}^f = p_{CD}^f = p_{EF}^f = p_{GH}^f = \rho_s l_2 bt\upsilon \tag{4-19}$$

$$p_{A_1A_2A_3A_4}^0 = p_{C_1C_2C_3C_4}^0 = p_{B_1B_2JK}^0 = p_{D_1D_2LM}^0 = p_{F_1F_2F_3F_4}^0 \tag{4-20}$$

$$= p_{H_1H_2H_3H_4}^0 = p_{E_1E_2JK}^0 = p_{G_1G_2LM}^0 = 2\rho_s l_1 bt\upsilon$$

$$p_{A_2C_2}^f = p_{F_4H_4}^f = p_{JH}^f = p_{MN}^f = \frac{\rho_s l_3 bt\upsilon}{2} \tag{4-21}$$

在冲击的初始状态和最终状态下，典型单胞的动量为

$$p^f = p_{AB}^f + p_{CD}^f + p_{EF}^f + p_{GH}^f + p_{MN}^f + p_{A_2C_2}^f +$$

$$p_{F_4H_4}^f + p_{A_1A_2A_3A_4}^f + p_{C_1C_2C_3C_4}^f + p_{F_1F_2F_3F_4}^f + p_{H_1H_2H_3H_4}^f + \tag{4-22}$$

$$p_{JKB_1B_2}^f + p_{LMD_1D_2}^f + p_{JKE_1E_2}^f + p_{LMG_1G_2}^f$$

$$p^0 = p_{AB}^0 + p_{CD}^0 + p_{EF}^0 + p_{GH}^0 + p_{MN}^0 + p_{A_2C_2}^0 +$$

$$p_{F_4H_4}^0 + p_{A_1A_2A_3A_4}^0 + p_{C_1C_2C_3C_4}^0 + p_{F_1F_2F_3F_4}^0 + p_{H_1H_2H_3H_4}^0 + \tag{4-23}$$

$$p_{JKB_1B_2}^0 + p_{LMD_1D_2}^0 + p_{JKE_1E_2}^0 + p_{LMG_1G_2}^0$$

$$p^f - p^0 = \Delta p = 2\rho_s (4l_1 + l_2) bt\upsilon + \rho_s l_3 bt\upsilon \tag{4-24}$$

$$\sigma_2 = \sigma_1 + \frac{\rho_s \upsilon^2 [2(4l_1 + l_2)t + l_3 t]}{4(l_2\sin\theta_0 - 2t)(l_1 + l_3 - l_2\cos\theta_0 - l_1\cot\theta_0)} \tag{4-25}$$

图 4-12 所示为 RH 和 SRH 在不同冲击速度下的应力-应变曲线。与低速冲击的应力-应变曲线相似，RH 和 SRH 的应力-应变曲线也分为弹性阶段、平台阶段和密实阶段。在不同冲击速度下，SRH 的应力-应变曲线均高于 RH。随着 SRH 长度的增加，SRH 的平台应力增加，平台期缩短。此外，比较了 SRH 平台应力的理论和数值结果。可以观察到，理论预测与数值结果吻合良好。理论计算结果与数值模拟

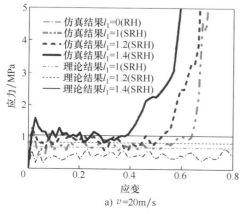

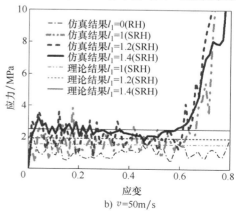

a) $\upsilon=20\text{m/s}$　　　　　　　　　　　b) $\upsilon=50\text{m/s}$

图 4-12　不同冲击速度下单元的变形过程

结果的最大误差为 8.57%。产生误差的原因是少数边界单元出现了不可预测的变形，这意味着这些单元的变形性能与理论分析模型不同。

4. 能量吸收性能

除平台应力外，比吸收能量（简称比吸能，SEA）也是衡量结构耐撞性的重要参数。比吸能用 U_{SEA} 表示，其计算公式为

$$U_{SEA} = \frac{U_{EA}}{m} = \frac{\int_0^{\varepsilon_d} \sigma(\varepsilon) \mathrm{d}\varepsilon}{\overline{\rho}\rho_s} \tag{4-26}$$

式中，U_{EA} 是蜂窝结构的总吸收能量；ε_d 是蜂窝开始致密化并且应力极大增加的致密化应变；$\overline{\rho}$ 是相对密度；ρ_s 是基础材料的密度。不同撞击速度下 RH 和 SRH 的 SEA 曲线如图 4-13 所示。在不同破碎速度下，SRH 比 RH 具有更高的 SEA 曲线。结果表明，与 RH 相比，SRH 具有更好的能量吸收能力。此外，这也意味着引入正方形单元可以改善 SRH 的能量吸收性能。最终，破碎速度也会影响能量吸收性能。

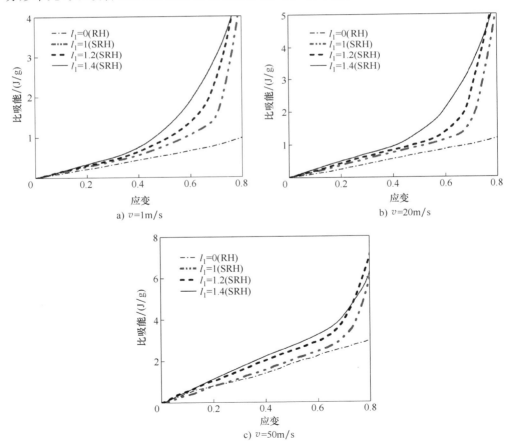

图 4-13　不同速度下的比吸能曲线

随着破碎速度的增加，SRH 的 SEA 曲线变长。应该注意的是，RH 和 SRH 之间的差距随着冲击速度的增加而减小。

4.2.3　隔振特性分析

动态行为分析结果表明，新型 RH 具有良好的吸能性能。在这一部分分析了正方形单元和局域谐振单元的引入对 SRH 带隙特性的可调效应。首先，结合布洛赫定理，通过求解动力学方程得到了超材料的能带结构，描述了波在超材料中的传播过程，其次，揭示了引入正方形单元可以打开带隙的机制，并研究了它的可调谐性；最后，利用质量夹杂构造局域谐振单元，进一步扩大了带隙宽度，降低了带隙频率，同时，还研究了振子尺寸对局域谐振型带隙的影响。

1. 弹性波传播的周期有限元法

根据弹性动力学基本方程，在不考虑阻尼和体积力的情况下，弹性波在二维周期结构中的传播可表示为

$$\rho(r)\,\ddot{u}(r) = \nabla\left[\lambda(r) + 2\mu(r)\right]\left[\nabla u(r)\right] - \nabla \times \left[\mu(r)\,\nabla \times u(r)\right] \tag{4-27}$$

式中，u 是位移矢量，其与位置矢量 $r = (x, y)$ 相关；$\ddot{u}$ 是位移对时间的二阶导数，$\nabla = (\partial/\partial x, \partial/\partial y)$ 是微分算子；ρ 是物体密度；λ 和 μ 是拉梅常数，可以将弹性模量 E 和泊松比 ν 表示为

$$E = \frac{\mu(2\mu + 3\lambda)}{\mu + \lambda},\ \nu = \frac{\lambda}{2(\mu + \lambda)} \tag{4-28}$$

根据布洛赫定理，位移矢量 u 可以展开为

$$u(r, k) = u(r)\,e^{-I(kr - \omega t)} \tag{4-29}$$

式中，ω 和 t 分别是角频率和时间；I 等于 $\sqrt{-1}$；k 是二维晶格波矢。位移矢量 u 是具有与周期性结构相同的周期性的周期函数，其遵循以下关系：

$$u(r) = u(r + R) \tag{4-30}$$

式中，R 是格型矢量。与式（4-30）考虑到空间域中单胞边界上的节点位移矢量之间的关系，式（4-29）可以重写为

$$u(r + R, k) = u(r)\,e^{-I(kr - \omega t)} \tag{4-31}$$

通过将式（4-31）代入式（4-27），波动控制方程可以转化为特征值方程：

$$(K - \omega^2 M)\,U = 0 \tag{4-32}$$

式中，K 是刚度矩阵；M 是质量矩阵；U 是所有节点的位移列矢量。

2. 传统 RH 与 SRH 能带结构的计算与比较

正方形晶格空间和不可约布里渊区（阴影部分），其边界由高对称角位置 O、A、B、C 标记，如图 4-14a 所示。通过沿着不可约布里渊区的边界 $O\text{-}A\text{-}B\text{-}C\text{-}O$ 求本征解，由于周期性，得到了能带结构的紧凑表示。图 4-14c 和图 4-14d 比较了 Ren

等人求解的能带结构，并在这项工作中使用 COMSOL Multiphysics 6.0 进行了模拟，其几何模型如图 4-14b 所示。采用相同的模型尺寸和材料参数验证了模拟的准确性，结果具有较好的一致性。因此，这项工作的结果是合理的。

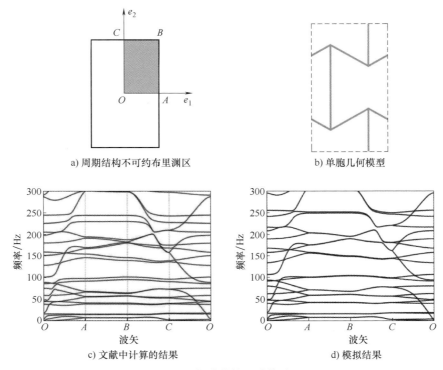

a) 周期结构不可约布里渊区

b) 单胞几何模型

c) 文献中计算的结果

d) 模拟结果

图 4-14 能带结构的计算对比

如图 4-15a 所示，声学中 RH 的尺寸与力学中结构的尺寸相同。如图 4-15b 所示，在 RH 的能带结构中可以观察到，在 $5×10^5$ Hz 的频率范围内没有带隙。因此，本节将在后面引入方形单元和质量夹杂来讨论带隙的可调谐性。

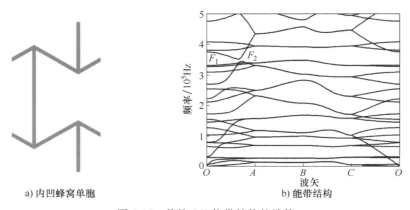

a) 内凹蜂窝单胞

b) 能带结构

图 4-15 传统 RH 能带结构的计算

3. 正方形单元对可调性的影响

如前一节所述，在本节，正方形单元呈现出带隙。图 4-16a 所示为 SRH 的几何模型，其正方形单元的尺寸为 1mm，相应的能带结构见图 4-16b。显然，在 2.88×

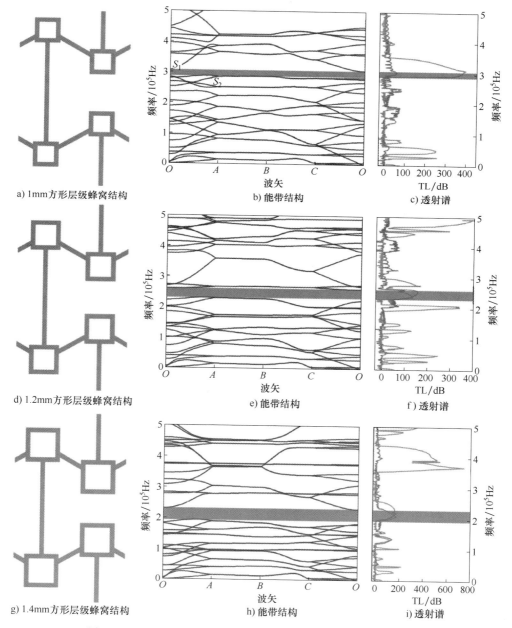

a) 1mm方形层级蜂窝结构　　　　b) 能带结构　　　　c) 透射谱

d) 1.2mm方形层级蜂窝结构　　　　e) 能带结构　　　　f) 透射谱

g) 1.4mm方形层级蜂窝结构　　　　h) 能带结构　　　　i) 透射谱

图 4-16　不同正方形尺寸 SRH 的几何模型、能带结构和透射谱

注：正方形尺寸分别等于 1mm、1.2mm 和 1.4mm，阴影区域代表带隙，深色线和浅色线分别表示 O-A 和 A-B 方向上的透射系数。

10^5 Hz 和 3.06×10^5 Hz 之间产生了由阴影区域标记的竞争带隙。可见，正方形单元在 SRH 结构中对弹性波的传播起着重要的作用。为了验证能带结构分析的可靠性，采用 10×10 个相同单胞组成的超元胞计算了透射谱。在超元胞的边界处分别沿着方向施加简谐激励。在超级胞体的另一侧收集响应。同时，在无载方向采用布洛赫周期边界条件。透射系数为

$$T = 20\lg\left|\frac{U_{res}}{U_{exc}}\right| \tag{4-33}$$

式中，U_{res} 和 U_{exc} 分别是激励和响应的位移。透射系数反映了在 SRH 中传播波的频率信息。透射系数曲线的突出部分表明相应频率的波被阻挡，而平缓部分表明此时波可以通过 SRH。如图 4-16c 所示，透射谱与其能带结构相同。在透射谱中，可以看到深色线或浅色线的突出表示在 O-A 或 A-B 方向上的部分带隙。可以得出结论，在深色线、浅色线同时凸起的部分存在全带隙。在 O-A 和 A-B 两个方向上都存在部分带隙，也就是说，在所有方向上都存在完全带隙。本节中提到的所有带隙都代表完整的带隙。同时，之所以只研究 O-A 和 A-B 方向而不研究 B-C 和 C-O 方向，是因为 B-C 和 C-O 方向的波动特征与 O-A 和 A-B 方向的波动特征相似，如相应的能带结构和不可约布里渊区带图所示（见图 4-14a）。1.2mm 和 1.4mm 结构图见图 4-16d~i。

图 4-17 所示为简谐激励加载方式和透射谱的结构位移场分布。激发波不能传播通过整个结构，只有少数靠近负载的单胞受到 3.00×10^5 Hz 以内（带隙内）的波的影响。这部分波是倏逝波，其在 SRH 中的传播幅值呈指数衰减。相反，激发波，即传播波，在 2.61×10^5 Hz（带隙外）传播通过整个超胞并引起其变形，这与前一种情况形成鲜明对比。这种现象在 x 和 y 两个方向上都被观察到，进一步证实了完整带隙的性质。

随后，通过振动模态分析进一步研究了带隙的形成机制。图 4-18a~d 中的模

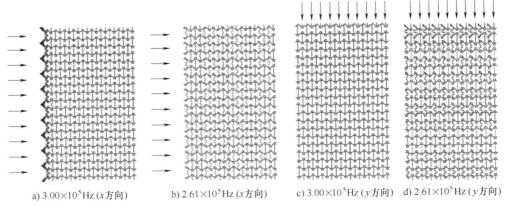

a) 3.00×10^5 Hz (x方向)　　b) 2.61×10^5 Hz (x方向)　　c) 3.00×10^5 Hz (y方向)　　d) 2.61×10^5 Hz (y方向)

图 4-17　不同频率处结构位移场分布

式分别对应于图 4-15b 和图 4-16b 中的实心标记点。模式 S_1 和模式 S_2 是 SRH 带隙的上、下边界点，模式 F_1 和模式 F_2 是它们在 RH 带结构中的对应点。可以观察到，RH 的变形主要是由几个直的胞壁的弯曲，模式 F_1 和模式 F_2 可以说明这一点。此时，在能带结构中没有带隙。然而，由于在交叉点处引入了正方形单元格，所以直单元格壁的弯曲被传递到正方形单元格。可以发现，模式 S_1、S_2（见图 4-18c 和 d）表现出偶极谐振的形式，这是常见的谐振特性之一。此时，波能量被共振消耗，产生带隙，并被耗散，使得弹性波不能继续通过 SRH 传播。可以看出，由于正方形单元的引入，位移变形集中在正方形区域，这导致了带隙的出现。

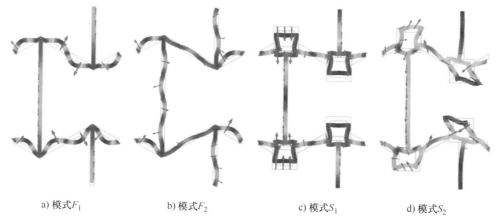

a) 模式 F_1　　　　　　b) 模式 F_2　　　　　　c) 模式 S_1　　　　　　d) 模式 S_2

图 4-18　SRH 振动模式对应于图 4-15b 和图 4-16b 中的实心标记点

　　在验证了正方形单元对带隙的产生具有决定性的影响之后，将讨论正方形尺寸对带隙的可调谐性。图 4-16a、d 和 g 分别所示为正方形尺寸等于 1mm、1.2mm 和 1.4mm 时 SRH 的几何模型。为了简单起见，它们在下文中被称为 SRH-10、SRH-12 和 SRH-14。它们相应的能带结构如图 4-16b、e 和 h 所示。SRH-12 的带隙频率段为 $[2.30，2.59] \times 10^5$Hz，SRH-14 的带隙频率段为 $[1.94，2.30] \times 10^5$Hz。此时，随着正方形尺寸的增大，禁带宽度从 1.79×10^5Hz（SRH-10）逐渐增大到 3.61×10^5Hz（SRH-14），并且带隙的起始和终止频率逐渐向低频区移动。同时，图 4-16c、图 4-16f 和图 4-16i 中具有不同正方形尺寸的透射谱与带隙的演变高度一致。因此，可以得出结论，SRH 通过合理地增加方形单元的大小，可以实现低频率和宽的带隙。

4. 含振子的正方形单元对可调性的影响

　　一般来说，周期结构产生带隙的机制有两种：布拉格散射和局域共振。为了获得低频宽带隙，在正方形单元中填充聚四氟乙烯（PTFE）涂层的铅振子形成的包体。因此，一个局部谐振单元被组装并引入 SRH。局部谐振单元也可以理想化为铅振子与铝基体之间通过 PTFE 弹簧连接的模型。单胞的共振特性导致局部共振型带隙的产生。图 4-19a、d 和 g 所示为具有夹杂物的 SRH 的几何模型。SRH-10、

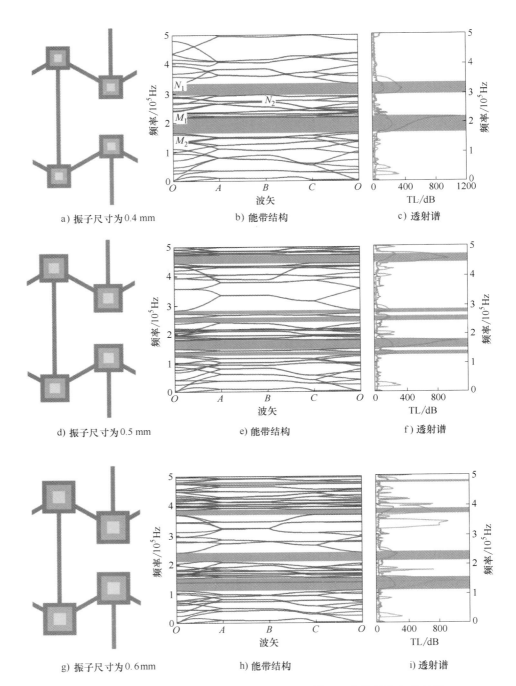

a) 振子尺寸为 0.4 mm
b) 能带结构
c) 透射谱

d) 振子尺寸为 0.5 mm
e) 能带结构
f) 透射谱

g) 振子尺寸为 0.6mm
h) 能带结构
i) 透射谱

图 4-19　不同振子尺寸的 SRH-M 结构的几何模型、能带结构和透射谱

注：振子尺寸分别为 0.4mm、0.5mm 和 0.6mm，阴影区域代表带隙，深色线和浅色线分别表示 $O\text{-}A$ 和 $A\text{-}B$ 方向上的透射系数。

SRH-12 和 SRH-14 中引入的振子尺寸分别为 0.4mm、0.5mm 和 0.6mm。为简单起见，它们在下文中分别被称为 SRH-10M、SRH-12M 和 SRH-14M。首先，图 4-19b 所示为 SRH-10M 的能带结构，与未填充结构的带隙相比，获得了低频宽的带隙。第一带隙的频率范围下移到 $[1.66, 2.17] \times 10^5$Hz，同时出现第二带隙。图 4-20a~d 展现出了第一带隙和第二带隙的上边界点和下边界点（在图 4-19b 中实心点标记）上的振动模型。可以发现，正方形晶格和其中的振子的运动模式保持相反。

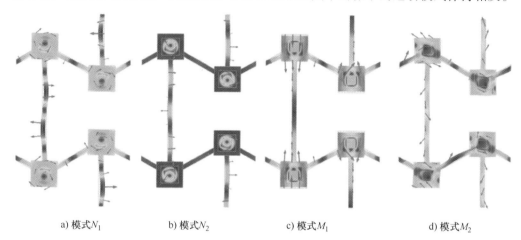

a) 模式N_1　　　　b) 模式N_2　　　　c) 模式M_1　　　　d) 模式M_2

图 4-20　SRH-M 振动模式（对应于图 4-19b 中的实心标记点）

如果位移集中在振子上，则正方形单元保持静止。如果位移集中在正方形格子上，则效果相反。值得注意的是，振子的位移场显示出旋转的趋势。因此，形成局部共振模式，并且波能量被捕获在具有夹杂物的正方形单元格中，使得弹性波不能继续传播，相应的透射谱也证实了这一点。通过比较图 4-19c、f 和 i 与图 4-16c、f 和 i 中的相应透射谱，可以发现，在引入局部谐振单元之后，透射系数增加。具有局部谐振单元的 SRH 的最大透射系数在 800 以上，而 SRH 的最大透射系数在 800 以下。局部共振单元的引入大大减少了整个结构的振动传递能力，起到了很好的隔振作用。然后，研究了含夹杂物的 SRH 的振动传递规律，揭示了 SRH 的隔振性能。以 SRH-10M 为例，图 4-21 所示为 2.00×10^5Hz 和 2.37×10^5Hz 透射谱的位移场，可以看出，在带隙内透射率显著降低。因此，带隙的产生更多地依赖于局部共振而不是周期性。

此外，研究了谐振腔尺寸的调节对带隙的影响规律。SRH-12M 和 SRH-14M 的几何模型及其相应的能带结构如图 4-19d、e 和图 4-19g、h 所示。振荡器的引入使 SRH-12M 的能带结构中的带隙数增加到 5 个，并且具有两个带隙的频率段小于前一个带隙的频率段。同样地，在 SRH-14M 的能带结构中，带隙的数量也增加到 5 个，但不同的是，带隙发生在较低的频率。低频带隙变宽，高频带隙变窄。图 4-19f 和图 4-19i 中的透射谱证实了能带结构的结果。上述分析表明，所

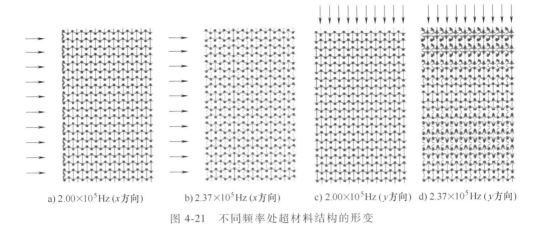

a) 2.00×10^5 Hz (x方向) b) 2.37×10^5 Hz (x方向) c) 2.00×10^5 Hz (y方向) d) 2.37×10^5 Hz (y方向)

图 4-21   不同频率处超材料结构的形变

提出的超材料可以通过改变振荡器的尺寸来实现带隙的主动调谐，特别是在低频范围内。

SRH 的带隙特性对振子尺寸的变化非常敏感。振子尺寸从 0.2mm 增加到 0.55mm，而正方形晶胞的尺寸保持不变，为 1mm。图 4-22 所示为在该变化区间内第一带隙和第二带隙的变化，可以看出，两个带隙在整个变化中是连续的。随着振子尺寸的增大，第一带隙向低频段移动缓慢，宽度逐渐增大。当振子尺寸为 0.55mm 时，最大值达到 0.66×10^5 Hz，同时第二带隙中的频率段呈现增大的趋势。第二带隙的宽度逐渐增大，在 0.45mm 处达到最大值 0.44

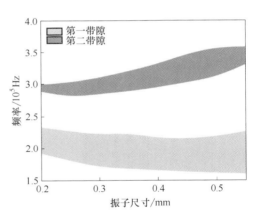

图 4-22   振子尺寸对 SRH 带隙特性的影响

$\times 10^5$ Hz，之后带宽逐渐减小。总之，SRH 中的局部共振效应随着振子尺寸的变化而变化。正如模态分析中所提到的，频率的降低和带隙宽度的增加是由局部共振效应引起的。振子尺寸的变化引起局部谐振单元的变化。上述研究工作为先进超材料设计和开发提供了一个崭新的思路，在波动控制领域具有潜在应用。

5. 含振子的正方形单元对能量吸收的影响

通过以上研究可以看出，振子的引入提高了结构的隔振性能。为了研究振子对能量吸收的影响，考虑了 SRH-12 和 SRH-12M。SRH-12M 的振子尺寸为 0.5mm，两种结构的尺寸为 4×4 单元。SRH-12 和 SRH-12M 的总能量吸收和比吸能曲线如图 4-23 所示，可以观察到在不同撞击速度下，SRH-12M 的 EA 曲线高于 SRH-12。当结构进入密实阶段时，SRH-12M 的 EA 曲线较 SRH-12 有明显改善。值得注意的是，在 50m/s 的高速冲击下，惯性效应明显，大量振子的引入大大提高了结构的动能。因此，SRH-12M 的 EA 曲线大大改善。然而，SEA 等于 EA 除以质量，振子的引入不只增加了 EA，还增加了结构的质量。结果在 1m/s 的低速冲击条件下，SRH-12M 的 SEA 曲线却低于 SRH-12。

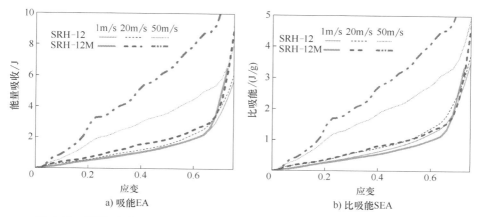

a) 吸能EA

b) 比吸能SEA

图 4-23　SRH-12 和 SRH-12M 在不同撞击速度下的吸能 EA 和比吸能 SEA 曲线

4.3　局域共振折纸超材料的波动与缓冲性能

4.3.1　局域共振折纸超材料的波动建模

本节设计了一种新型的局域共振型混合折纸超材料（HOM），如图 4-24 所示。

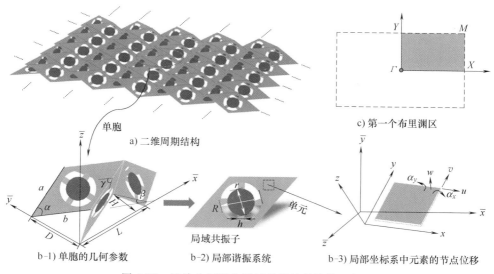

a) 二维周期结构

c) 第一个布里渊区

b-1) 单胞的几何参数

b-2) 局部谐振系统

b-3) 局部坐标系中元素的节点位移

图 4-24　局域共振混合折纸超材料的结构示意图

图 4-24b-1 所示的 HOM 晶格概念示意图由以下两部分组成：一部分是 HOM 基体，材料为铝，几何构型是传统的三浦折纸超材料（MOM）；如图 4-24b-2 所示，HOM 的另一部分是由四根软环氧树脂杆连接硬铅芯组成的局域谐振系统。折纸超材料微结构几何参数和材料参数见表 4-1。

表 4-1 折纸超材料微结构的几何参数和材料参数

几何参数	数值	材料参数	数值
边长 a/mm	10	铝的密度 ρ/（kg/m^3）	2680
边长 b/mm	10	铝的弹性模量 E/GPa	70.02
扇形角 α/（°）	50	铝的泊松比 ν	0.33
二面角 γ/（°）	90	环氧树脂的密度 ρ/（kg/m^3）	1033
x 方向的晶格常数 L/mm	14.29	环氧树脂的弹性模量 E/GPa	0.595
y 方向的晶格常数 D/mm	10.83	环氧树脂的泊松比 ν	0.38
内部质量块的直径 r/mm	4	铅的密度 ρ/（kg/m^3）	11310
夹杂部分的外圈直径 R/mm	6	铅的弹性模量 E/GPa	13
软环氧树脂杆的宽度 h/mm	1	铅的泊松比 ν	0.45

结合结构的耦合特性，x 和 y 方向上的晶格常数为 D 和 L、非自变量 H、U 和折叠角 β 由如下公式给出：

$$H = a\sin\beta\sin\alpha , \quad U = \frac{2ab\cos\alpha}{L}, \quad D = 2b\,\frac{\cos\beta\tan\alpha}{(1+\cos^2\beta\tan^2\alpha)^{1/2}}$$

$$L = 2a(1-\sin^2\beta\sin^2\alpha)^{1/2}, \quad \sin\left(\frac{\gamma}{2}\right) = \frac{\cos\beta}{\cos\alpha(1+\cos^2\beta\tan^2\alpha)^{1/2}} \tag{4-34}$$

4.3.2 等效介质理论和频域传输谱

为了进一步表征和预测弹性超材料中波的传播特性，利用等效介质理论反演有效材料参数。基于连续介质力学和长波假设（单胞内波长远大于其尺寸），超材料的单胞可视为一种均匀的宏观有效介质，即代表体积元（RVE）。根据以往的研究，描述弹性波在等效介质中传播特性的等效参数是等效质量密度和等效模量。首先，应用全局位移场 $\boldsymbol{U} = \boldsymbol{U}^0 e^{jwt}$，结合牛顿第二定律，得到结构超材料的有效质量密度：

$$\boldsymbol{F} = -w^2 V_{\text{ave}} r\boldsymbol{U} \tag{4-35}$$

式中，$\boldsymbol{F}$ 是单胞各边界节点力的合力；$V_{\text{ave}} = DHL$ 是 RVE 体积。此外，基于细观力学基础，在不考虑体力的情况下，作用于 RVE 的复杂局部细观应力和应变可以表示为区域（W）内的宏观应变（$\boldsymbol{E}$）和宏观应力（$\boldsymbol{L}$）：

$$\boldsymbol{E} = \frac{1}{|\boldsymbol{W}|}\int_W s\mathrm{d}V, \quad \boldsymbol{L} = \frac{1}{|\boldsymbol{W}|}\int_W e\mathrm{d}V \tag{4-36}$$

为了进一步计算结构的等效模量，需要建立局部位移场与宏观应变之间的关系。基于均匀应变边界条件，对于给定的宏观应变张量，可以将边界 S 上的位移设为 $u|_s = E \times x|_s$，通过沿边界施加相应的位移场，可以得到由不同本征场确定的等效模量。根据离散单胞的反作用力所做的功与均匀连续体的应变能之间的能量等效，可以确定结构的等效模量：

$$\sum_S F \times u|_s = E : M^{\mathrm{hom}} : E \tag{4-37}$$

式中，F 是单胞各边界节点的合力；M^{hom} 是均匀介质等效模量矩阵。值得注意的是，本节提出的局域共振结构虽然是三维空间中的各向异性结构，但考虑到 x、y 方向的无限周期性并忽略位移场的相位差，可以将其简化为在 x、y 方向上具有无限大的板。此外，由于在长波假设下只考虑弹性波在 x 和 y 方向上的传播，忽略了沿厚度方向的微观结构特征，因此可以进一步将结构简化为正交各向异性板。简化板中的平面时谐波 Christoffel 方程为

$$(k_{il} M^{\mathrm{hom}}_{IJ} k_{Jj} - \rho_{ij} \omega^2) U_j = 0 \tag{4-38}$$

其中，i，$j = x$，y，z 和 I，$J = xx$，yy，zz，yz，xz，xy。k_{il} 和 M^{hom}_{IJ} 的表达式为

$$k_{il} = \begin{pmatrix} k_x & 0 & 0 & 0 & k_z & k_y \\ 0 & k_y & 0 & k_z & 0 & k_x \\ 0 & 0 & k_z & k_y & k_x & 0 \end{pmatrix}, \quad M^{\mathrm{hom}}_{IJ} = \begin{pmatrix} M_{11} & M_{12} & M_{13} & 0 & 0 & 0 \\ M_{12} & M_{22} & M_{23} & 0 & 0 & 0 \\ M_{13} & M_{23} & M_{33} & 0 & 0 & 0 \\ 0 & 0 & 0 & M_{44} & 0 & 0 \\ 0 & 0 & 0 & 0 & M_{55} & 0 \\ 0 & 0 & 0 & 0 & 0 & M_{66} \end{pmatrix} \tag{4-39}$$

其中，$k_x = k n_x$，$k_y = k n_y$，$k_z = k n_z$。$n_x = \cos\alpha$，$n_y = \cos\beta$，$n_z = \cos\gamma$ 为平面波传播的方向矢量。

为了分析局域共振折纸超材料的透射谱，设计一个 10 周期超胞结构。如图 4-25 所示为由 10 个单胞组成的超胞的俯视图。为了避免结构边界的奇异性引起的表面共振现象，将左右边界截断。此外，在超胞两侧沿 y 方向施加以实线标记的周期边界条件，模拟二维超材料结构。同时，对应频率范围的正弦信号施加在左侧。

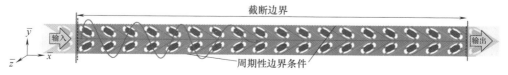

图 4-25　频率透射谱计算原理图

4.3.3　局域共振折纸超材料的波传输分析

1. 能带结构和模态分析

考虑折纸结构的各向异性，图 4-26a 所示为 MOM 的能带结构。含有质量块的局域共振混合折纸超材料 HOM 的能带结构如图 4-26b 所示。在 0~80kHz 频率范围内，MOM 不存在完整带隙，而在低频范围内，HOM 打开了两个完整带隙。其中，混合折纸超材料出现了频率范围为 9.198~9.651kHz 和 16.312~17.684kHz 的两个低频带隙，这是传统三浦折纸超材料所没有的。

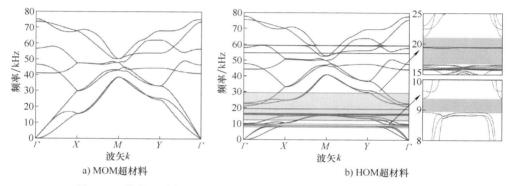

a) MOM超材料　　　　　　　　　　　　　　b) HOM超材料

图 4-26　传统三浦折纸超材料和局域共振混合折纸超材料的能带结构

为了进一步揭示这些带隙的形成机制，可以使用能带结构中任意点的特征模态来识别振动模态。如图 4-27 所示，用实心圆标记的 R1 和 R2 是第一带隙的下截止频率和上截止频率，用实心圆标记的 R3 和 R4 是第二带隙的下边缘和上边缘。相应的本征模态位移场如图 4-28 所示。对于 R1 和 R2 模态，质量块具有突出于薄片的振动模态。R3 模态的主要振动形式是质量块突出于薄片的弯曲运动，而 R4 模式的质量块的位移主要集中在薄片面内。可以观察到，四种模式的总位移主要集中在质量块中，而四张薄片的位移场量呈均匀分布。因此，局域共振机制可以解释质量块主导的这四种振动模式。此外，低频带隙的频率范围接近于质量块的第一和第二阶共振模式，再次表明低频带隙的打开是由于质量块的局域共振。通过对比可以发现，质量块对波的传播有显著影响，尤其是在低频范围内。该特性对低频域的自定义带隙具有显著的优势。值得注意的是，在 HOM 的第二带隙中存在一个几乎平坦的分支，其中群速度接近于零。这种现象与手性结构中的负折射概念特别相关，手性结构同时具有负模量和负密度。R5 对应的模态振型如图 4-28 所示，R5 的总位移也主要集中在质量块中，局域共振模式与手性结构一致。因此，接下来的研究将主要集中在有效特性和透射谱上，并进一步解释新的低频带隙的形成机理。

2. 等效属性和透射谱

本节根据等效介质理论计算 HOM 的等效质量密度和等效模量，进一步描述和解释波的传播。与电磁波和声波不同，弹性波具有更丰富的极化特性。能带结构中

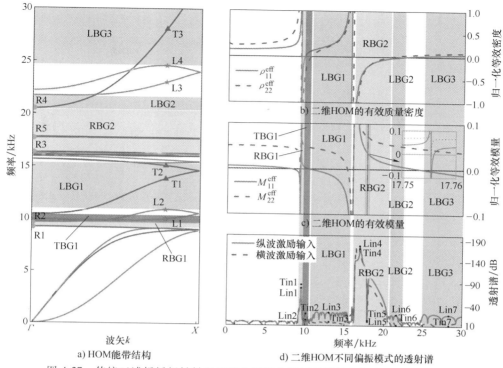

a) HOM能带结构

b) 二维HOM的有效质量密度

c) 二维HOM的有效模量

d) 二维HOM不同偏振模式的透射谱

图 4-27　传统三浦折纸超材料和局域共振混合折纸超材料的能带结构和透射谱

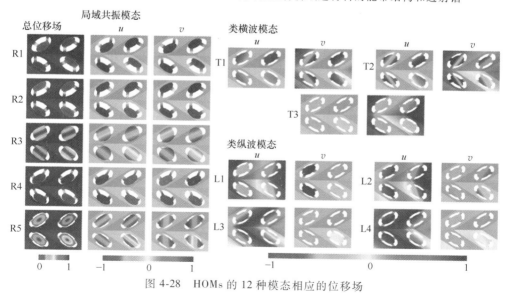

图 4-28　HOMs 的 12 种模态相应的位移场

任意点的特征值都有对应的特征模态。激励函数与本征模越相似，该模被激发的概率和强度越高。为了清楚地说明能带结构的振动特性和极化分布，定义归一化极化指数 P_x 为

$$P_x = \frac{\left| \sum\limits_{\text{unit-cell}} u_x \right|}{\sqrt{\left(\sum\limits_{\text{unit-cell}} u_x \right)^2 + \left(\sum\limits_{\text{unit-cell}} u_y \right)^2 + \left(\sum\limits_{\text{unit-cell}} u_z \right)^2}} \qquad (4\text{-}40)$$

式中，u_x、u_y 和 u_z 分别是特征模态在 x 方向、y 方向和 z 方向上的位移分量。图 4-27a 中所示 12 个点对应的单胞的本征模态如图 4-28 所示。对于曲线上用五角星标记的 L1、L2、L3、L4 模态，位移分量 u 占主导地位，而位移分量 v 在这四种模态中几乎不存在。然而，尽管纵向变形完全近似地表征了整个结构的运动，但仍有一部分能量集中在质量块中。因此，相应的分支是具有局域共振的类纵波耦合的本征模式。相反，对于曲线中用三角形标记的另外三种模式 T1、T2、T3 主要支持横波在 x 方向上的传播，其振动方向与波的传播方向垂直。同样，一部分能量仍集中在质量块中，相应的模态为类横波模式。此外，对于特定的类纵/横波模式，局域共振机制明显，当波矢量较小时，能量主要集中在质量块中。而随着波矢量的增大，同一波段上的位移分量 u 或 v 在整个单胞上逐渐均匀分布。这与前文对诱导低频带隙机制的预测是一致的。

由于等效材料参数反映了结构的共振现象，因此有必要结合负/正有效质量密度和有效模量来解释带隙和极化现象。如前所述，考虑到 x 和 y 方向的无限周期性并忽略位移的相位差，本节提出的 HOM 可以简化为在 x 和 y 方向上具有无限尺寸的板。因此，对于沿 x 方向传播的弹性波，即式（4-39）中的 $n_x = 1$，$n_y = 0$，$n_z = 0$，根据克里斯托费尔方程，类纵波（v_L）和类横波（v_T）的速度可计算为：$v_L = \sqrt{M_{11}^{\text{eff}}/\rho_{11}^{\text{eff}}}$，$v_T = \sqrt{M_{44}^{\text{eff}}/\rho_{22}^{\text{eff}}}$。因此，为了验证图 4-27a 中的极化分布和带隙，将等效质量密度 ρ_{11}^{eff} 和 ρ_{22}^{eff} 绘制在图 4-27b 中，等效弹性模量 M_{11}^{eff} 和 M_{44}^{eff} 展示在图 4-27c 中。ρ_{11}^{eff} 在频率点 9.2kHz 处开始出现负值，这正好对应于第一完整带隙（RBG1）的下截止频率。对于 M_{11}^{eff}，在 9.1kHz 处出现负值，这与 R1 所在支路下边缘的频率点相同。当频率增加到 9.2kHz 时，M_{11}^{eff} 在较窄的频率范围内由负变为正。可以清楚地观察到，负模量的频率范围与这个分支是一致的。随后，在 9.2~9.65kHz 频率范围内，ρ_{11}^{eff} 为负，M_{11}^{eff} 为正。也就是说，v_L 是纯虚数，不能支持纵波传播。在同一频率范围内，ρ_{22}^{eff} 和 M_{44}^{eff} 分别为正值和负值。同样，v_T 是纯虚数，横波不能在 x 方向上传播。此外，结合 R1 的位移场分析，可以确认图 4-27b 和 c 中由左至右标记的第一个区域为局域共振带隙（RBG1）。

随着频率的增加，在 9.64~10.4kHz 的频率范围内，ρ_{11}^{eff} 和 M_{11}^{eff} 同时变为正值。而 ρ_{22}^{eff} 和 M_{44}^{eff} 具有相反的正负值，即 v_T 是纯虚的，阻止了类横波的传播。对比图 4-27a 可知，该频率范围包含在 L1 和 L2 所在的支路中。因此，图 4-27b 和 c 中由左至右标记的第二个区域称为类横波极化带隙（TBG1）。在 10.91kHz 频率处，M_{11}^{eff} 由正变为负，而 ρ_{11}^{eff} 仍为正。直到频率增加到 14.43kHz，M_{11}^{eff} 和 ρ_{11}^{eff} 的正负值

再次反转。相比之下，ρ_{22}^{eff} 和 M_{44}^{eff} 在 10.91 ~ 14.43kHz 的频率范围内都是正的。此外，可以明显地看到，上述频率范围包含在 T1 和 T2 所在的支路中。因此，图 4-27 b 和 c 中从左到右标记的第三个区域称为类纵波极化带隙（LBG1）。当频率大于 16.31kHz 时，即 R3 所在支路的上沿，M_{11}^{eff} 和 M_{44}^{eff} 由负变为正，ρ_{11}^{eff} 和 ρ_{22}^{eff} 的变化正好相反。因此，纯虚纵波速度和纯虚横波速度再次同时出现。而且，该频率范围也与上述第二完整带隙的上截止频率和下截止频率一致。同样，可以确认图 4-27b 和 c 中由左至右标记的第二个区域是局域共振带隙（RBG2）。此外，当频率在 20.49 ~ 21.72kHz 范围内时，ρ_{11}^{eff} 为负，M_{11}^{eff} 为正，这使得纵波的速度再次成为纯虚数。对比图 4-27 a 可以发现，该频率范围与 T3 支路下边界和 L3 支路上边界一致。在 24.6 ~ 30kHz 范围内，随着频率的增加，ρ_{11}^{eff} 仍为负，M_{11}^{eff} 仍为正，阻止了类纵波的传播。在这两个频率范围内，ρ_{22}^{eff} 和 M_{44}^{eff} 总是同时为正。结合上述对 T3、L3、L4 模态的位移场分析，可以确定这两个频率范围为类纵波极化带隙 LBG2 和 LBG3。这表明所提出的超材料可以通过耦合极化带隙和局域共振带隙来拓宽低频带隙。此外，在 17.75 ~ 17.76kHz 频率范围内等效模量发生突变，即有效质量密度为负，有效模量为负。然而，虽然同时存在负的 ρ_{11}^{eff} 和 M_{11}^{eff} 或负的 ρ_{22}^{eff} 和 M_{44}^{eff}，但纯实的 v_L 和 v_T 意味着类纵波和类横波可以通过超材料传播，并且可以实现负的有效折射率。可以发现，这个频率范围与 R5 所在的支路几乎相同，也证明了上述手性结构双负性特性的预测。这里需要强调的是，HOM 的等效质量密度和等效模量的范围与完全带隙和两种极化带隙的范围是一致的。

为了进一步证明各导波模式的准确性，通过频响分析得到了类纵波极化模式和类横波极化模式的透射谱，如图 4-27d 所示。与 RBG1 和 RBG2 一致，在 9.198 ~ 9.651kHz 和 16.312 ~ 17.684kHz 频率范围内，弹性波的传输率明显较低。此外，尖锐的透射曲线也是基于局域共振效应的一种典型波衰减形式，如图 4-29 所示在 RBG1 的频率范围内，Tin1 和 Lin1 点的位移场分别表示纵向输入和横向输入激励下的位移场。可以发现，入射波在第一个单胞处被完全衰减，能量主要耗散在质量块的振动中。在 RBG2 范围内的点 Tin4 和 Lin4 也发生类似的现象。同样，RBG1 和 RBG2 的打开是基于局域共振机制。此外，在 TBG1 内的 Tin2 点，HOM 超级单胞中的横向入射波衰减迅速，而在 Lin2 点，纵向入射波成功通过。而在 LBG1、LBG2 和 LBG3 中，纵向入射波的传播分别在 Lin3、Lin6 和 Lin7 处受到抑制。而在相同频率的 Tin3、Tin6 和 Tin7 处，横向入射波可以不衰减地通过。可见，TBG1 为类横波极化带隙，LBG1、LBG2、LBG3 为纵向类极化带隙。此外，由左至右标记的第二区域、第三区域、第五区域和第六区域透射比振幅低于左至右标记的第一区域和第四区域。这是因为第一区域和第四区域是完全带隙，任何形式的波都不能传播。虽然第二区域、第三区域、第五区域和第六区域的频率范围是极化带隙，但仍然存在一些其他形式的极化波可以传输。另一个令人兴奋的特征是在 Lin5 和 Tin5 点处传动比振幅的显著下降。相应的位移场表明，纵入射波、横入射波均能以手性方式传播。通过上述分析，基于局域共振和极化模式的耦合，本节提出的局域共振混合折纸超材料具有宽域和低频带隙的特点，为先进功能材料的设计和弹性波的操纵提供了新的思路。

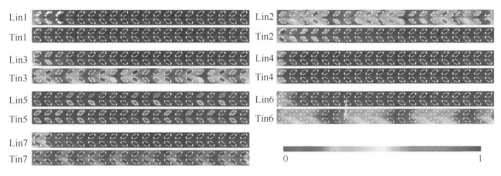

图 4-29　透射谱在相应频率处的全场分析

4.3.4　带隙的参数化调控

由于能带结构主要是由几何参数和材料参数决定，折纸结构的一个重要特征是晶格大小和类型可以发生很大的变化，这可以用于设计具有较低频率和更宽带宽带隙的声学器件。因此，本节将考虑重要参数对感兴趣区域内两个完全带隙的影响。

首先，二面角是本节所考虑的一个重要几何参数。如图 4-30a 所示，选取二面角从 35°~145° 的连续变化来分析带隙的变化规律，其他参数同表 4-1 一致。对于第一完全带隙，中心频率和带宽随二面角的增大呈非单调变化。当二面角大于 30°时，第一完全带隙消失。对于第二完全带隙，其下截止频率几乎不变。上截止频率先增大后减小，导致第二完全带隙的带宽和中心频率随二面角的增大呈现先增大后减小的变化规律。此外，通过对比图 4-30b 和 c 中归一化等效密度和归一化等效模量的变化可以发现，二面角对共振频率的影响很小。

为了在更宽的范围内实现完全带隙的可调性，图 4-31 描绘了质量块半径 r 变化时的带隙特性。随着 r 的增大，两个完整带隙的上截止频率、下截止频率、中心频率和带宽先减小后增大。由图 4-31b、c 的归一化等效密度和归一化等效模量可以看出，质量块直径的变化对共振频率的影响很大。局域共振频率取决于弹簧振子的 $\sqrt{K/M}$。对于本节提出的 HOM，局域共振系统中弹性模量相对较小的环氧树脂和弹性模量相对较大的铅可以分别等效为弹簧振子的有效弹簧刚度（K）和有效质量（M）。具体来说，当 r 在小范围内变化时，包裹体质量随 r 的增大而增大。即弹簧振子的有效质量增加，导致共振频率降低。但值得注意的是，共振频率随着 r 的继续增大而减小。据我们所知，有效弹簧刚度与软环氧树脂的长度成反比。当 r 增大到较大范围时，弹簧有效刚度的增大快于有效质量，从而导致共振频率增加。此外，还研究了不同宽度的环氧树脂（h）的影响。在其他参数与表 4-1 保持一致

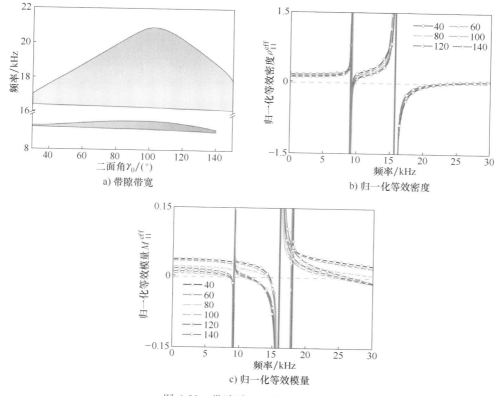

a) 带隙带宽

b) 归一化等效密度

c) 归一化等效模量

图 4-30　带隙随二面角变化规律

的情况下，选择 0.2～2mm 的连续变化来探索两个完全带隙的变化规律。如图 4-32 所示，两个完全带隙的中心频率和带宽随着 h 的增大而增大。这主要是因为在质量块有效质量不变的情况下，弹簧振子的有效弹簧刚度随着 h 的增大而增大，导致共振频率增大。综上所述，本节提出的 HOM 结构可实现宽频域定制带隙特性，在减振设计中具有很大的应用前景。

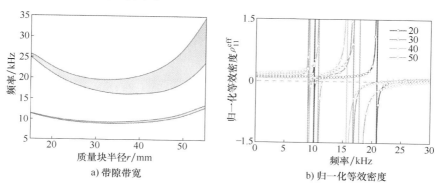

a) 带隙带宽

b) 归一化等效密度

图 4-31　带隙随质量块半径变化规律

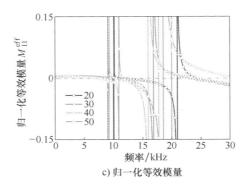

c) 归一化等效模量

图 4-31　带隙随质量块半径变化规律（续）

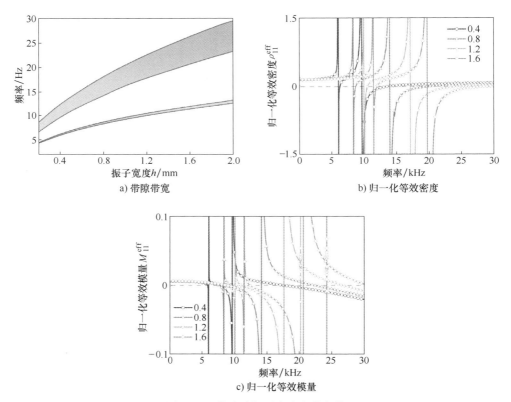

a) 带隙带宽　　　　　　　　　　　　　　b) 归一化等效密度

c) 归一化等效模量

图 4-32　带隙随振子宽度变化规律

4.3.5　局域共振折纸超材料的冲击波缓冲研究

在冲击脉冲作用下，结构中产生的应力波具有很宽的频率范围。当输入频率与超材料内部局部谐振腔的谐振频率一致时，能量被转移到局部谐振器中，进而通过共振耗散掉，具有良好的冲击缓冲性能。为了演示局域共振结构的冲击缓冲效果，我们使用了一个由 100 个单胞组成的二维周期结构，如图 4-33 所示。在本次计算中，施加在左侧点（RP1）的为脉冲荷载，其表达式为

$$F(t) = F_{max} e^{-\frac{(t-t_0)^2}{2\sigma^2}} \tag{4-41}$$

式中，F_{max} 是冲击脉冲振幅；$t-t_0$ 是冲击接触时间；σ 是冲击脉冲的标准差。此外，为了定量分析结构的冲击缓冲能力，将冲击传输率（TI）定义为

$$TI = \frac{\max|F_{RP2}|}{\max|F_{RP1}|} \tag{4-42}$$

式中，F_{RP1} 和 F_{RP2} 分别是输入的脉冲力和输出的反作用力。通过分析冲击的传输率，并利用快速傅里叶变换（FFT）计算冲击响应的频谱。显然，TI 越低，超材料的冲击缓冲能力越好。该模型使用 Solidworks 构建，并在 Abaqus 上动态显式运行。

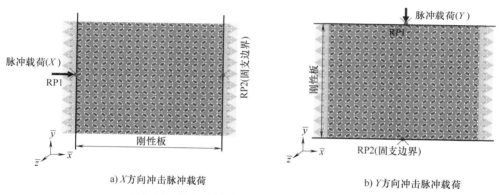

a) X 方向冲击脉冲载荷　　　　　　　b) Y 方向冲击脉冲载荷

图 4-33　频率透射谱和冲击传输率计算原理图

图 4-34a 所示为幅度为 1N 的冲击脉冲时域函数。为了得到相应的频谱，利用快速傅里叶变换将冲击脉冲时域函数转换为频域。冲击脉冲的 FFT 频谱如图 4-34b 所示。很明显，冲击脉冲分布在 0~50kHz 的频率范围内，涵盖局域共振带隙

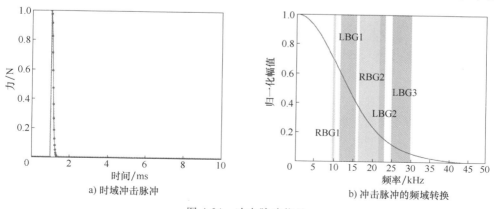

a) 时域冲击脉冲　　　　　　　　b) 冲击脉冲的频域转换

图 4-34　冲击脉冲信号

（RBG1、RBG2）和极化带隙（LBG1、LBG2、LBG3）的频率范围。

图 4-35a 所示为相同冲击脉冲下 HOM 和 MOM 的反作用力（RP2 处）时域曲线，分别用实线和虚线标记。可以清楚地看到，HOM 的反作用力减小幅度较大，其 ITT 为 0.486，MOM 的反作用力减小幅度较小，相应 ITT 为 0.611。因此，在相同的冲击能量下，与 MOM 相比，HOM 的 ITT 减小了 24.7%。

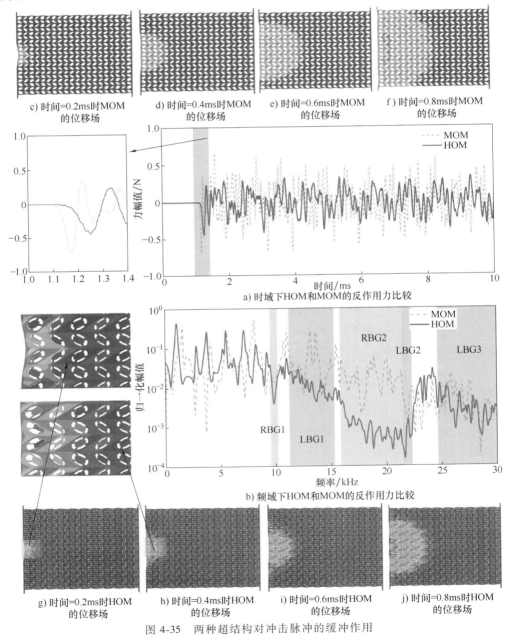

c) 时间=0.2ms时MOM
的位移场

d) 时间=0.4ms时MOM
的位移场

e) 时间=0.6ms时MOM
的位移场

f) 时间=0.8ms时MOM
的位移场

a) 时域下HOM和MOM的反作用力比较

b) 频域下HOM和MOM的反作用力比较

g) 时间=0.2ms时HOM
的位移场

h) 时间=0.4ms时HOM
的位移场

i) 时间=0.6ms时HOM
的位移场

j) 时间=0.8ms时HOM
的位移场

图 4-35　两种超结构对冲击脉冲的缓冲作用

为了进一步表征带隙对冲击缓冲性能的影响，采用 FFT 方法将反作用力的时域曲线转换到频域，如图 4-35b 所示。同时，实线和虚线分别代表 HOM 和 MOM 的反作用力在频域的归一化幅值。当频率小于 9.6kHz 时，HOM 反作用力与 MOM 的反作用力归一化幅值的变化基本相同。但在 9.6 ~ 10.5kHz 的频率范围内，HOM 的反作用力幅值有明显的下降，这与第一完全带隙（RBG1）的频率范围基本一致。同样，在第二局域完全带隙（RBG2）对应的频率范围内，冲击脉冲的能量衰减和耗散达到最大值。随后，随着频率的增加，特别是在 11 ~ 14.5kHz 范围内，HOM 的归一化幅度逐渐减小，而 MOM 仍然保持较大的幅度。此外，由于施加冲击脉冲的方向与波的传播方向一致，因此可以将激励视为纵向波输入。值得注意的是，11 ~ 14.5kHz 基本上与第一个类纵波极化带隙（LBG1）的频率范围重叠。此外，在 20.4 ~ 22kHz 和 24 ~ 30kHz 的频率范围内，HOM 和 MOM 都出现了类似的下降，这并非巧合。如图 4-35 所示，这是由于在该频率范围内，两种结构的极化模式是一致的，均具有类纵波的极化带隙。

此外，在相同的冲击脉冲下，能量传播速度在 HOM 和 MOM 不同。如图 4-35a 所示，与 MOM 相比，HOM 在右侧接收到的响应时间迟滞提高了 0.1ms。为了探究这一新现象的机理，图 4-35c ~ j 给出了两个结构在 0.2 ~ 0.8ms 之间的位移场。对比图 4-35c 和 g，当加载时间小于 0.2ms 时，能量在两种结构中的传播速度基本一致。然而，随着加载时间的增加，波在 HOMs 中的传播速度变得越来越慢。通过放大图 4-35g，我们可以看到当荷载与基底首次接触时，HOM 和 MOM 中波的传播过程是相似的。然而，随着加载时间的增加，由于局部振子结构的振动，HOM 中的入射波并没有直接传递到下一个单元，而是在谐振腔的相对运动中传递和存储。特别是当振子的振动频率与外界激励一致时，大量的能量耗散在振子中，进而导致其良好的冲击缓冲性能。

最后，考虑到各向异性是折纸结构最重要的特征之一，在图 4-36b 所示的 Y 方向上施加具有相同时域函数和幅度的冲击脉冲，比较不同方向上 HOM 的冲击缓解效果。如图 4-36a 所示，HOM 沿 X 方向反作用力的最大值为 0.486N，沿 Y 方向反

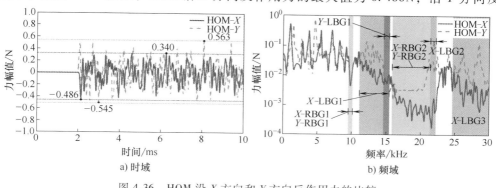

a) 时域　　　　　　　　b) 频域

图 4-36　HOM 沿 X 方向和 Y 方向反作用力的比较

作用力的最大值为 0.563N。本节研究的折纸结构在不同周期方向上存在强烈的刚度差异。根据折纸结构的基本折叠特性，我们知道 X 方向的变形刚度远大于 Y 方向的变形刚度。因此，对于本节应用的冲击脉冲，X 方向可能比 Y 方向具有更好的冲击缓冲效果。此外，经 FFT 后，反作用力在频域的归一化幅值如图 4-36b 所示，在局域共振引起的完全带隙频率范围内，沿 Y 方向的冲击缓冲效果明显低于 X 方向。此外，沿 X(X-LBG1) 和 Y(Y-LBG1) 方向的类纵波极化带隙分布在不同的频率范围内。这是因为本节所研究的 HOM 在不同的周期方向上具有强烈的刚度差异，进而导致波在不同的传播方向上会呈现不同的极化现象。

4.4 多边形负刚度超材料的波动特性与调控

4.4.1 结构设计和负刚度特性分析

1. 结构设计

新型多边形负刚度折纸超材料结构示意图如图 4-37 所示。

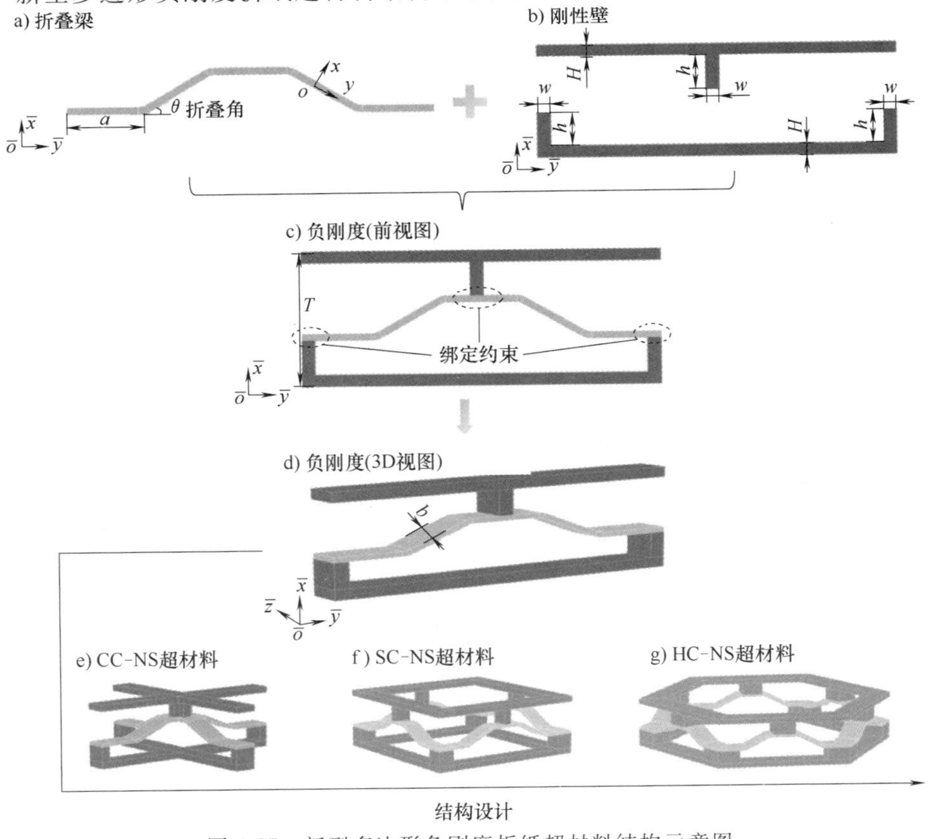

图 4-37 新型多边形负刚度折纸超材料结构示意图

单构型负刚度折纸超材料包括两种材料：软质材料（TPU）和刚性材料（PLA）。折叠梁主要由三个参数决定：t 表示折叠梁的厚度；a 表示折叠梁各部分长度；θ 表示折叠梁的折叠角。此外，负刚度结构中刚性壁的参数：H 表示位于顶部和底部的横向加劲壁厚度；w 和 h 分别为顶部、底部和中部垂直加劲墙的宽度和高度。在交互模块中用椭圆虚线标记的约束连接折叠梁和加劲壁，晶格尺寸用 T 表示。单构型负刚度超材料的三维模型宽度为 b。此外，结构的力学性能以及弹性波传播特性高度依赖于空间构型，通过适当排列原始单构型，可以构造一系列新型多边形负刚度折纸超材料。图 4-37 给出了其中的三种：十字形负刚度折纸超材料（CC-NS）；四边形负刚度折纸超材料（SC-NS）；六边形负刚度折纸超材料（HC-NS）。几何参数和材料参数见表 4-2。

表 4-2　负刚度折纸超材料单胞几何参数和材料参数

几何参数	描述	数值	材料参数	描述	数值
t/mm	折叠梁厚度	1	$\rho_{\mathrm{TPU}}/(\mathrm{kg/m^3})$	TPU 密度	1250
a/mm	折叠梁长度	10	$E_{\mathrm{TPU}}/\mathrm{MPa}$	TPU 弹性模量	10
$\theta/(°)$	折叠角	30	ν_{TPU}	TPU 泊松比	0.47
H/mm	加劲壁厚度	2	$\rho_{\mathrm{PLA}}/(\mathrm{kg/m^3})$	PLA 密度	1000
w/mm	加劲壁宽度	2	$E_{\mathrm{PLA}}/\mathrm{MPa}$	PLA 弹性模量	1024
h/mm	加劲壁高度	5	ν_{PLA}	PLA 泊松比	0.24

2. 负刚度特性

为了研究负刚度折纸超材料的压缩变形过程并验证其负刚度行为，采用有限元软件 Abaqus/explicit 进行了准静态压缩计算。在有限元模型中考虑几何非线性以解释结构的大应变行为。采用 8 节点简化积分六面体单元 C3D8R 对负刚度折纸超材料进行网格划分，避免了弯曲荷载下的剪切自锁。此外，当折叠梁的厚度较小时，沿厚度方向至少划分四个单元。在底面固定的情况下，对顶面参考点施加向下位移荷载，通过记录其反作用力和位移，得到压缩作用下的力-位移曲线。

图 4-38 所示为 CC-NS 超材料的变形过程。变形过程可分为以下三个阶段：初始弹性变形阶段（正刚度阶段）、弹性失稳阶段（负刚度阶段）、压实阶段。CC-NS 超材料在垂直方向的压缩量用 Δl 表示，变形量定义为 $\Delta l/T$。在初始变形阶段，当变形较小时，变形机制以弯曲和压缩为主。随着压缩量的增加，力-位移曲线进入弹性失稳阶段。可以观察到当 Δl 从 3.5mm 变化到 8mm 时，曲线的斜率为负，结构变形表现为负刚度行为，变形机制以压缩为主。当变形量增加到 40% 时，屈曲单元逐渐致密化，结构表现出正刚度行为。此外，研究了 CC-NS 超材料中参数的变化对变形过程的影响。在保持其他几何参数不变的情况下，探讨了 b 和 w 对力学性能的影响。可以观察到，随着 b 和 w 的增大，结构的负刚度特征逐渐明显，同时结构的吸能效果逐渐增加。但需要注意的是，当 w 超过 4mm 时，变形过程中反作用力呈现负值，说明此结构具有双稳态特性。

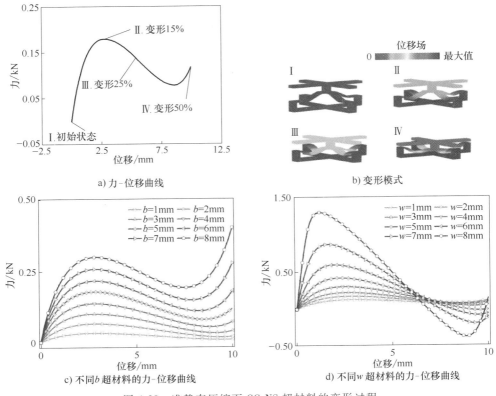

a) 力-位移曲线

b) 变形模式

c) 不同 b 超材料的力-位移曲线

d) 不同 w 超材料的力-位移曲线

图 4-38　准静态压缩下 CC-NS 超材料的变形过程

　　SC-NS 超材料和 HC-NS 超材料的变形过程分别如图 4-39 和图 4-40 所示。同样，变形过程可以分为三个不同的阶段。然而，与 CC-NS 材料相比，变形过程中的负作用力表明 SC-NS 材料和 HC-NS 材料在这一阶段都表现出双稳态特性。随着变形的增大，当结构的反作用力值趋于零时，结构的势能达到极低的点，这意味着

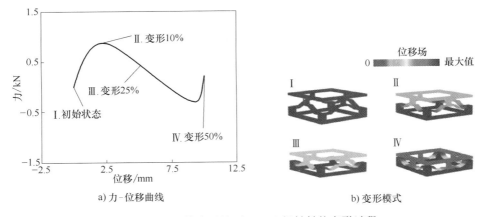

a) 力-位移曲线

b) 变形模式

图 4-39　准静态压缩下 SC-NS 超材料的变形过程

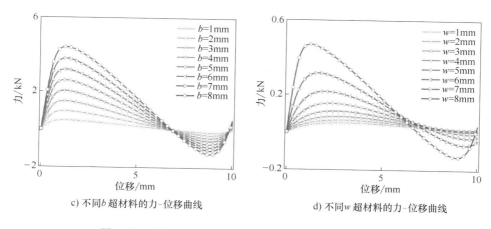

c) 不同b超材料的力-位移曲线

d) 不同w超材料的力-位移曲线

图 4-39　准静态压缩下 SC-NS 超材料的变形过程（续）

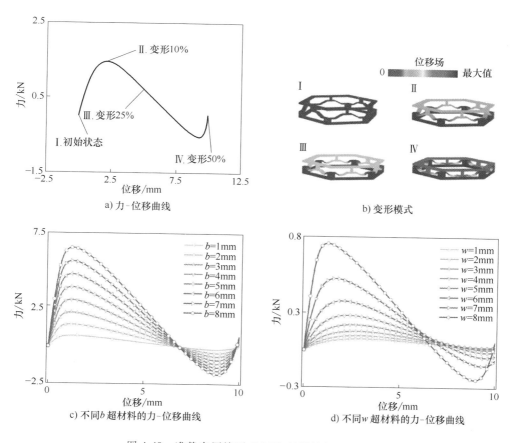

a) 力-位移曲线

b) 变形模式

c) 不同b超材料的力-位移曲线

d) 不同w超材料的力-位移曲线

图 4-40　准静态压缩下 HC-NS 超材料的变形过程

结构转变为另一种稳定形态。此外，还参数化研究了 SC-NS 和 HC-NS 超材料力学性能的变化规律。随着 b 和 w 的增大，结构的正刚度和负刚度都迅速提高，结构的吸能逐渐提高。然而，这两个重要参数对 SC-NS 和 HC-NS 超材料力学性能的影响差异在于零势能点位置的变化。虽然负刚度和最大负力值随着 b 的增大而增大，但结构的反作用力值为零时对应的变形保持不变，说明 SC-NS 超材料和 HC-NS 超材料在准静态压缩下的势能极值与 b 无关。相反，结构的反作用力值为零时对应的变形随着 w 的增大而减小。

4.4.2 负刚度折纸超材料的波动特性分析

1. 能带结构与振动传输

可以通过在单元胞的侧面施加周期性边界条件来计算能带结构。根据 Bloch 定理，周期矢量函数 $F(w)$ 满足周期移位算子，其特征函数可表示为

$$F(w) = F(w+W)，\quad F(w,\boldsymbol{k}) = F_k(w)\,\mathrm{e}^{ik\times\omega} \tag{4-43}$$

式中，$\boldsymbol{W}$ 是点阵矢量；$\boldsymbol{k}$ 是波矢量。考虑弹性波在周期结构中的传播，不同周期单胞的位移场表示为

$$u(\boldsymbol{X},t) = U(\boldsymbol{X})\,\mathrm{e}^{-i\omega t}，\quad U(\boldsymbol{X}) = U(\boldsymbol{X}+\boldsymbol{G})\,\mathrm{e}^{-ik\times r} \tag{4-44}$$

式中，ω、t 和 $\boldsymbol{u}$ 分别是等效点的角频率、时间和位移矢量；$\boldsymbol{X}$ 和 $\boldsymbol{G}$ 是位移矢量和周期单元格中连接等价点的矢量。此外，为了计算三种不同构型负刚度折纸超材料在频域上的透射谱，由 10 个单胞组成的超级单胞如图 4-41 所示，在图中施加相应频率范围的正弦载荷。

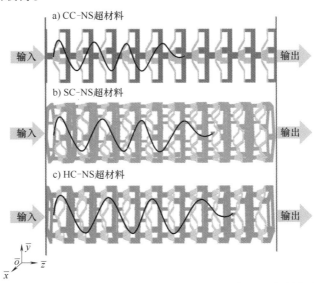

图 4-41 计算弹性波透射谱的三种不同构型的负刚度折纸超材料的超级单胞

图 4-42a 所示为 CC-NS 超材料的能带结构和相应的频率透射谱（$\Gamma \to X$ 方向）。可以观察到三个不同的带隙，在相应的频率范围 91.085 ~ 164.759Hz，173.686 ~

299.194Hz 和 299.195～314.624Hz 内，弹性波被禁止传播。此外，由于折叠梁的设计，所提出的负刚度结构的整体等效刚度降低，其波速和相应波长也降低。因此，即使以波速相对较小的 TPU 为参考，这些带隙的中心频率分别对应于 1.711m、0.926m 和 0.713m 的波长，而 CC-NS 超材料的晶格尺寸为 0.02m。这表明带隙在亚波长尺度上被打开，具有软硬材料周期性分布的多边形 NS 超材料可以近似地简化为单原子链体系。其中，将刚度较大的加劲壁作为系统的质量块，将软质材料的折叠梁作为系统的弹簧。此外，为了进一步探究 CC-NS 超材料的带隙形成机理，图 4-42b 给出了三个带隙的上截止频率和下截止频率对应的单胞的 6 个本征模态。对于位于第一带隙的上截止频率和下截止频率的 A1 和 A2 模态，结构的振动位移主要集中在具有较大质量和刚度的加劲壁上。对于第二带隙，从截止频率处（B1 和 B2 模态）的振动位移可以看出，能量主要集中在单胞中间的折叠梁中，而加劲壁部分保持静止。同样，对于第三带隙，截止频率处（C1 模态和 C2 模态）的振动位移也集中在折叠梁中。由上可知，打开带隙的模态的位移场主要集中在折叠梁或加劲壁中，这表明该结构中带隙的产生主要与简化单原子链体系的等效质量块或等效弹簧的振动有关。

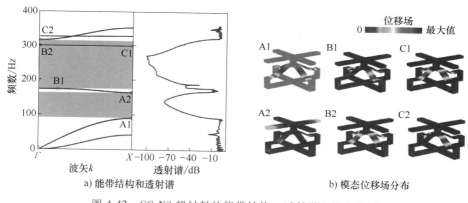

a) 能带结构和透射谱　　b) 模态位移场分布

图 4-42　CC-NS 超材料的能带结构、透射谱和模态分析

　　SC-NS 超材料的能带结构如图 4-43a 所示，其透射谱与位于 231.34～249.29Hz、288.19～447.38Hz 和 501.14～606.25Hz 的三个带隙相一致。SC-NS 超材料的三个带隙的中心频率与 CC-NS 超材料在同一数量级上，表明 SC-NS 超材料的带隙也是在亚波长尺度上打开。为了进一步讨论这三个带隙的形成机理，在三个带隙的上截止频率和下截止频率对应的频率点上捕获了相应的本征模态，如图 4-43b 所示。A1 模态和 A2 模态的振动位移主要集中在单胞中间的折叠梁上，而加劲壁部分保持相对静止。同样，对于第二带隙，截止频率（B1 模态和 B2 模态）的振动位移也集中在折叠梁中。相反，C1 模态和 C2 模态表明结构的振动位移主要集中在质量和刚度较大的刚性壁上。因此，SC-NS 超材料中的第一带隙和第二带隙是由简化的单原子链系统的等效弹簧振动引起的。第三带隙是由简化为等效质量块的加劲壁的振动打开的。

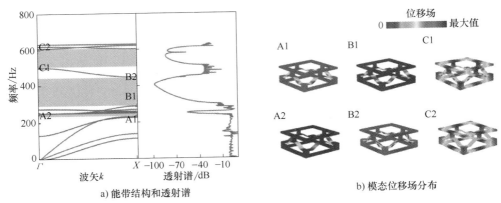

a) 能带结构和透射谱   b) 模态位移场分布

图 4-43   SC-NS 超材料的能带结构、透射谱和模态分析

HC-NS 超材料的能带结构和透射谱如图 4-44a 所示。前三个带隙分别位于 302.163~322.118Hz、358.504~547.144Hz 和 577.859~631.663Hz 的频率范围内。这些带隙上下边界对应的振动模式如图 4-44b 所示。与 SC-NS 超材料一样，A1、A2、B1、B2 模态的能量主要集中在折叠梁中。简化的单原子链系统的等效弹簧的振动打开了第一带隙和第二带隙。C1 和 C2 模态显示结构的振动位移主要集中在简化为等效质量块的加劲壁上，这是产生第三带隙的主要原因。

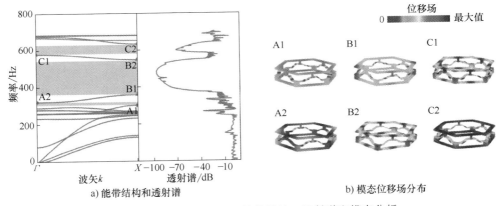

a) 能带结构和透射谱   b) 模态位移场分布

图 4-44   HC-NS 超材料的能带结构、透射谱和模态分析

2. 带隙的参数化调控

本节考虑了重要参数对带隙的影响，并研究了三种不同构型 NS 超材料带隙特性的可调性。折叠梁的宽度 b 是本工作中一个重要的几何参数。图 4-45 所示为在保持其他参数不变的情况下，b 在 1~8mm 范围内连续变化对带隙的影响。对于图 4-45a 所示的 CC-NS 超材料的第一带隙，随着 b 的增加，中心频率增加，而带宽呈非单调变化。对于第二带隙，下截止频率几乎保持不变，而上截止频率增加，进而导致第二带隙的带宽和中心频率的增加。此外，如图 4-45b 和 c 所示，与 CC-NS

超材料相比，SC-NS 和 HC-NS 超材料在相对更宽的频率范围内表现出更复杂的弹性波衰减变化。此外，三种构型的负刚度折纸超材料带隙所在的频率范围随着 b 的增加而增加。基于弹簧振子模型，较大的 b 使结构等效刚度增加，进而导致带隙，所在的频率范围增加，逐渐增大感兴趣的带隙频率区域。

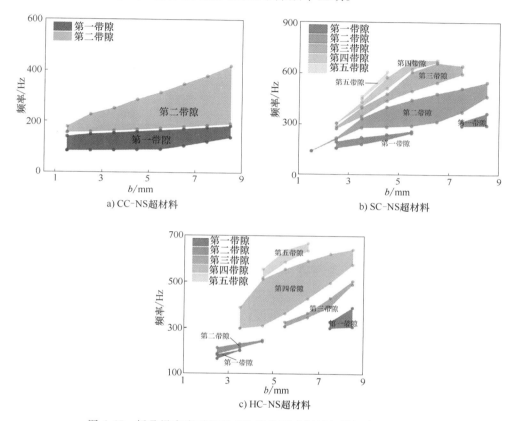

图 4-45　折叠梁宽度对新型多边形负刚度折纸超材料带隙的影响

图 4-46 所示为在保持其他参数不变的情况下，改变垂直加劲壁宽度 w 对带隙的影响。图 4-46a 所示为 CC-NS 超材料的带隙与 w 的关系。随着 w 的增加，第一带隙和第二带隙的中心频率增加，而带宽几乎保持不变。如图 4-46b，SC-NS 超材料在相对较宽的频率范围内产生五种不同的带隙，其变化比 CC-NS 超材料更为复杂。随着 w 的增大，第一带隙和第三带隙的带宽呈现出先增大后减小的非单调变化。第二带隙的带宽随着 w 的增加而减小。当 w 超过 6mm 时，第二带隙闭合。此外，图 4-46c 展示了 HC-NS 超材料带隙的变化规律。在低频范围内，第一带隙和第二带隙逐渐打开，当 w 大于 3mm 时，第三带隙关闭。对于第四带隙，其下截止频率增加，而上截止频率几乎不变，导致带宽下降。值得注意的是，随着 w 的增加，第五带隙的中心频率和带宽基本保持不变。

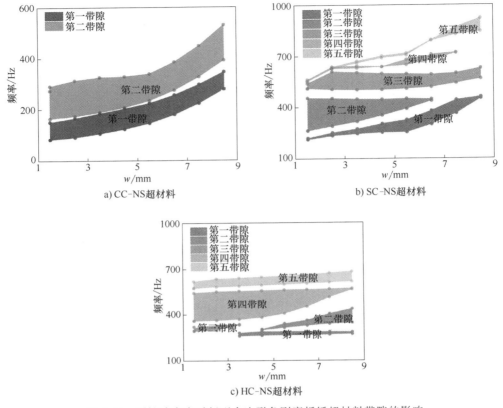

a) CC-NS超材料 b) SC-NS超材料

c) HC-NS超材料

图 4-46 刚性墙宽度对新型多边形负刚度折纸超材料带隙的影响

负刚度折纸超材料的带隙还可以通过折叠梁的折叠角 θ 来调控，如图 4-47 所示。总体来看，三种不同构型超材料的带隙频率范围随 θ 的增加呈增加趋势。具体来说，CC-NS 超材料的带隙变化如图 4-47a 所示。随着 θ 从 10°增加到 60°，第二带隙的带宽变宽，而第一带隙的宽度逐渐变窄。SC-NS 超材料带隙特性的变化规律如图 4-47b 所示。当 $\theta<30°$ 时，第一带隙位于一个较窄的频率范围内。然而，随着 θ 从 30°增加到 50°，带宽迅速增加。当折叠角度大于 60°时，带宽保持不变，只有中心频率增加。此外，随着 θ 的增大，第二带隙，即目标频率范围内最宽的带隙被打开，相应的带宽和中心频率迅速增加。尽管带宽很窄，位于较高频范围内的第四带隙和第五带隙依次打开。图 4-47c 所示为 HC-NS 超材料的带隙与 θ 的关系。可以观察到，随着折叠角的增大，高频带隙逐渐闭合，低频带隙逐渐打开。同时，目标频率范围内所有带隙的带宽之和随着 θ 的增大而增大。

4.4.3 压缩诱导带隙演化

具有带隙可调性的负刚度折纸超材料可以通过改变压缩应变来实现压缩诱导的

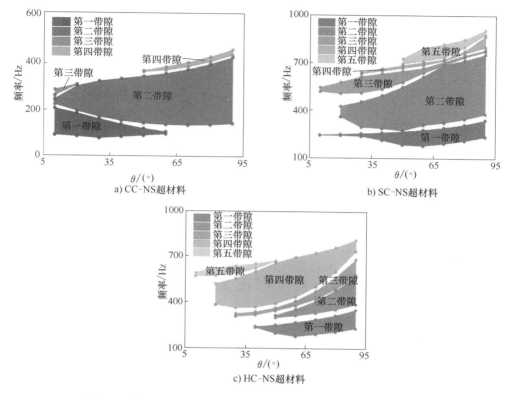

图 4-47 折叠梁角度对新型多边形负刚度折纸超材料带隙的影响

带隙演化。Abaqus 是一款成熟的商业有限元软件，广泛应用于工程实践。最值得注意的优点之一是能够进行大变形下的非线性计算分析。因此，在静力分析步骤中采用适当的位移边界条件，计算不同压缩应变下的特征值方程，建立变形与带隙之间的关系。然而，应该注意的是，在固体力学中，很少有标准的有限元程序可以处理复杂值的位移。在这种情况下，位移可以通过分解为实部和虚部的复杂表达式来描述。

1. 变形 CC-NS 超材料的带隙特性

本节采用适当的位移和变形条件来调控 CC-NS 超材料的带隙，探究压缩引起的结构变化对弹性波传播的影响。此外，还分析了 CC-NS 超材料在不同变形下的透射谱和位移场模式。如图 4-48 所示，为了研究变形条件下 CC-NS 超材料带隙的演化规律，在顶部和底部加劲壁上施加 $\Delta l/2$ 的压缩量，不同压缩位移条件下 CC-NS 超材料的能带结构如图 4-48c~h 所示。可以看到，变形对带隙的频率范围和带宽有显著影响。在 CC-NS 超材料原始状态（0%变形）下，能带结构和透射谱如图 4-48c 所示。随着压缩应变的增大，变形过程进入初始弹性阶段。选择变形条件为 10% 的 CC-NS 超材料，图 4-48d 展示其能带结构和透射谱。与初始状态相比，由于上截止频率所在的第四支路的负频移，第一带隙的带宽减小。前述研究表明，CC-NS 超材料可以简化为单原子链体系，其带隙所在的频率范围与等效质量成反比，与等效刚度成正比。在第二带隙中，中心频率显著降低。这主要是由于压缩预应力增大，进而导致等效刚度减小，第二带隙的下截止频率和上截止频率随之减小。除了下截止频率和上截止频率的降低外，第四支路的负频移速度大于第五支路的负频移速度，这使得其带宽增加。随着压缩量的继续增加，CC-NS 超材料的力-位移曲线进入弹性失稳阶段，呈现负刚度行为。选择变形条件为 20% 和 30% 的 CC-NS 超材料，展示出相应的能带结构和透射谱如图 4-48e 和 f 所示。对于第一带隙，与 10% 变形条件相比，带宽进一步减小。相反，第二带隙由于下截止频率所在支路的负频移和上截止频率所在支路的正频移导致带宽增加。此外，观察发现，随着压缩量的增加，高频支路逐渐变平，表明群速度几乎为零。这主要是因为折叠梁处于弹性失稳阶段，等效刚度显著降低。在这种状态下，结构在相似的频率范围内具有多种对称和反对称振动位移模式，为设计低频和宽带超材料提供了新的思路。随着变形的继续增大，屈曲部位逐渐被压实，折叠梁的等效刚度再次增大，带宽减小。

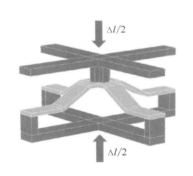

a) Δl/2压缩作用于顶部和刚性壁底部

b) 准静态压缩下CC-NS超材料的力-位移

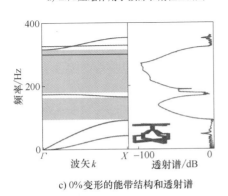

c) 0%变形的能带结构和透射谱

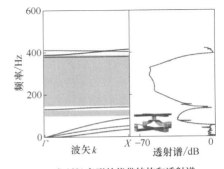

d) 10%变形的能带结构和透射谱

图 4-48　CC-NS 超材料在不同压缩变形条件下带隙的演化

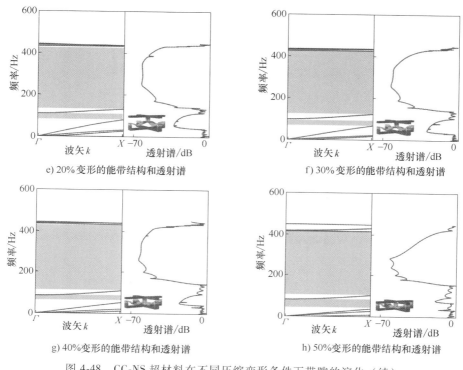

e) 20%变形的能带结构和透射谱　　　　f) 30%变形的能带结构和透射谱

g) 40%变形的能带结构和透射谱　　　　h) 50%变形的能带结构和透射谱

图 4-48　CC-NS 超材料在不同压缩变形条件下带隙的演化（续）

通过对波传输的全场分析，进一步验证了带隙对振动衰减的有效性。图 4-48展示出了不同变形条件下的能带结构，不难看出，在初始未变形的结构中，172Hz的频率处于带通范围内，对于变形结构来说，172Hz 的频率则处于带隙范围内。因此，图 4-49 中，施加 172Hz 频率的激励，计算不同变形条件下的位移场，以说明带隙范围内的振动衰减情况。如图 4-49a 所示，可以观察到入射波在原始状态下完全穿过 CC-NS 超材料。但在图 4-49b ~ f 中，入射波在第一个单元格处衰减迅速，相应频率的弹性波无法在变形的 CC-NS 超材料中有效传播。

2. 变形 SC-NS 超材料的带隙特性

同样，图 4-50 展示了 SC-NS 超材料在不同压缩变形条件下带隙的演化规律。图 4-50c 所示为原始状态下的带隙。随后，在变形 10%的情况下，第一带隙的带宽由于第五支路的正频移和第四支路的负频移而增加。此外，在弹性变形阶段，SC-NS 超材料内部的预应力也增加了结构的等效刚度，导致中心频率降低。第二带隙的带宽随着变形的增加而变窄，这是由于下截止频率所在的支路发生了正频移，而上截止频率保持不变导致的。当变形进入负刚度阶段时，选择变形条件为 20%和30%的 SC-NS 超材料，能带结构和透射谱如图 4-50e 和 f 所示。对于第一带隙，与10%变形条件相比，带宽进一步增加。随着变形量的增加，第二带隙迅速减小。当

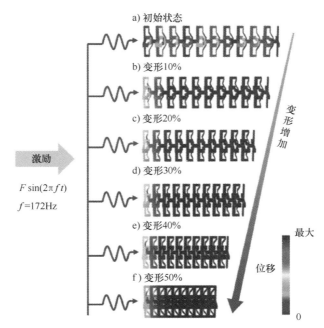

图 4-49 不同压缩变形 CC-NS 超材料中弹性波传输的全场分析

变形量超过 30%时，第二带隙完全闭合。这主要是因为此变形条件下的折叠梁处于不稳定状态，分支的振动位移模式受结构内应力变化的影响显著，导致频移迅速。当变形量为 40%时，反作用力由正变为负，双稳态 SC-NS 超材料通过第一个零势能点。折叠梁在高频处的振动位移模式变得非常不稳定。几个几乎平坦的分支出现并集中在相似的频率范围内，进而关闭高频带隙。随着变形量的不断增大，结构逐渐进入压实阶段。此时，反作用力由负变为正，结构的势能达到另一个极值点，结构转变为另一种稳定的构型，结构的振动位移模式再次趋于稳定，高频带隙再次打开。

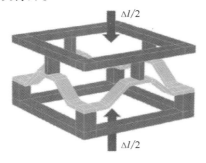

a) Δl/2的压缩作用于顶部和刚性壁底部

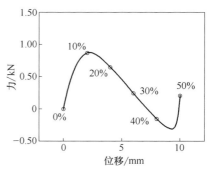

b) 准静态压缩下SC-NS超材料的力-位移

图 4-50 SC-NS 超材料在不同压缩变形条件下带隙的演化

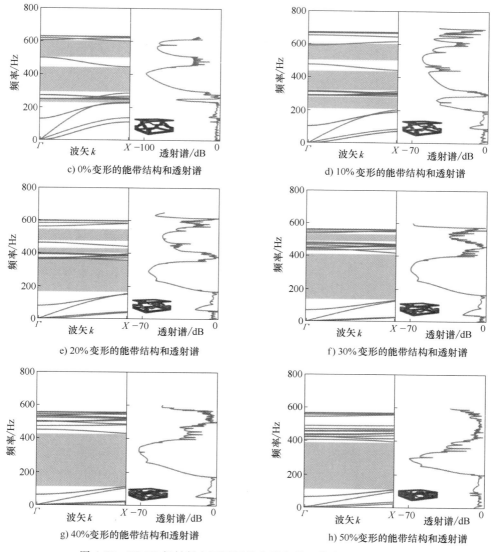

c) 0%变形的能带结构和透射谱　　　　d) 10%变形的能带结构和透射谱

e) 20%变形的能带结构和透射谱　　　　f) 30%变形的能带结构和透射谱

g) 40%变形的能带结构和透射谱　　　　h) 50%变形的能带结构和透射谱

图 4-50　SC-NS 超材料在不同压缩变形条件下带隙的演化（续）

此外，如图 4-51 所示，通过在模型左侧施加 210Hz 频率的正弦激励，分析变形 SC-NS 超材料的全场波传输。由图 4-51a 可知，在初始未变形状态下，入射波完全穿过 SC-NS 超材料。而在图 4-51b~f 中，入射波在第一个单胞处迅速衰减，在相同频率下，弹性波不能在变形的 SC-NS 超材料中有效传播。

3. 变形 HC-NS 超材料的带隙特性

图 4-52 所示为 HC-NS 超材料在不同压缩变形条件下带隙的演化规律。当变形量增加到 10%时，214~234Hz 范围内的低频带隙打开，而两个高频带隙的带宽和

中心频率相对不变。一般来说，能带
结构的频率范围随着变形的增大而减
小。这主要是因为当变形进入负刚度
阶段，折叠梁进入失稳状态，结构的
等效刚度减小，进而导致频率降低。
此外，处于失稳状态的折叠梁的振动
位移模态受结构内应力变化的影响显
著，在相似的频率范围内具有多种对
称和反对称振动位移模态。因此，能
带结构的分支逐渐变平，形成多个带
隙。与 SC-NS 超材料一样，变形过程
中的负作用力表明 HC-NS 超材料也具
有双稳态特性。当变形继续增加到
40% 时，几个接近零群速度分支集中
在相似的频率范围内，关闭了高频带
隙。随着变形的增加，结构转变为另

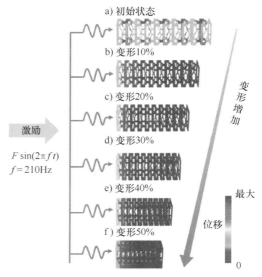

图 4-51　不同压缩变形 SC-NS 超材料
中弹性波传输的全场分析

一种稳定的形态，高频带隙再次打开。同样，变形后 HC-NS 超材料在 200Hz 下的全
场波透射传输分析如图 4-53 所示。上述研究发现，特定频率的弹性波在变形的 HC-
NS 超材料中不能有效传播，这为低频宽带超材料的动态调控提供了新的设计思路。

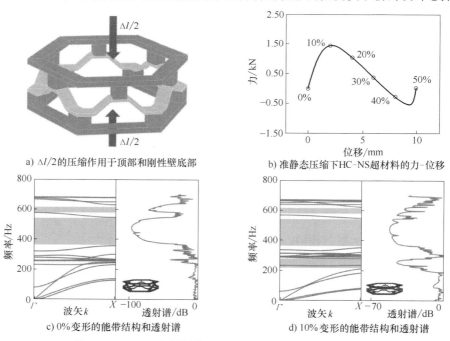

a) $\Delta l/2$ 的压缩作用于顶部和刚性壁底部

b) 准静态压缩下 HC-NS 超材料的力-位移

c) 0% 变形的能带结构和透射谱

d) 10% 变形的能带结构和透射谱

图 4-52　HC-NS 超材料在不同压缩变形条件下带隙的演化

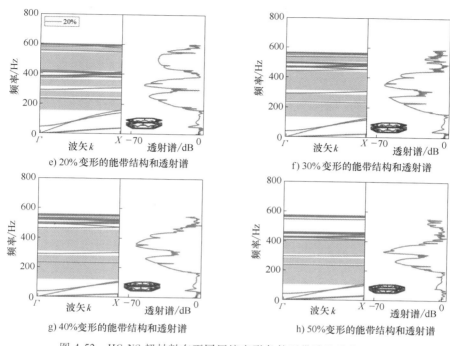

e) 20%变形的能带结构和透射谱　　　f) 30%变形的能带结构和透射谱

g) 40%变形的能带结构和透射谱　　　h) 50%变形的能带结构和透射谱

图 4-52　HC-NS 超材料在不同压缩变形条件下带隙的演化（续）

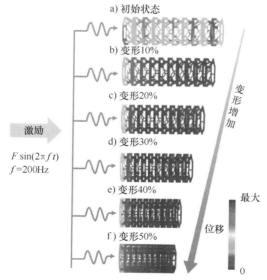

图 4-53　不同压缩变形 HC-NS 超材料中弹性波传输的全场分析

图 4-54 所示为三种不同构型负刚度折纸超材料在压缩诱导下的带隙演化规律。CC-NS 超材料的第一带隙和第二带隙带宽随压缩变形量的增加呈非单调变化；SC-NS 超材料的第一带隙带宽随着变形量的增大而迅速增大，当变形量大于 40%时带

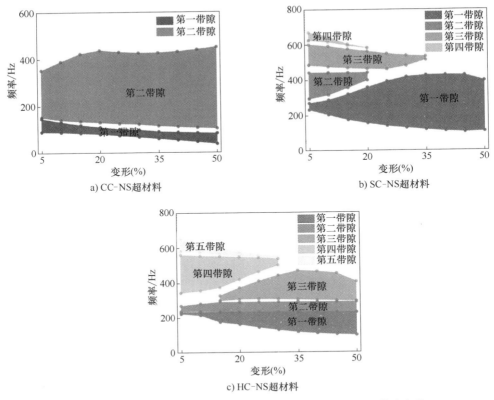

图 4-54　三种不同构型负刚度折纸超材料在压缩诱导下的带隙变化

宽减小，而中心频率基本保持不变。其第二带隙和第三带隙的中心频率随压缩应变的增大而增大，而中心频率随压缩应变的增大而减小。此外，两条带隙的带宽均随变形量的增加而减小，且当变形量大于 20% 时闭合。同样，对于 HC-NS 超材料，变形使低频带隙变宽，并显著影响 HC-NS 超材料中弹性波的传播。以上结果表明，增大压缩变形有助于拓宽 NS 超材料的低频带隙。

第5章

基于机器学习的超材料设计与性能优化

5.1 引言

超材料的力学性能与微结构的人工建构化设计息息相关，通过对材料的选择和结构的巧妙设计可以实现超材料力学性能的灵活调控。常规的超材料设计方式主要依赖于设计人员的经验，或在预定义结构特征基础上大量重复的对比计算和试验尝试，特别是微结构很难达到理想的设计效果，限制了超材料的进一步发展。拓扑优化的应用虽然给超材料设计带来了很大的便利，显著促进了超材料领域的发展，但难于适用于复杂结构或复杂约束设计问题。机器学习的引入促进了材料科学、物理科学、计算力学等研究领域的大力发展，作为一种基于数据驱动的方法，机器学习相比于基于物理或者规则的方法，能够通过大量数据训练学习，将这些数据背后蕴藏的内在信息反映出来，在人工超材料的正、逆向设计与性能优化方面具有显著的优势，可以达到事半功倍的效果。

本章采用机器学习算法初步开展了基于性能导向的超材料设计与优化。首先，基于声子晶体波动特性和微结构构型特征，建立了基于数据驱动的深度学习模型，实现了能带结构的预测与面向衰减的结构拓扑逆向设计。其次，提出了一种负泊松比蜂窝超材料的进化设计路径，结合强化学习方法开展了超材料带隙特性的优化及吸能特性的预测研究，实现了双功能超材料性能的优化提升。此外，针对声学黑洞超材料板，结合板理论和半解析能带求解方法，提出了一种基于机器学习的超材料优化设计策略，设计了兼具较高承载能力和优异弹性波衰减性能的多功能超材料声学黑洞板。

5.2 定向衰减声子晶体逆向设计

5.2.1 一维声子晶体中的弹性波传播模型

1. 半解析周期谱有限元（Per-SFE）方法

本工作采用 Per-SFE 方法，利用 $k(\omega)$ 方法计算二维四方对称固-固声子晶体的复能带结构。所研究声子晶体在 x 方向上表现出重复的周期性特征，其单胞拓扑结构是 x-y 平面上的二维结构，如图 5-1 所示。假设弹性波在 x 方向上传播。采用谐波解析法描述弹性波传播方向上的波形，单元内的节点位移场表示为

$$\boldsymbol{u}^e(x,y,t) = \boldsymbol{N}(x,y)\boldsymbol{Q}^e \, \mathrm{e}^{\mathrm{i}(kx-\omega t)} \tag{5-1}$$

式中，$\boldsymbol{N}(x,y)$ 是形函数的矩阵；$\boldsymbol{Q}^e$ 是单元中任意节点的位移。由于计算中采用平面应变假设，故刚度矩阵为

$$\boldsymbol{C}_i = \frac{E_i}{(1+\mu_i)(1-2\mu_i)} \begin{pmatrix} 1-\mu_i & \mu_i & 0 \\ \mu_i & 1-\mu_i & 0 \\ 0 & 0 & \dfrac{1-2\mu_i}{2} \end{pmatrix}, (i=1,2) \tag{5-2}$$

式中，$\boldsymbol{C}_i$、E_i 和 $\mu_i(i=1,2)$ 分别是组成声子晶体的两种材料的材料属性。单元内节点的位移 $\boldsymbol{u}^e(x,y)$、应变 $\boldsymbol{\varepsilon}^e$ 和应力矢量 $\boldsymbol{\sigma}^e$ 分别为

$$\boldsymbol{u}^e(x,y) = \begin{pmatrix} u^e(x,y) & v^e(x,y) \end{pmatrix}^{\mathrm{T}} \tag{5-3}$$

$$\boldsymbol{\varepsilon}^e = \begin{pmatrix} \varepsilon_{xx} & \varepsilon_{yy} & \gamma_{xy} \end{pmatrix}^{\mathrm{T}} \tag{5-4}$$

$$\boldsymbol{\sigma}^e = \begin{pmatrix} \sigma_{xx} & \sigma_{yy} & \tau_{xy} \end{pmatrix}^{\mathrm{T}} \tag{5-5}$$

a) 声子晶体的二维单胞(浅色区域表示环氧树脂，深色区域表示铁。晶格常数是a)

b) 声子晶体的一维弹性波传播模型（模型在x方向上是无限周期的）

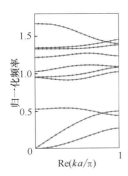

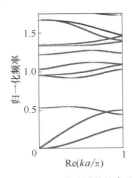

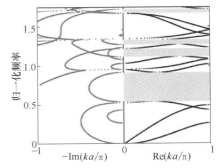

c)用$\omega(k)$方法计算的声子晶体经典能带结构

d)用$k(\omega)$方法计算的声子晶体复能带结构的实部（用散点曲线表示，连续曲线表示经典能带结构）

e) 声子晶体的复能带结构(阴影区域为带隙)

图 5-1　声子晶体的几何模型和复能带结构

$$\boldsymbol{\varepsilon}^e = \boldsymbol{L}\boldsymbol{u}^e = \boldsymbol{L}\boldsymbol{N}\boldsymbol{Q}^e \mathrm{e}^{\mathrm{i}(kx-\omega t)} \tag{5-6}$$

$$\boldsymbol{\sigma}^e = \boldsymbol{C}\boldsymbol{\varepsilon}^e = \boldsymbol{C}\boldsymbol{L}\boldsymbol{N}\boldsymbol{Q}^e \mathrm{e}^{\mathrm{i}(kx-\omega t)} \tag{5-7}$$

式中，节点位移振幅矢量 $\boldsymbol{Q}^e$ 可表示为

$$\boldsymbol{Q}^e = \begin{pmatrix} u_1 & v_1 & u_2 & v_2 & u_3 & v_3 & u_4 & v_4 \end{pmatrix}^{\mathrm{T}} \tag{5-8}$$

弹性应变算子矩阵 L 和形函数矩阵 N 可表示为

$$L = \frac{\partial}{\partial x} L_x + \frac{\partial}{\partial y} L_y \tag{5-9}$$

$$N = \begin{pmatrix} N_1 & 0 & N_2 & 0 & N_3 & 0 & N_4 & 0 \\ 0 & N_1 & 0 & N_2 & 0 & N_3 & 0 & N_4 \end{pmatrix} \tag{5-10}$$

其中，

$$L_x = \begin{pmatrix} 1 & 0 & 0 \\ 0 & 0 & 1 \end{pmatrix}^{\mathrm{T}} \tag{5-11}$$

$$L_y = \begin{pmatrix} 0 & 0 & 1 \\ 0 & 1 & 0 \end{pmatrix}^{\mathrm{T}} \tag{5-12}$$

可得到如下关系

$$\varepsilon^e = L u^e = (B_1 + \mathrm{i}k B_2) Q^e \mathrm{e}^{\mathrm{i}(kx - \omega t)} \tag{5-13}$$

其中，应变-位移矩阵为

$$B_1 = L_x \frac{\partial N(x,y)}{\partial x} + L_y \frac{\partial N(x,y)}{\partial y} \tag{5-14}$$

$$B_2 = L_x N \tag{5-15}$$

根据虚功原理，可将声子晶体中的波动控制方程表示为

$$\int_\Gamma \delta(u^e)^{\mathrm{T}} t^e \mathrm{d}\Gamma = \int_V \delta(u^e)^{\mathrm{T}} (\rho^e \ddot{u}^e) \mathrm{d}V + \int_V \delta(u^e)^{\mathrm{T}} C \varepsilon^e \mathrm{d}V \tag{5-16}$$

式中，δu 是虚位移；$\ddot{u}$ 是位移对时间的二阶导数；Γ 是单元的表面；V 是单元的体积；t^e 是外牵引矢量，可以用形函数 $N(x, y)$ 和节点外牵引 T^e 表示为

$$t^e = N(x,y) T^e \mathrm{e}^{\mathrm{i}(kx - \omega t)} \tag{5-17}$$

综上，可以得到

$$\int_\Gamma \delta(Q^e)^{\mathrm{T}} N^{\mathrm{T}} N T^e \mathrm{d}\Gamma = \int_V \delta(Q^e)^{\mathrm{T}} N^{\mathrm{T}} (-k^2 \rho^e N Q^e) \mathrm{d}V +$$

$$\int_V \delta(Q^e)^{\mathrm{T}} [(B_1 - \mathrm{i}k B_2)]^{\mathrm{T}} C^e (B_1 + \mathrm{i}k B_2) Q^e \mathrm{d}V \tag{5-18}$$

对于任意选择的虚位移，虚位移项 $\delta(Q^e)^{\mathrm{T}}$ 可以从式（5-18）中消除，继而得到

$$\int_\Gamma N^{\mathrm{T}} N T^e \mathrm{d}\Gamma = \int_V N^{\mathrm{T}} (-k^2 \rho^e N Q^e) \mathrm{d}V + \int_V [(B_1 - \mathrm{i}k B_2)]^{\mathrm{T}} C^e (B_1 + \mathrm{i}k B_2) Q^e \mathrm{d}V \tag{5-19}$$

对于这里使用的线性元素，可以进一步简化为

$$F^e = (K_0^e + \mathrm{i}k K_1^e + k^2 K_2^e) Q^e - \omega^2 M^e Q^e \tag{5-20}$$

力矢量和单元矩阵可表示为

$$F^e = \int_{V_0} N^{\mathrm{T}} N T^e \mathrm{d}V \tag{5-21}$$

$$K_0^e = \int_{V_0} (B_1^{\mathrm{T}} C^e B_1)\, \mathrm{d}V \tag{5-22}$$

$$K_1^e = \int_{V_0} (B_2^{\mathrm{T}} C^e B_1 - B_1^{\mathrm{T}} C^e B_2)\, \mathrm{d}V \tag{5-23}$$

$$K_2^e = \int_{V_0} (B_2^{\mathrm{T}} C^e B_2)\, \mathrm{d}V \tag{5-24}$$

$$M^e = \int_{V_0} N^{\mathrm{T}} \rho N \mathrm{d}V \tag{5-25}$$

对每个单元进行数值计算，将所有单元的质量矩阵和刚度矩阵组合在一起，并在声子晶体的上下表面上应用自由边界条件，可以形成全局坐标系下的特征值问题

$$(K_0 + \mathrm{i}k K_1 + k^2 K_2 - \omega^2 M) Q = 0 \tag{5-26}$$

在周期方向上，Bloch-Floquet 边界条件的加入将右边界节点的位移转换为左边界。经转换矩阵后，刚度矩阵 K_i（$i = 0$，1，2）、质量矩阵 M 和位移幅值矢量 Q 可表示为

$$\widetilde{K}_i = H^{\mathrm{T}} K_i H, (i = 0, 1, 2) \tag{5-27}$$

$$\widetilde{M} = H^{\mathrm{T}} M H \tag{5-28}$$

$$\widetilde{Q} = H^{\mathrm{T}} Q H \tag{5-29}$$

因此，可以得到关于弹性波频散的二阶多项式特征值问题

$$(\widetilde{K}_0 + \mathrm{i}k \widetilde{K}_1 + k^2 \widetilde{K}_2 - \omega^2 \widetilde{M}) \widetilde{Q} = 0 \tag{5-30}$$

通过矩阵变换，可以将广义特征值问题简化为标准特征值问题

$$-A \psi = \lambda \psi \tag{5-31}$$

有

$$A = \begin{pmatrix} \widetilde{K}_3^{-1} \widetilde{K}_2^{\mathrm{T}} & -\widetilde{K}_3^{-1} \\ \omega^2 \widetilde{M} - \widetilde{K}_1 + \widetilde{K}_2 \widetilde{K}_3^{-1} \widetilde{K}_3^{\mathrm{T}} & -\widetilde{K}_2 \widetilde{K}_3^{-1} \end{pmatrix} \tag{5-32}$$

$$\psi = (\widetilde{u} \quad \widetilde{q})^{\mathrm{T}} \tag{5-33}$$

$$\lambda = \mathrm{i}k \tag{5-34}$$

对于遍历给定的角频率 ω，可以显式地计算特征值波矢 k。对于弹性波在声子晶体中的传播，弹性波矢随角频率的变化曲线反映了弹性导波的色散特性。这种周期性频谱有限元方法通常被称为 $k(\omega)$ 方法，因为波矢是作为角频率的函数来评估的。本节利用该方法得到了具有不同拓扑结构的声子晶体的复能带结构，其中的虚波矢代表了声子晶体中倏逝波的衰减程度。

2. 复能带结构的计算

本节中组成二维四方对称固-固声子晶体的两种材料的具体材料参数见表 5-1。晶格长度 $a = 1\mathrm{mm}$。图 5-1c 为图 5-1a 中采用 Per-SFE 方法使用 $\omega(k)$ 方式计算的声

子晶体的经典能带结构。波矢 k 通过晶格长度 a 归一化为 $\hat{k}=ka/\pi\in[0,1]$。同时，通过周期 a 和环氧树脂中的剪切波速 c_t 将频率归一化为 $\Omega=fa/c_t$。计算时，每隔波矢大小的 0.05 倍扫描一次频率，以得到前 10 阶模态的能带结构。因此，共得到了 21×10 个特征频率点，见图 5-1c 中散点曲线。同时，连续曲线为经典能带曲线。图 5-1d 中的散点曲线为图 5-1a 中 PnC 复带结构的实部，采用 Per-SFE 方法的 $k(\omega)$ 方式计算得到。与 $\omega(k)$ 方式计算的经典能带结构（图 5-1 中连续曲线所示）相比，两者完全一致。图 5-1e 显示了复能带结构的实部和虚部。可以看出，当实部没有带隙时，虚部的最小值始终为零。当存在带隙时，复能带结构虚部的最小值不再为零。这些复能带被称为波矢量虚部非零的倏逝布洛赫波，其空间衰减由其虚部的最小值决定。虚部的最小值越大，倏逝波衰减越多。复能带结构明显地证实了带隙是由于布洛赫波的倏逝特性而产生的，而不是因为传播波的消失。

表 5-1　材料属性

材料	弹性模量 E/GPa	泊松比 ν	密度 $\rho/(\mathrm{kg/m^3})$
铁	210	0.3	7780
环氧树脂	4.35	0.368	1180

5.2.2　深度学习模型

本节介绍了深度学习模型及其训练细节。在本工作中，采用回归式模型对声子晶体的能带结构进行预测，并利用生成式模型对声子晶体的单胞拓扑结构进行逆向设计。这两种算法分别由卷积神经网络（Convolutional Neural Networks，CNN）和生成对抗网络（Generative Adversarial Network，GAN）实现。利用 CNN 实现从单胞的拓扑结构中预测能带结构，利用 GAN 实现从能带结构中逆向生成拓扑结构。分别训练好两个深度学习模型后，将两部分串联在一起实现逆向设计。本工作中，计算训练数据集和训练深度学习模型均在 CPU 为 Intel（R）Core（TM）i7-11700K@3.60ghz，GPU 为 NVIDIA GeForce RTX2060（12GB）的计算机上实现。执行 CNN 和 GAN 代码的软件是 Microsoft VScode，深度学习框架为 PyTorch。在完成工作的过程中，我们使用了很多 Python 的开源扩展包，主要有 Numpy 和 Scipy。

1. CNN 的架构和训练细节

第一步是应用 CNN 预测声子晶体的能带结构（见图 5-2）。通过 CNN 可以建立表示声子晶体单胞拓扑结构的矩阵与表示其能带结构的矩阵之间的非线性映射关系。使用 CNN 而非经典模拟方法的优势在于，它绕过了复杂的物理机制，直接从海量数据中提取数据特征进行预测。本工作的重点是声子晶体中弹性波的前十阶模态。通过对数据集计算结果的观察发现，本工作的声子晶体模型在低阶模态的频率分布范围较小，而在高阶模态的频率分布范围较广。因此，我们分别训练 CNN 预测每阶模态，以提高预测的准确性。也就是说，虽然每个模态都由具有相同架构的 CNN 预测，但每个网络都是单独训练的，所储存的超参数不同。表 5-2 为 CNN 的具体架构。

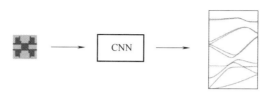

a) 用于能带结构预测的CNN示意图

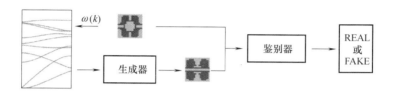

b) 用于生成拓扑结构的GAN示意图

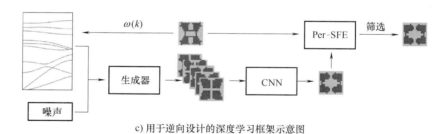

c) 用于逆向设计的深度学习框架示意图

图 5-2　基于深度学习的声子晶体设计流程

表 5-2　CNN 的具体架构

操作类型	卷积核/池化窗大小	Stride 卷积核步长	Padding 填充	输出大小
卷积层	5×5	1	2	1×128×20×20
ReLU 激活函数				1×128×20×20
最大池化层	2×2	2	0	1×128×10×10
卷积层	3×3	1	1	1×512×10×10
ReLU 激活函数				1×512×10×10
最大池化层	2×2	2	0	1×512×5×5
卷积层	3×3	1	1	1×512×5×5
ReLU 激活函数				1×512×5×5
卷积层	3×3	1	1	1×1024×5×5

（续）

操作类型	卷积核/池化窗大小	Stride 卷积核步长	Padding 填充	输出大小
ReLU 激活函数				$1 \times 1024 \times 5 \times 5$
最大池化层	2×2	2	0	$1 \times 1024 \times 3 \times 3$
自适应池化层				$1 \times 1024 \times 3 \times 3$
展平层				$1 \times 1024 \times 3 \times 3$
全连接层				1×4096
ReLU 激活函数				1×4096
全连接层				1×2048
ReLU 激活函数				1×2048
全连接层				1×21

2. GAN 的架构和训练细节

第二步，应用 GAN 模型从声子晶体的能带结构反向生成其单胞的拓扑结构，如图 5-2b 所示。反向生成的主要重点是利用深度学习强大的特征提取能力，获取声子晶体拓扑结构与其能带结构之间的特征，从而利用这些特征进行主动反向生成。GAN 由生成器和鉴别器两部分组成。生成器根据给定的条件生成新数据，目的是生成尽可能真实的样本。鉴别器判断所获得的数据是由生成器生成的还是初始存在的，以便尽可能地将生成的样本与真实样本区分开来。整个 GAN 的最终目的是使鉴别器无法确定样本是原始的还是由生成器生成的，从而生成与真实数据具有相同特征的新数据样本。GAN 的设计基于博弈论的思想，其中两个网络相互对抗，不断调整其中的超参数以最终达到预期的目的。在本工作中，将 GAN 其中的一种 Pix2Pix 模型应用于反向生成的过程，它由生成网络 U-Net 和判别网络 PatchGAN 组成。表 5-3 和表 5-4 列出了本节使用的 U-Net 和 PatchGAN 的详细信息。

表 5-3　生成器的具体架构

操作类型	卷积核/池化窗大小	Stride 卷积核步长	Padding 填充	输出大小
卷积层	1×1	1		$1 \times 21 \times 1 \times 20$
LeakyReLU 激活函数				$1 \times 21 \times 1 \times 20$
卷积层	1×1	1		$1 \times 1 \times 20 \times 20$
LeakyReLU 激活函数				$1 \times 1 \times 20 \times 20$
卷积层	3×3	1	1	$1 \times 64 \times 20 \times 20$
LeakyReLU 激活函数				$1 \times 64 \times 20 \times 20$
卷积层	6×6	1	1	$1 \times 127 \times 17 \times 17$
批归一化并使用 LeakyReLU 激活函数				$1 \times 127 \times 17 \times 17$

（续）

操作类型	卷积核/池化窗大小	Stride 卷积核步长	Padding 填充	输出大小
卷积层	4×4	1	1	1×256×16×16
批归一化并使用 LeakyRe-LU 激活函数				1×256×16×16
卷积层	4×4	1	1	1×256×15×15
批归一化并使用 LeakyRe-LU 激活函数				1×256×15×15
卷积层	4×4	1	1	1×256×14×14
批归一化并使用 LeakyRe-LU 激活函数				1×256×14×14
卷积层	3×3	1	1	1×256×14×14
批归一化并使用 ReLU 激活函数				1×256×14×14
逆卷积层	4×4	1	1	1×256×15×15
批归一化并使用 ReLU 激活函数				1×256×15×15
逆卷积层	4×4	1	1	1×256×16×16
批归一化并使用 ReLU 激活函数				1×256×16×16
逆卷积层	4×4	1	1	1×256×17×17
批归一化并使用 ReLU 激活函数				1×256×17×17
逆卷积层	6×6	1	1	1×64×20×20
批归一化并使用 ReLU 激活函数				1×64×20×20
逆卷积层	3×3	1	1	1×1×20×20
Tanh 激活函数				1×1×20×20

表 5-4　辨别器的具体架构

操作类型	卷积核/池化窗大小	Stride 卷积核步长	Padding 填充	输出大小
卷积层	4×4	2	1	1×64×10×10
LeakyReLU 激活函数				1×64×10×10
卷积层	4×4	1	1	1×128×7×7
批归一化并使用 LeakyRe-LU 激活函数				1×128×7×7

（续）

操作类型	卷积核/池化窗大小	Stride 卷积核步长	Padding 填充	输出大小
卷积层	4×4	1	1	1×256×6×6
批归一化并使用 LeakyReLU 激活函数				1×256×6×6
卷积层	4×4	1	1	1×512×5×5
批归一化并使用 LeakyReLU 激活函数				1×512×5×5
卷积层	4×4	1	1	1×1×4×4

3. 用于逆向设计的深度学习框架的训练细节

在最后一步，将 CNN 和 GAN 的生成器连接起来进行逆向设计，工作流程如图 5-2c 所示。需要注意的是，在逆向设计过程中，两个网络本身并不是直接相连的。而是先进行图 5-2a 中的 CNN 训练，再进行图 5-2b 中的 GAN 训练。最后，取出训练好的 CNN 和 GAN 的生成器，如图 5-2c 所示连接，进行逆向设计。此外，在逆向设计中，在发生器的输入端加入随机噪声扰动，可以产生具有相似能带结构特征的多个拓扑结构。然后将生成的拓扑结构输入 CNN 以预测其能带结构。与原始输入的标签能带结构进行对比，选择误差最小的候选结构作为逆向设计得到的候选结构。最后，通过应用 Per-SFE 方法的 $k(\omega)$ 方式，在相似带隙条件下，选择倏逝波衰减较大的拓扑结构作为最优结构。由于每种拓扑结构的高阶模态分布广泛，GAN 很难精确地获得具有相同高阶模态的拓扑结构。因此，我们只关注由声子晶体的低阶模态产生的第一个带隙。

5.2.3 结果与讨论

本节详细阐述了 CNN 和 GAN 的训练和测试过程，并分析了这些深度学习模型的准确程度。然后，对于具有相似第一带隙的拓扑结构，利用 Per-SFE 方法的 $k(\omega)$ 方式选择倏逝波衰减较大的拓扑结构。

1. 数据准备

本工作采用两次镜面对称的方法生成二维四方对称固-固声子晶体。首先，在计算中将声子晶体的单胞离散为 20×20 个相同尺寸的单位单元，用 0/1 矩阵表示。其中 0 代表环氧树脂，1 代表铁，如图 5-3a 所示。生成声子晶体几何模型的具体过程如下：①随机生成一个 10×10 大小的 0/1 矩阵（即 1/4 单胞）作为初始拓扑。具体而言，根据孔隙率要求，0 与 1 的数量之比约被控制为 9∶1；②在 MATLAB 中使用 5×5 大小的正方形单元，利用 strel 函数对矩阵进行形态学闭合运算，得到 1/4 细胞。③通过轴向和纵向的两个镜像对称得到最终拓扑。由于本工作中的声子晶体是由两种材料的不同分布产生的，并且没有空洞，因此连通性不是这个问题的主要问题。拓扑结构生成过程如图 5-3b 所示。

由于计算时间和资源的限制，总共有 21164 个具有不同拓扑结构的能带结构作为数据集被构建。在深度学习模型的训练过程中，采用 hold-out 方法。即整个数据集被随机打乱并分成两个互斥的部分：80% 为训练集，20% 为测试集。在超参数调整过程中，使用训练集计算损失并相应地更新超参数，而不建立验证集。测试集仅用于测试模型的结果，不参与参数调整过程。

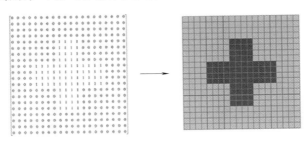

a) 相同尺寸的代表声子晶体的0/1矩阵及其对应的离散化单胞

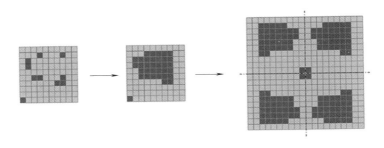

b) 二次镜面对称法生成声子晶体的单胞示意图

图 5-3　单胞网格离散化的数据准备

2. 正向预测能带结构

在正向预测中，CNN 的输入是声子晶体单胞的拓扑结构，输出则是它们对应的能带结构。从零开始训练 300 个 epoch，batchsize 的大小为 128。优化方法为随机梯度下降法，其权重衰减为 1×10^5，动量为 0.9。学习率从 0.1 开始，每 100 次训练下降 10 倍。图 5-4a 所示为 CNN 预测的特征频率点与使用 Per-SFE 方法的 $\omega(k)$ 方式计算的特征频率点之间的相关系数 $R^2 = 0.9978$ 的结果。其计算公式为

$$R^2 = 1 - \frac{\sum (\omega_{ij} - \hat{\omega}_{ij})^2}{\sum (\omega_{ij} - \overline{\omega}_{ij})^2} \tag{5-35}$$

式中，ω_{ij} 和 $\hat{\omega}_{ij}$ 分别是第 i 个测试样本的第 j 个预测的特征频率点和第 j 阶计算得到的特征频率点；$\overline{\omega}_{ij}$ 是计算得到的特征频率点的平均值。此外，由于高阶模态的频率分布范围较宽，其预测精度较低于低阶模态。在误差的评估中，平均相对误差（MeanRelativeError，MRE）被用来评价预测的能带结构与 Per-SFE 方法计算的能带

结构之间的误差。其定义为

$$\mathrm{MRE} = \frac{1}{mn} \sum_{i=1}^{m} \sum_{j=1}^{n} \left| \frac{\omega_{ij} - \hat{\omega}_{ij}}{\omega_{ij}} \right| \times 100\%$$

(5-36)

式中，m 和 n 分别是该能带结构的测试样本个数和特征频率个数。MRE 分布如图 5-4b 所示。图 5-4c 给出了一些随机比较的预测得到的能带结构和计算得到的能带结构的例子。可以观察到，预测的能带结构与计算的能带结构在合理的精度范围内吻合良好。

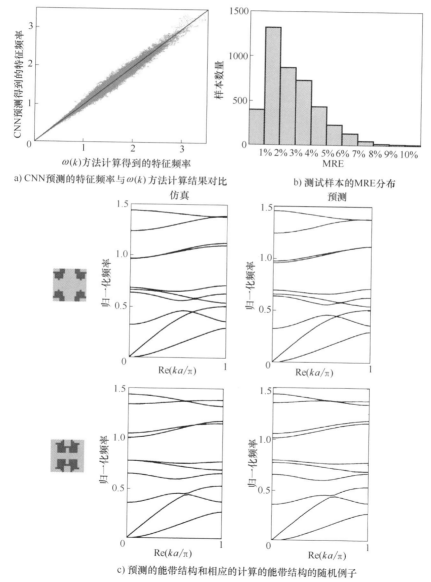

a) CNN预测的特征频率与$\omega(k)$方法计算结果对比

b) 测试样本的MRE分布

c) 预测的能带结构和相应的计算的能带结构的随机例子

图 5-4　用于预测能带结构的 CNN 的性能

3. 逆向生成拓扑结构

在利用 CNN 对声子晶体的能带结构进行预测后，Pix2Pix 模型被用来实现单胞拓扑结构的逆向生成。Pix2Pix 使用 Adam 优化器，进行了 2000epoch 的训练，学习率为 2×10^{-4}，batchsize 大小为 512。其他参数与 Pix2Pix 模型的原稿一致。Pix2Pix 模型是经典 cGAN 的一种改编。经典的 cGAN 模型的输入是噪声，输出是图像，而 Pix2Pix 模型的输入是标签图像，输出是生成图像。同时，对损失函数也进行了修正。生成器的损失函数 G_{loss} 定义为

$$G_{\text{loss}} = E_{x,y} \left[\lg(1 - D(y, G(x))) \right] + \lambda \| y - G(x) \|_1 \tag{5-37}$$

鉴别器的损失函数 D_{loss} 定义为

$$D_{\text{loss}} = E_{x,y} \left[\lg(D(y, G(x))) \right] + E_{y,y} \left[\lg(1 - D(y, y)) \right] \tag{5-38}$$

式中，x 是输入的能带结构；y 是拓扑结构；λ 等于 100。

图 5-5 显示了随机选择的结果，可以观察到两种情况。由图 5-5a 可以看出，Pix2Pix 模型从能带结构中生成了一个几乎相同的拓扑结构，而图 5-5b 则显示了一个与初始拓扑不同的拓扑结构。在这两种情况下，原始拓扑和生成拓扑的能带特性是相似的，特别是对于低阶模态。这证明了能带结构与拓扑结构之间存在着一对多关系，为逆向设计和优化提供了可能。

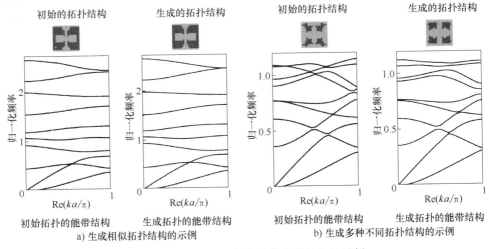

初始的拓扑结构　　　生成的拓扑结构　　　初始的拓扑结构　　　生成的拓扑结构

初始拓扑的能带结构　生成拓扑的能带结构　　初始拓扑的能带结构　生成拓扑的能带结构

a) 生成相似拓扑结构的示例　　　　　　b) 生成多种不同拓扑结构的示例

图 5-5　生成的拓扑结构及其能带结构的示例

4. 声子晶体的逆向设计

通过图 5-2c 所示的深度学习框架，可以获得两个具有相似第一带隙的候选拓扑结构。事实上，非唯一性是逆向设计问题的本质。图 5-6a 是一个具体的例子。根据图 5-1 的示例拓扑结构，在深度学习模型中逆向生成拓扑结构，揭示了设计问题的一对多性质。此时，可以从两个合适的候选拓扑中选择一个，以满足对具有更大衰减的倏逝波的附加要求。这也是一种优化的思想。应用 Per-SFE 方法，通过 $k(\omega)$ 方式对两种不同拓扑结构的复能带结构进行计算，并将波矢的虚部画在一起

进行比较，如图 5-6b 所示。虽然两种拓扑具有相似的第一带隙，但与带隙对应的波矢的最小虚部大小不同，最小虚部的最大值出现的位置也不同。相比之下，倏逝波在逆向生成的结构中会产生更大的衰减。因此，考虑到隔声和隔振的应用，应优先考虑逆向生成的结构。值得注意的是，由于本工作设计空间的限制，几乎不可能获得两个或多个具有完全相同能带结构的拓扑结构，如果增大设计空间将会获得更满意的效果。

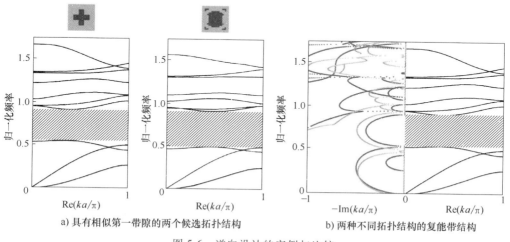

a) 具有相似第一带隙的两个候选拓扑结构　　b) 两种不同拓扑结构的复能带结构

图 5-6　逆向设计的实例与比较

5.3　基于强化学习的负泊松比蜂窝结构优化设计

5.3.1　设计和优化的方法论

1. 负泊松比蜂窝超材料设计

本节提出了负泊松比蜂窝超材料的进化途径。图 5-7a 所示为传统的负泊松比蜂窝超材料（RC），图 5-7b 所示为 RC 的周期性排列，由于其负泊松比（NPR）效应，表现出非凡的压阻特性。当整个结构受到冲击荷载时，RC 产生收缩变形，使结构能够吸收更多的冲击能量。此外，RC 在隔振方面也有一定的潜力。先前的一些研究表明，通过适当的演化，RC 的变体表现出更好的隔振性能。因此，本工作将 RC 作为双功能优化设计的基础。较长的水平直韧带长度为 l_a，是斜韧带长度 l_b 的 2 倍。斜韧带和水平 x 轴之间的夹角是 θ。所有韧带的厚度为 t。但是，由于周期性，每个单胞的上下水平韧带的厚度为 $t/2$。此外，这里采用的所有模型的面外宽度为 5mm。

图 5-7 中的箭头显示了结构进化的进程，浅色方块描述了每种进化背后的理论。值得注意的是，本节主要描述结构演化理论，性能提升的证明将在后面展示。

如图 5-7c 所示，第一步的演化受到拱形结构的启发，可以有效提高结构的整体承载能力。将较长的水平韧带修改为弯曲韧带，然后用二次函数曲线进行简化和定量描述。韧带的中点向上移动 h_a。新型带弯曲韧带的 RC 命名为 RC1，第二步将较短的水平直韧带也以二次函数曲线的形式转化为弯曲，如图 5-7d 所示，但此时左右弯曲韧带方向相反，打破了结构的对称性，从而带来更好的隔振效果。与较长的弯曲韧带类似，较短的弯曲韧带也会对结构产生 NPR 效应。韧带的中点通过 h_b 改变。为简单起见，它被称为 RC2。引入弯曲韧带后，RC 的力学性能和弹性波传播特性将发生变化。最后，为了进一步提高 RC 的隔振特性和吸能性能，在 RC 中引入分级圆单元，如图 5-7e 所示。考虑到圆的厚度，几何圆中最小圆的半径用 R 表示。带分级圆单元的 RC 简单表示为 RC3。此外，蜂窝结构的材料选择为铝合金，其模型为弹性、完全塑性材料，屈服应力 σ_{ys} 为 1.3×10^8 Pa，弹性模量 E 为 7.1×10^{10} Pa，泊松比 ν 为 0.33，质量密度 ρ 为 $2.7 \times 10^3 \mathrm{kg/m^3}$。表 5-5 列出了所有必要的几何参数。

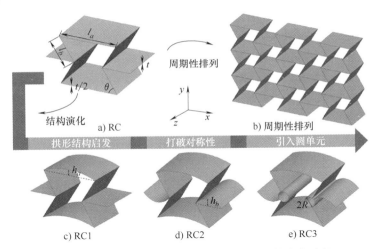

c) RC1　　　　　d) RC2　　　　　e) RC3

图 5-7　负泊松比蜂窝超材料的原理图及结构演化路径

表 5-5　几何参数

水平韧带长度/mm	$l_a = 6$	韧带中点偏移距离/mm	h_b
斜韧带长度/mm	$l_b = 3$	分级圆单元半径/mm	R
斜韧带倾斜角/(°)	$\theta = 60$	单胞长度/mm	$a_1 = 5.196$
韧带厚度/mm	$t = 0.2$		$a_2 = 9$
韧带中点偏移距离/mm	h_a		

在 x-y 直角坐标系下建立具有弯曲韧带的负泊松比蜂窝超材料几何模型，如图 5-8 所示。首先，对于较长的顶部弯曲韧带，曲线围绕 y 轴对称，并穿过 T_a、T_b 和 T_c 三点。T_a 和 T_b 两点的坐标可以表示为

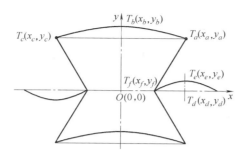

图 5-8　RC2 在 x-y 直角坐标系中的原理图

注：模型的几何中心为点 O（0，0），较长的顶部弯曲韧带的
控制方程为 y_1，较短的侧边弯曲韧带的控制方程为 y_2。

$$\begin{cases} x_a = \dfrac{1}{2}l_a \\ y_a = l_b\sin\theta \end{cases}, \begin{cases} x_b = 0 \\ y_b = l_b\sin\theta + h_a \end{cases} \tag{5-39}$$

因此，韧带曲线的控制方程可写为

$$y_1 = -\frac{h_a}{l_b^2}x^2 + l_b\sin\theta + h_a \tag{5-40}$$

同样，对于侧边的弯曲韧带，曲线经过 T_d、T_e 和 T_f 三点。这三点的坐标可以表示为

$$\begin{cases} x_d = \dfrac{1}{2}l_a - (\cos\theta - 1)l_b \\ y_d = 0 \end{cases}, \begin{cases} x_e = \dfrac{1}{2}l_a - \left(\cos\theta - \dfrac{1}{2}\right)l_b \\ y_e = h_b \end{cases}, \begin{cases} x_f = \dfrac{1}{2}l_a - l_b\cos\theta \\ y_f = 0 \end{cases} \tag{5-41}$$

值得注意的是，T_d 和 T_f 是该曲线方程的两个零点。由几何模型可知，侧边弯曲韧带的控制方程为

$$y_2 = -\frac{2h_b}{\left(\dfrac{1}{2}+\cos\theta\right)l_a}\left[x - \left(\dfrac{1}{2}\cos\theta\right)l_a\right]\left[x - \left(\dfrac{1}{2}\cos\theta - 1\right)l_a\right] \tag{5-42}$$

两种弯曲韧带的曲线控制方程可由上述公式得到。然后将顶部弯曲韧带向下平移 $2y_a$ 得到另一条底部弯曲韧带，将侧边弯曲韧带分别通过 x 轴和 y 轴镜像得到另一条侧边弯曲韧带。根据光滑曲线弧长计算公式，两条弯曲韧带的长度可表示为

$$\begin{cases} L_1 = 2\displaystyle\int_0^{x_a}\sqrt{1+\left(\dfrac{\mathrm{d}y_1}{\mathrm{d}x}\right)^2}\,\mathrm{d}x \\ L_2 = \displaystyle\int_{x_f}^{x_d}\sqrt{1+\left(\dfrac{\mathrm{d}y_2}{\mathrm{d}x}\right)^2}\,\mathrm{d}x \end{cases} \tag{5-43}$$

式中，L_1 和 L_2 分别是顶部和侧边弯曲韧带的弧长。

因此，相对密度可以表示为

$$
\begin{cases}
\overline{\rho}_0 = \dfrac{\rho_0}{\rho} = \dfrac{(l_a + 2l_b)}{2(l_a - l_b\cos\theta)\sin\theta} \\[3mm]
\overline{\rho}_1 = \dfrac{\rho_1}{\rho} = \dfrac{(l_a + 4l_b + L_1)t}{2(l_a - l_b\cos\theta)(2l_b\sin\theta + h_a)} \\[3mm]
\overline{\rho}_2 = \dfrac{\rho_2}{\rho} = \dfrac{(4l_b + L_1 + 2L_2)t}{2(l_a - l_b\cos\theta)(2l_b\sin\theta + h_a)} \\[3mm]
\overline{\rho}_3 = \dfrac{\rho_3}{\rho} = \dfrac{[4(l_b - R) + 4\pi R + L_1 + 2L_2]t}{2(l_a - l_b\cos\theta)(2l_b\sin\theta + h_a)}
\end{cases}
\tag{5-44}
$$

式中，ρ 是铝的密度；ρ_0、ρ_1、ρ_2、ρ_3 分别为 RC、RC1、RC2、RC3 的密度；$\overline{\rho}_0$、$\overline{\rho}_1$、$\overline{\rho}_2$、$\overline{\rho}_3$ 分别为 RC、RC1、RC2、RC3 的相对密度。

2. 强化学习模型

机器学习的作用是从数据中学习并做出预测或决策，通常分为监督学习、无监督学习和强化学习。监督学习从标记数据中学习，而无监督学习从未标记数据中学习。在强化学习中，智能体不断地与环境互动，以最大化长期奖励的总和。本节采用 vale-based 的强化学习算法 Q-learning 算法，优化韧带曲率偏移距离 h_a、h_b 和几何圆半径 R，使带隙宽度最大化。Q 在这里代表质量。在本节的优化工作中，优化的目标是使归一化带隙宽度之和（Ω）最大化。为简单起见，它表示为

$$
\Omega = \sum_{i=1}^{n} \widetilde{\omega}_i, \quad i = 1, 2, \cdots, n
\tag{5-45}
$$

式中，$\widetilde{\omega}_i$ 是第 i 个归一化带隙宽度；n 是带隙个数。Q-learning 的框架如图 5-9 所示，其中强化学习部分与力学计算部分分离。首先，$Q(\phi, \varphi)$ 函数表示 agent 执行动作 φ 与状态为 ϕ 的环境交互所获得的 Q 值。Q-learning 的最终目标是通过选择最优行为获得最大的 Q 值。每次在不同状态和不同动作下获得的 Q 值将存储在 Q 表中。Q 表见表 5-6。在算法开始时，Q 表中的所有值都初始化为 0。从初始状态开始，agent 通过执行不同的动作和与环境的交互获得不同的奖励。然后用 Ballman 方程迭代更新 Q 值

$$
Q(\phi, \varphi) = Q(\phi, \varphi) + \alpha[r + \gamma \max Q(\phi', \varphi') - Q(\phi, \varphi)]
\tag{5-46}
$$

式中，α 和 γ 分别是学习率和折扣因子；r 是执行当前操作的奖励；ϕ' 和 φ' 分别是操作执行后更新的状态和操作。随着训练迭代次数的增加，智能体不断熟悉环境，Q 表中的值也不断更新。在迭代次数结束之前，可以得到全局最优 Q 值。

表 5-6　Q-learning 中采用的 Q 表

参数	φ_1	φ_2	φ_3	φ_4
ϕ_1	$Q(\phi_1, \varphi_1)$	$Q(\phi_1, \varphi_2)$	$Q(\phi_1, \varphi_3)$	$Q(\phi_1, \varphi_4)$
ϕ_2	$Q(\phi_2, \varphi_1)$	$Q(\phi_2, \varphi_2)$	$Q(\phi_2, \varphi_3)$	$Q(\phi_2, \varphi_4)$
...	...	...	...	...

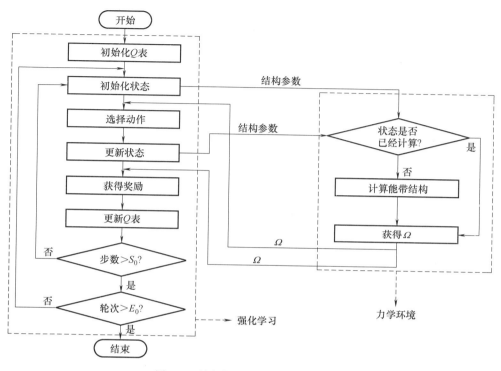

图 5-9　最大化 Ω 的强化学习流程图

注：力学环境部分是力学中的有限元模拟，用来计算和获得 Ω 的值；同时在强化学习部分进行参数优化。

　　力学计算部分是本工作中强化学习的环境。利用 MATLAB 软件 COMSOL Multiphysics5.0 通过参数化获取状态和动作来计算带隙宽度。状态为结构参数，作用为结构参数的增加、减少和不变。首先，根据初始状态和动作在环境中计算 Ω。计算后，反馈 Ω。然后，根据 ε-greedy 策略选择一个动作：

$$\varphi = \begin{cases} \varphi_r, \varepsilon < \varepsilon_0 \\ \varphi_m, \varepsilon \geqslant \varepsilon_0 \end{cases} \tag{5-47}$$

式中，φ_r 是随机选择的动作；φ_m 是 Q 值最大时选择的动作；ε_0 是勘探速率阈值。将新状态输入到环境中以获得更新的 Ω。通过比较两者的价值来计算奖励 Ω

$$r = \begin{cases} \kappa \dfrac{\Omega' - \Omega}{\Omega'}, \Omega' > \Omega \\ 0, \Omega' \leqslant \Omega \end{cases} \tag{5-48}$$

式中，κ 是一个系数，取 100。值得一提的是，奖励的设置对 Q-learning 的表现起着至关重要的作用。本节的奖励计算方法是通过试验调试确定的。最后，根据奖励更新 Q 表。下一个动作将根据当前的 Q 表来决定，这就像经验池一样。

5.3.2 数值结果

1. RCs 能带结构的比较

本节将比较引入三种不同的结构单元形成三种不同的结构 RC1、RC2、RC3 时能带结构的变化。同时，对构造演化的具体原因进行了分析。本节在 COMSOL Multiphysics 5.0 的固体力学物理场中对能带结构进行了有限元分析。图 5-10a 为 x-y 平面内周期性排列的 RC。深色虚线框（下）是 RC 的单胞。为了便于周期边界条件的应用和能带结构的计算，第一个布里渊区的选择用浅色虚线框（上）表示。浅色虚线框（上）是通过从深色虚线框（下）向上移动 1mm 得到的，深色虚线框（下）与单胞大小相同。它不会破坏结构的周期性。如图 5-10b 所示，灰色区域为矩形晶格的不可约布里渊区。通过沿其边界 O-A-B-C-O 求解特征频率，可以得到能带结构。单胞在 x 方向上的长度为 a_1，在 y 方向上的长度为 a_2。此外，本节关注的是完全带隙，而不是部分带隙。因此本节中所有带隙都代表完全带隙。

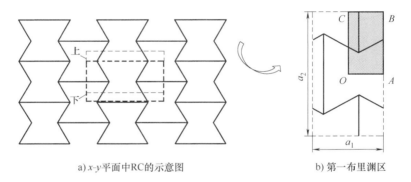

a) x-y 平面中RC的示意图　　　　　b) 第一布里渊区

图 5-10　负泊松比蜂窝超材料模型示意图

注：深色虚线框（下）是 RC 的单胞，为便于添加周期边界条件，将单胞转化为浅色虚线框（上）；灰色区域为矩形晶格的不可约布里渊区，x 和 y 方向的晶格常数分别是 a_1 和 a_2，O、A、B、C 是高对称点。

首先，通过晶格长度 $a_0 = \sqrt{a_1^2 + a_2^2}$ 和铝中的剪切速度 $c_s = \sqrt{E/[2(1+\mu)\rho]}$，将所有能带结构的频率归一化为 $\overline{\Omega} = fa_0/c_s$。其中 f 表示频率。值得一提的是，由于低阶能带对应于低频段，具有较高的实际应用意义。因此，本工作中所有的能带结构都是对应结构的前十阶能带。图 5-11a 为传统 RC 的能带结构，其几何模型在小窗口中显示。在前十个波段中，没有带隙。然后，受拱形结构的启发，将直韧带中点上移曲率距离 $h_a = 0.4$mm，引入弯曲韧带，形成 RC1。其能带结构如图 5-11b 所示，对应的几何模型在小窗口中。在 $[0.09780, 0.15339]$ 范围内出现带隙，其宽度为 0.05559，在图中用阴影区域表示。显然弯曲韧带的引入对弹性波的传播起着重要的影响作用，它使前四个波段保持不变，提高了第五个波段的最小频率。

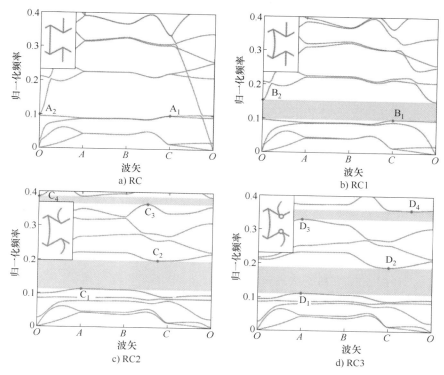

图 5-11　RC、RC1、RC2 和 RC3 的能带结构和相应的单胞几何模型

注：阴影区域表示带隙，菱形符号表示带隙上下边界点的模态点。

图 5-12c、d 描述了对应于图 5-11b 中菱形符号所标记的点的模态，这些点是带隙的上下边界点。它们对应的 RC 模态如图 5-12a、b 所示，它们在图 5-11a 中用菱形符号表示，其他模态见图 5-12e~l。将模态 A_1 和模态 B_1 进行比较，可以看出其变形近似不变。同样，主要的变形集中在最长的韧带上，其余的结构是对称的。从能带结构也可以观察到，两点的频率没有变化。然而，正如模态 A_2 和模态 B_2 所示，韧带的向外弯曲被向内弯曲韧带的引入所抵消。此时，弹性波被传输到两个较短的韧带，并且由于布拉格散射而产生带隙。通过观察能带结构，可以发现 B_2 的频率远远高于 A_2，这导致了带隙的出现。因此，弯曲韧带的引入导致带隙的出现。

将第二种弯曲韧带引入 RC 并形成 RC2。RC2 在曲率距离为 $h_a = 0.4mm$ 和 $h_b = 0.6mm$ 处的能带结构如图 5-11c 所示。可以看出，得到了两个带隙。两个带隙的频率范围为 ［0.11242, 0.19830］ 和 ［0.36441, 0.38552］。总带隙宽度 $\Omega = 0.10699$。与图 5-11b 相比，具有更宽、更多的带隙。图 5-11c 和 d 显示了两个带隙上下边界点的模态，在图 5-11c 中用菱形符号表示。模态 C_1 和模态 C_2 也呈现对称模式，变形主要集中在两种不同的弯曲韧带。不同的是，短的弯曲韧带的引入加剧了结构的变形，并且在斜韧带和弯曲韧带的交叉处变形增加。弹性波更容易进入结

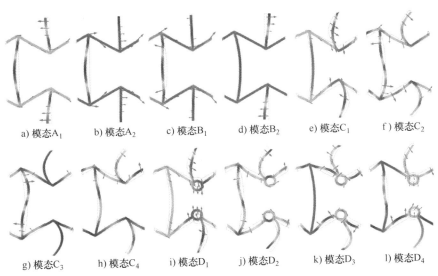

a) 模态A$_1$ b) 模态A$_2$ c) 模态B$_1$ d) 模态B$_2$ e) 模态C$_1$ f) 模态C$_2$

g) 模态C$_3$ h) 模态C$_4$ i) 模态D$_1$ j) 模态D$_2$ k) 模态D$_3$ l) 模态D$_4$

图 5-12   菱形符号标记的点相对应的模态

注：箭头表示对应位置的位移场。

构主体产生布拉格散射，导致第一带隙范围扩大。在模态 D$_1$ 和模态 D$_2$ 中可以看到，由于左右短弯曲韧带方向相反，打破了原有的对称性，产生了新的第二带隙。

图 5-11d 所示为 RC3 的能带结构。该结构存在两个带隙，其曲率距离分别为 $h_a = 0.4\text{mm}$、$h_b = 0.6\text{mm}$ 和半径 $R = 0.2\text{mm}$，在归一化频率范围 $[0.11087，0.18887]$ 和 $[0.33046，0.35846]$ 分别存在两个不同的带隙。总带隙宽度为 $\Omega = 0.10600$。与图 5-11c 相比，前 8 个能带的变化较为平缓。虽然总带隙宽度略有减小，但第一带隙的中心频率从 0.15536 减小到了 0.14987，这对低频波提供了更多的保护。同时，几何圆的引入主要导致了第 9 阶和第 10 阶能带的变化，第二阶能带隙略有下降，并在高频处扩大。模态 D$_1$ 和模态 D$_2$ 与模态 C$_1$ 和模态 C$_2$ 高度相似，具有相同的位移场和变形模式。然而模态 D$_3$ 和模态 D$_4$ 改变了。韧带交点处的分级圆增加了斜韧带和短弯曲韧带的变形，并呈现旋转趋势，使波能被限制在圆内。

为了验证能带结构分析的准确性，对结构超胞的透射谱进行了分析，如图 5-13 所示，边界载荷在超胞的边界处施加，超级单体由沿 x 和 y 方向的 5×5 单胞组成。响应是在超胞的对侧测量的，而 Bloch 周期边界条件是在非负载方向施加的。利用频响函数（FRF）来描述激励与响应之间的关系，可以得到波在方向上的衰减。频响，在本工作中称为透射系数 T，可由下式导出

$$T = 20\lg \left| \frac{U_r}{U_e} \right| \tag{5-49}$$

式中，U_e 和 U_r 分别是激励和响应的位移。透射系数描述了当它通过 RC 的超胞时

位移的变化。透射系数曲线上的峰表示相应频率的波被阻挡，而光滑区域表示波通过 RC 的超胞。如图 5-14 所示，a、b、c 分别为 RC1、RC2、RC3 的透射谱，对应于图 5-11 中的能带结构。实线表示在超级单体 x 方向上施加的边界载荷，虚线表示在 y 方向上施加的边界载荷。值得注意的是，在带隙频率范围内（以阴影突出显示），就传输系数而言，所有三种不同的结构在 x 和 y 方向上同时表现出突出。这一观察结果表明，结构在阻碍波两个方向上的传播方面同时有效。图 5-14 中的点表示关键模态点，其对应的变形和应力分布如图 5-15 所示。当三种结构仅在 x 方向受到边界载荷时，仅在初始受激励部分观察到明显的变形和应力分布，证实了在带隙频率范围内，T_{x1}、M_{x1}、M_{x2}、N_{x1} 和 N_{x2} 结构对弹性波的有效衰减。相反，在

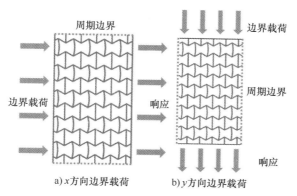

图 5-13　由 5×5 单胞组成的 RC 的超胞

注：响应在对边测量，周期边界条件在另一方向上施加。

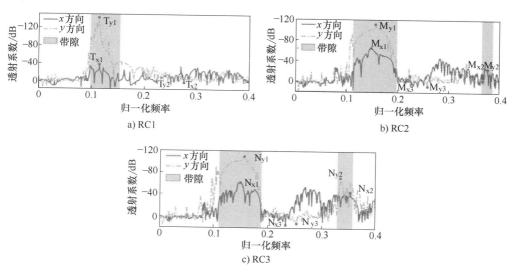

图 5-14　RC1、RC2 和 RC3 的透射谱

注：实线和虚线分别为 x 方向和 y 方向施加边界载荷的透射系数曲线；带隙频率范围用阴影表示。

带隙频率区之外，结构 T_{x2}、M_{x3} 和 N_{x3} 表现出在整个超胞中传递变形和应力的能力，并延伸到结构的末端。当边界载荷在 y 方向上施加时，观察到类似的结果，在带隙频率范围内阻止了超胞的变形和应力的传播，但在带隙外的整个超胞的变形和应力传播都很明显。

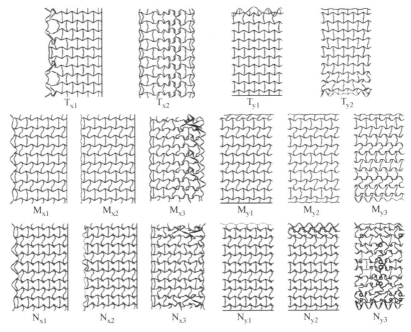

T_{x1} T_{x2} T_{y1} T_{y2}

M_{x1} M_{x2} M_{x3} M_{y1} M_{y2} M_{y3}

N_{x1} N_{x2} N_{x3} N_{y1} N_{y2} N_{y3}

图 5-15　图 5-14 中实心点所对应模态点的变形和应力分布

注：几何形状的变化表示变形，颜色深浅的变化表示应力分布。

2. RC1 优化

$$\begin{cases} \text{find} \quad h_a \\ \max \quad \Omega \\ \text{s. t.} \quad 0.10\text{mm} \leqslant h_a \leqslant 0.80\text{mm} \end{cases} \tag{5-50}$$

在 RC1 的韧带曲率距离 h_a 的优化中，问题可以用上述方程来描述。在强化学习中，状态定义为 $\phi(h_a)$，有三个动作。结构参数的初始状态设置为 $h_a = 0.30\text{mm}$，每一步的增量设置为 $d_1 = 0.01\text{mm}$。在每个动作的选择中，代理可以选择前进一步 $(h_a + d_1)$，后退一步 $(h_a - d_1)$，或者不移动。由于几何形状的限制，韧带曲率距离 h_a 限制为 $0.10\text{mm} \leqslant h_a \leqslant 0.80\text{mm}$。因此，在设计区域中存在 71 个状态。当状态达到极限时，不采取任何操作，继续之前的操作。超参数的取值包括：探索率阈值 $\varepsilon_0 = 0.02$、学习率 $\alpha = 0.25$ 和折扣因子 $\gamma = 0.01$。训练共进行 $E_0 = 100$ 个轮次，每个轮次的步数 $S_0 = 100$。另外，当轮次 $\geqslant 70$ 时探索率阈值 $\varepsilon_0 = 0$。所有的超参数都是通过反复试验确定的。

　　图 5-16 所示为训练的收敛历史。空心圆圈显示了部分训练过程。图 5-16a 所示为每个轮次训练的最后一步的训练结果。可以看出，最终的 Ω 在轮次为 70 之后收敛到 0.09582。当 $h_a = 0.30\text{mm}$ 时，Ω 初始值为 0.03618，其能带结构如图 5-16a 的小窗口所示。通过 Q-learning 优化，Ω 增加了 164.84%，达到 RC1 的最大值。随着训练次数的增加，Ω 以步进模式逐渐增加。当轮次达到 48 时，整个训练几乎是收敛的。然而，由于在动作选择中存在 ε-greedy 策略，代理仍然在寻找更好的解，因此出现了波动的训练曲线。这样做的目的是防止出现局部最优解。在轮次增加到 70 之前，ε 设置为零。此时，代理不再进行随机探索，因此将最优结果保持到最后。当轮次已经收敛时，最后一个轮次的所有步数如图 5-16b 所示。可以看到，Ω 在 49 步后迅速增长并收敛。表明在最后一个轮次，由于 Q 表中有足够的经验数据，即代理有足够的经验直接找到全局最优解。图 5-16b 中的小窗口显示了 RC1 的最优 Ω，其中 $h_a = 0.61\text{mm}$。通过对比两图中初始能带结构和收敛后的能带结构，可以直观地观察到带隙宽度的扩展。

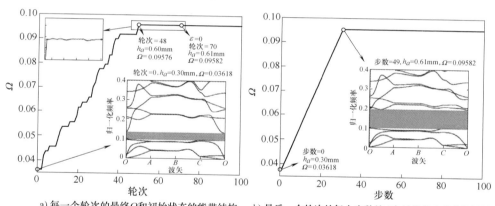

a）每一个轮次的最终 Ω 和初始状态的能带结构　　b）最后一个轮次的每个步数的 Ω 和最终状态的能带结构

图 5-16　韧带曲率距离 h_a 优化的收敛历史

3. RC2 优化

$$
\begin{cases}
\text{find} \quad h_a, h_b \\
\text{max} \quad \Omega \\
\text{s. t.} \quad
\begin{aligned}
& 0.10\text{mm} \leqslant h_a \leqslant 0.80\text{mm} \\
& 0.10\text{mm} \leqslant h_b \leqslant 0.80\text{mm}
\end{aligned}
\end{cases}
\tag{5-51}
$$

　　上述方程表示 RC2 的韧带曲率距离 h_a 和 h_b 的优化。此时，状态被定义为 $\phi(h_a, h_b)$，并且有五个动作。结构参数的初始状态设置为 $h_a = 0.60\text{mm}$ 和 $h_b = 0.20\text{mm}$。因为当 h_a 或 h_b 发生轻微变化时，Ω 的变化并不敏感，所以每一步这两种状态的增量设置为 $d_2 = 0.02\text{mm}$。在每个动作的选择中，代理可以选择 h_a 向前一步（$h_a + d_2$），h_a 向后一步（$h_a - d_2$），h_b 向前一步（$h_b + d_2$），h_b 向后一步（$h_b -$

d_2），或者不变。由于几何约束，h_a 和 h_b 都在 $[0.10, 0.80]$ mm 的范围内。因此，在设计区域中存在 1296 个状态。当状态达到极限时，不采取任何操作，继续之前的操作。超参数的取值与上一节相同，奖励也由前文公式获得。不同的是，学习率 $\alpha = 0.50$，共进行 $E_0 = 150$ 个轮次，每个轮次的步数 $S_0 = 150$。所有的超参数都是通过反复试验确定的。

如图 5-17a 所示，43 次探索后的结果收敛为 0.23317。在前 32 个轮次，随着代理对环境的不断探索，Ω 呈现出曲折上升的趋势。然而，在第 33 个轮次中 $h_a = 0.78$mm 和 $h_b = 0.40$mm 时，能带结构的第四带隙被打开，此时 Ω 得到了巨大的提升。之后，代理仍然随机探索更好的结果，当轮次为 43 时达到收敛。上一个轮次的所有步数的 Ω 变化情况如图 5-17b 所示。可以看到，Ω 开始缓慢上升，然后在步数 = 21 后迅速上升到最大值。这与图 5-17a 中随着轮次的变化趋势是相同的。不同的是，最后一个轮次的收敛速度非常快。这证明早期的训练积累了足够的经验，使代理能够以更快的速度实现收敛。最优结果的韧带曲率距离为 $h_a = 0.80$mm 和 $h_b = 0.38$mm，其能带结构如图 5-17b 的小窗口所示。与初始状态的带结构如图 5-17a 的小窗口所示相比，总带隙宽度 Ω 随着带隙的出现增加了 178.15%。

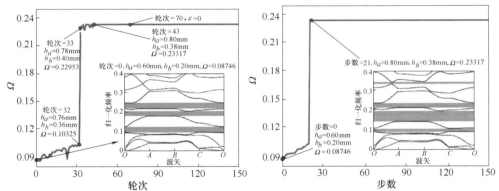

a）每一个轮次的最终 Ω 和初始状态的能带结构   b）最后一个轮次的每个步数的 Ω 和最终状态的能带结构

图 5-17　韧带曲率距离 h_a 和 h_b 优化的收敛历史

4. RC3 优化

$$
\begin{cases}
\text{find} \quad h_a, h_b, R \\
\text{max} \quad \Omega \\
0.10\text{mm} \leqslant h_a \leqslant 0.80\text{mm} \\
\text{s.t.} \quad 0.10\text{mm} \leqslant h_b \leqslant 0.80\text{mm} \\
0.10\text{mm} \leqslant R \leqslant 0.80\text{mm}
\end{cases}
\tag{5-52}
$$

引入分级圆单元后，将 Ω 的优化定义为上述公式。RC3 的优化参数增加到 3 个：韧带曲率距离 h_a 和 h_b，以及分级圆半径 R。因此，状态被定义为 $\phi(h_a, h_a, R)$，并且有七个动作。结构参数初始状态设置为 $h_a = 0.70$mm、$h_b = 0.70$mm 和 $R =$

0.70mm。考虑到三种状态的轻微变化对最终结果的影响较弱，因此将其每一步的增量设为 $d_3 = 0.05$mm。在每个动作的选择中，有七种不同的选项：h_a 向前一步（h_a+d_3）、h_a 向后一步（h_a-d_3）、h_b 向前一步（h_b+d_3）、h_b 向后一步（h_b-d_3）、R 向前一步（$R+d_3$）、R 向后一步（$R-d_3$）或不移动。由于几何结构的限制，三个结构参数都被限制在 $[0.10, 0.80]$ mm 范围内。因此，在设计区域中存在 3375 个状态。当状态达到极限时，不采取任何操作，继续之前的操作。这些超参数的取值包括：探索率阈值 $\varepsilon_0 = 0.13$、学习率 $\alpha = 0.13$ 和折扣因子 $\gamma = 0.9$。总轮次数 $E_0 = 200$ 和每个轮次的总步数 $S_0 = 200$。另外，当轮次 $\geqslant 100$ 时探索率阈值 $\varepsilon_0 = 0$。所有的超参数都是通过反复试验确定的。

　　如图 5-18a 所示，收敛曲线呈锯齿状上升趋势，Ω 在第 100 个轮次后收敛到最大值 0.22300。在前 21 个轮次中，代理不断地在环境中寻找最优值，直到 Ω 的值达到 0.16152。在接下来的 50 个轮次中，代理仍在搜索，但没有找到更好的值。此时，结果徘徊在 0.16152 的局部最优结果附近。直到第 78 个轮次，结构参数的变化导致能带结构中出现新的带隙。因此，Ω 的最大值突然增大到 0.22300。之后，由于 ε-greedy 策略的存在，代理仍在寻找更好的值。在第 100 个轮次，由于对环境的充分探索，探索率阈值 ε_0 设置为 0。最优结果收敛为 0.22300，此时 $h_a = 0.45$mm、$h_b = 0.80$mm 和 $R = 0.10$mm。图 5-18b 说明了最后一个轮次的所有步数的 Ω。在第 23 个步数，结果收敛到它的最大值。虽然 Ω 不会直接达到最大值，但它会尽可能地达到最大值。在最后一个轮次中，由于之前的训练让代理有了足够的经验，知道如何快速搜索最大值，所以结果收敛得很快。从初始值和最终值的能带结构比较可以看出，带隙的总宽度 Ω 增加了 234.28%。

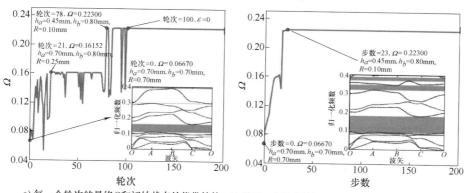

a) 每一个轮次的最终 Ω 和初始状态的能带结构　　b) 最后一个轮次的每个步数的 Ω 和最终状态的能带结构

图 5-18　韧带曲率距离 h_a、h_b 和分级圆半径 R 的优化收敛历史

　　随后，研究了 Q-learning 的稳定性和效率。为简单起见，使用 $[h_a, h_b, R]$ 表示三个不同结构参数的值。首先，使用相同的初始值 $[0.70, 0.70, 0.70]$ mm 分别重复测试 4 次。每个测试都可以收敛到最终结果，它们在最后一个轮次的演化路线如图 5-19a 所示，用不同的线型表示。可以看出，没有一条进化路线是盲目探

索的。为了达到最佳效果，它们都经历了类似的路线。由此可以推断，代理在每次行动选择过程中所遵循的策略能够有效地引导行动朝着期望回报最大化的方向发展。这就是 Q-learning 的优势。然后用状态比 δ 来衡量 Q-learning 的效率，定义为

$$\delta = \frac{\Theta_e}{\Theta_m} \tag{5-53}$$

式中，Θ_e 和 Θ_m 分别是最后一个轮次从开始到结束所探索的状态的总数量和最小数量。图 5-19b 所示为四个测试的状态比 δ。显然，四组状态的比值 δ 都等于 1.21。换句话说，在具有相同初始状态的 4 个单独测试中，收敛到最优值所需的时间都约为最小花费时间的 1.21 倍。每次测试的效率都是一致的，这证明了 Q-learning 的有效性和稳定性。其次，使用不同的初始值 $[0.60，0.20，0.60]$mm、$[0.20，0.20，0.20]$mm、$[0.10，0.20，0.70]$mm 和 $[0.70，0.70，0.70]$mm 分别重复测试 4 次。同样，在图 5-19c 所示的进化路径中，虽然初始值与最终值之间的距离不

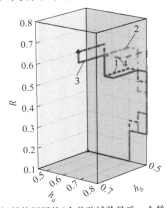

a) 初始值相同的4个单独试验最后一个轮次的演变路线

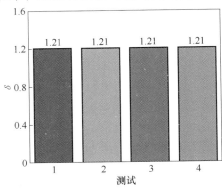

b) 4种试验的状态比δ

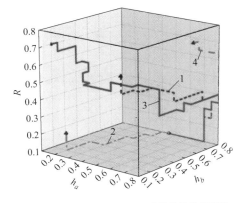

c) 4种不同初始状态最后一个轮次的演变路线

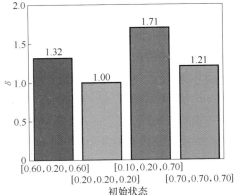

d) 4种初始状态的状态比δ

图 5-19　稳定性和效率分析

注：四面体标记代表测试的初始状态，球体标记代表测试最终状态

同，但每次测试都通过不同的路径达到最终值。图 5-19d 显示了 4 种初始状态的状态比 δ。最大值为第三个柱状图 1.71，最小值为第二个柱状图 1.00。表明在不同的初始值下都能尽快达到最终状态，进一步证实了 Q-learning 具有一定的稳定性和效率。

5.3.3　能量吸收能力

如前文所述，通过设计和优化，获得了具有优异带隙性能的负泊松比蜂窝超材料。然而，在实际应用中，仍需要考虑超材料的其他力学性能，如能量吸收能力。本节将对优化后的 RC1、RC2、RC3 的平台应力和比能吸收特性进行分析，以评价其在实际应用中的吸能能力。如图 5-20 所示，在有限元模拟中，将由 10×8 单胞组成的 RC 超胞置于两块刚性板之间，分析其吸能特性。下刚性板是不动的，而上刚性板沿着 y 轴以与破碎速度相对应的速率 v 压缩。为了提高计算效率，在有限元建模中实现对单胞结构变形过程的精确模拟，采用四节点壳单元（即 S4R）对单胞几何进行网格划分。在网格收敛研究之后，为了保证数值稳定性，同时在精度和计算效率之间的适当折中，网格尺寸被确定为 0.3mm。为了模拟压缩过程中复杂的相互接触，采用了一般接触。切向行为模型的摩擦系数为 0.2，而接触选择"Hard"以控制法向行为。同时对试件的面外自由度进行了约束。

1. 模态分析

为保证有限元模拟的能量吸收能力、平台应力的可靠性以 RC1 为实例从理论上验证了其正确性。在之前的研究中，低速（$v=6\mathrm{m/s}$）破碎作用下传统 RC 结构的平台应力可表示为

$$\sigma = \frac{\sigma_{ys}\dfrac{t}{l_b}\theta}{2\left(\dfrac{l_a}{l_b}-\cos\theta\right)\left(\sin\theta-2\dfrac{t}{l_b}\right)} \quad (5\text{-}54)$$

式中，σ 是压力。因为 RC1 中弯曲的韧带取代了原来的水平的直韧带，导致更多的塑性铰链来耗散能量。如图 5-21a 所示，塑料

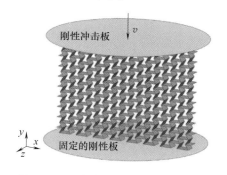

图 5-20　面内冲击载荷下的仿真模型

注：在上部刚性冲击板和下部固定刚性板之间
放置 10×8 单胞超材料的超胞；上板以破碎
速度 v 沿 y 轴向下压缩。

铰链用圆圈标记，旋转角度用符号 $\overline{\theta}$ 表示。基于能量守恒定理和上述方程，在低速下得到 RC1 的理论平台应力为

$$\overline{\sigma} = \frac{\sigma_{ys}t^2(\theta+\overline{\theta})}{(l_a-l_b\cos\theta)(2l_b\sin\theta-4t)} \quad (5\text{-}55)$$

图 5-21b 说明了 RC 与 RC1 在较低的破碎速度下，模拟结果与理论结果吻合较好。差异在可接受范围内，证实了有限元模拟结果的正确性。

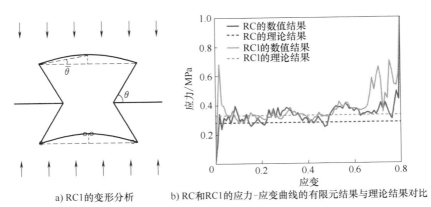

a) RC1的变形分析　　　　b) RC和RC1的应力-应变曲线的有限元结果与理论结果对比

图 5-21　低速冲击下 RC1 单胞变形分析及应力-应变曲线

注：$\bar{\theta}$ 为弯曲韧带的旋转角度，圆圈为塑料铰链，箭头是应力。

2. 变形模式

为了更好地理解不同构型的相对优势，图 5-22~图 5-24 所示为超材料在 6~60m/s 破碎速度下的变形过程。图 5-22 所示为 RC 在低速（$v=6\text{m/s}$）破碎下的变形演变。当整体结构被压缩时，结构顶部呈现 NPR 效应。这种效应表现出非凡的压阻特性，有利于整体结构吸收更多的冲击能量。随着压缩位移的增大，变形带逐渐垮塌，由上往下堆积。对于 RC1，在固定端和冲击端坍塌时均观察到 V 形变形

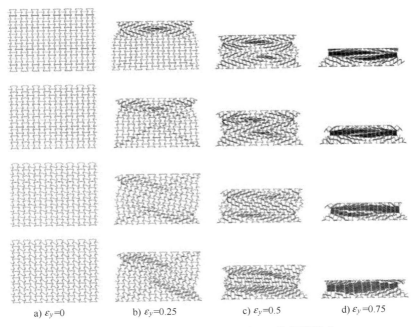

a) $\varepsilon_y=0$　　　b) $\varepsilon_y=0.25$　　　c) $\varepsilon_y=0.5$　　　d) $\varepsilon_y=0.75$

图 5-22　低破碎速度 $v=6\text{m/s}$ 下 RC 的变形模式

注：从上到下分别为 RC、RC1、RC2、RC3 的变形过程，从左到右为不同应变下的变形。

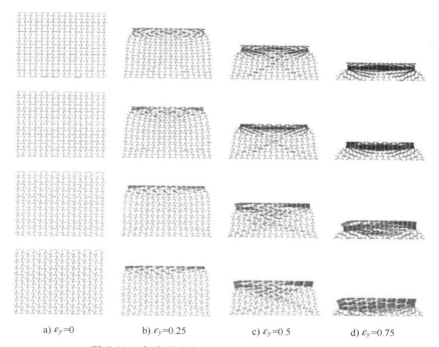

a) $\varepsilon_y=0$　　　b) $\varepsilon_y=0.25$　　　c) $\varepsilon_y=0.5$　　　d) $\varepsilon_y=0.75$

图 5-23　中破碎速度 $v=30\mathrm{m/s}$ 下 RC 的变形模式

注：从上到下分别为 RC、RC1、RC2、RC3 的变形过程，从左到右为不同应变下的变形。

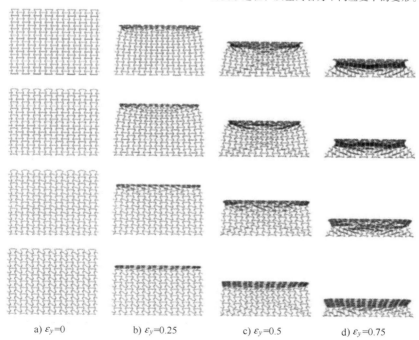

a) $\varepsilon_y=0$　　　b) $\varepsilon_y=0.25$　　　c) $\varepsilon_y=0.5$　　　d) $\varepsilon_y=0.75$

图 5-24　高破碎速度 $v=60\mathrm{m/s}$ 下 RC 的变形模式

注：从上到下分别为 RC、RC1、RC2、RC3 的变形过程，从左到右为不同应变下的变形。

带。这进一步增强了结构的 NPR 效应，从而提高了结构的耐压特性和吸能能力。在 RC2 变形过程的左上、右下两侧均出现不对称的局部收缩。这显然是由短水平直韧带的弯曲引起的，这在整体结构中引入了旋转趋势。随着压缩位移的增大，整个结构的单元格逐渐坍塌、密实。在 RC3 的变形过程中，由于不对称收缩，整个结构逐渐坍塌致密化，这一现象更加明显。

图 5-23 所示为 RC 在中速（$v = 30\text{m/s}$）破碎下的变形过程。随着冲击速度的增大，惯性效应逐渐显现。在初始阶段，靠近冲击端 RC 的单胞会发生变形和坍塌。随着破碎的继续，横向变形带逐行向底部传播。当应变达到 0.5 时，底部出现 V 形变形带。此外，在 RC2 和 RC3 中发生轻微和严重的不对称转换，类似于低速时的观察结果。$v = 60\text{m/s}$ 高速破碎作用下 RC 的变形过程如图 5-24 所示。惯性效应随着冲击速度的增大而日益突出。靠近撞击末端的 RC 单元首先坍塌。与之前的情况不同，观察到一个 I 形的变形带。此时的结构变形直接致密化，从冲击端向固定端逐层扩散。随着破碎应变的增大，整体结构最终发生完全致密化。结果表明，基于 RC 的结构的吸能性能主要受 NPR 效应的影响。由 NPR 效应产生的变形机制可以更有效地耗散冲击能量，从而提高结构的整体吸能能力。在本工作中，通过不同的结构演化方法略微改善了结构的变形机制，从而增强了结构的吸能性能。

3. 平台应力

图 5-25 所示为不同破碎速度下负泊松比蜂窝超材料的应力-应变曲线。应力-应变曲线可分为弹性阶段、平台阶段和致密化阶段。平台阶段吸收了大量的冲击能量，因此平台应力对结构的能量吸收能力有重要影响。平台应力由峰值力应变与应变 0.7 之间的应力得到。不同破碎速度下 RC 的平台应力见表 5-7。可以看出，在不同破碎速度下，RC1、RC2、RC3 的平台应力均高于传统 RC。特别是，相对于 RC 低速的高原应力，分别增大了 7.55%、22.05% 和 28.39%。结果表明，弯曲韧带的引入增加了结构的平台应力。值得注意的是，随着构造的不断演化，平台应力逐渐增大。这是因为与水平直韧带相比，弯曲韧带的引入增加了碾压期塑性铰的数量。增加的塑性铰使结构吸收更多的冲击能量。因此，弯曲韧带数量的增加也会导致结构的平台应力增加。

表 5-7　不同破碎速度下 RC 的平台应力

破碎速度/（m/s）	模型	平台应力/MPa	平台应力提升（与 RC 相比）
	RC	0.331	0
	RC1	0.356	7.55%
6	RC2	0.404	22.05%
	RC3	0.425	28.39%
	RC	0.529	0
	RC1	0.556	5.11%
30	RC2	0.596	12.67%
	RC3	0.633	19.66%

（续）

破碎速度/（m/s）	模型	平台应力/MPa	平台应力提升（与 RC 相比）
60	RC	1.332	0
	RC1	1.353	1.58%
	RC2	1.428	7.21%
	RC3	1.543	15.84%

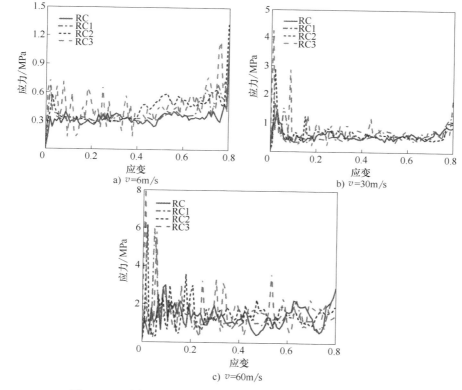

图 5-25　不同破碎速度下负泊松比蜂窝超材料的应力-应变曲线

4. 比吸能

图 5-26 所示为不同破碎速度下 RC 的总能量吸收。结果表明，当破碎速度为 $v=6\mathrm{m/s}$ 时，RC1、RC2 和 RC3 的总吸能分别高于 RC15.6%、30.3% 和 40.3%。在中高速时，总能量吸收的增加幅度小于低速时的增加幅度。为了消除结构质量对吸能性能的影响，选择比吸能（SEA）作为评价结构吸能性能的重要指标。比吸能 U_{SEA} 可表示为

$$U_{\mathrm{SEA}} = \frac{U_{\mathrm{EA}}}{m} = \frac{\int_0^{\varepsilon_d} \sigma(\varepsilon)\,\mathrm{d}\varepsilon}{\overline{\rho_i \rho}}, i = 0,1,2,3 \tag{5-56}$$

式中，U_{EA} 是 RC 的总吸收能；ε_d 是致密化应变，此时 RC 开始致密化，应力急剧增大。

不同破碎速度下的 SEA 曲线如图 5-27 所示。在三种不同破碎速度下，RC1、RC2 和 RC3 的 SEA 曲线均高于 RC。可以看出，与 RC2 和 RC3 的 SEA 曲线相比，RC1 的 SEA 曲线更接近 RC。这种现象可归因于增加弯曲韧带的数量对结构的能量吸收能力的有益影响。弯曲韧带变形产生的塑性铰可以吸收更多的能量。由此可知，RC1、RC2、RC3 比 RC 具有更好的吸能能力。最后，破碎速度也会影响吸能性能。随着破碎速度的增大，SEA 曲线增大。

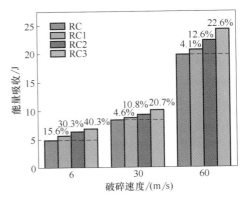

图 5-26　不同破碎速度下 RC 的总能量吸收

注：按柱状图顺序分别代表 RC、RC1、RC2 和 RC3；RC1、RC2 和 RC3 的能量吸收比 RC 的能量吸收增加的百分比在其他三个柱状图的顶部标示出来。

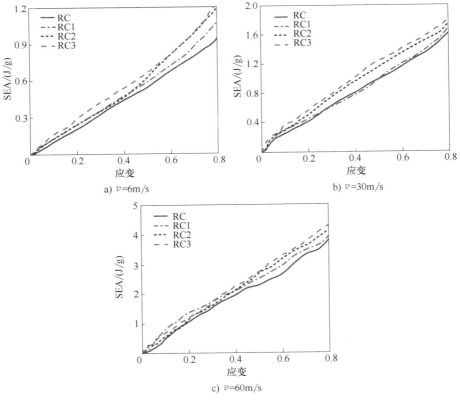

图 5-27　不同破碎速度下的 SEA 曲线

5.4　宽带隙高承载声学黑洞板的设计与性能优化

5.4.1　理论模型

本节对含声学黑洞（ABH）的纳米复合材料超板的带隙特性和承载性能进行了设计和优化。ABH 超板示意图如图 5-28 所示。首先，在平板中嵌入 ABH 单元，形成 ABH 超板。由于引入 ABH，将增强超板中弯曲波的衰减，从而大幅改善弯曲波带隙。但值得注意的是，内嵌 ABH 单元也在一定程度上削弱了超板的承载能力。为了应对 ABH 区域内的这一限制，添加了含有石墨烯片（GPL）和玻璃纤维的纳米复合材料增强材料，以提高 ABH 区域的面内刚度，并进一步提高其承载能力。此外，在两个 ABH 的两端实施黏弹性阻尼层，以最大限度地耗散波能。所提出的设计方法的总体目标是设计一种纳米复合 ABH 超板，该超板在弯曲波衰减和承载能力方面都表现出色。然而，重要的是要认识到这两个设计目标表现出明显的主导关系。一种性能的提高很可能会导致另一种性能的下降。针对这一挑战，提出了一种基于机器学习的多目标优化方法。通过对 ABH 区域几何性能和微力学增强复合材料组成的广泛参数分析，成功地预测和优化了这两种性能的最佳值。

ABH 超板由三部分组成：具有幂律厚度轮廓的 ABH 部分和具有恒定厚度的两个均匀部分。超板的长度 a、宽度 b 和两个高度 H_0、h_0 分别为常数 1m、0.5m 和 0.1m、0.01m。在 x-z 平面中，Γ_O 为坐标原点，假设图中所有点的坐标分别为 $\Gamma_A\left(\dfrac{a}{2}-x_2,\ H_0\right)$、$\Gamma_B\left(\dfrac{a}{2}+x_2,\ H_0\right)$、$\Gamma_C\left(\dfrac{a}{2}-x_1,\ h_0\right)$、$\Gamma_D\left(\dfrac{a}{2}+x_1,\ h_0\right)$ 和 $\Gamma_E\left(\dfrac{a}{2},\ 0\right)$。厚度 $h(x)$ 可以描述为

$$h(x)=\begin{cases} H_0, & x\in\Omega_1 \\[2mm] \dfrac{H_0-h_0}{(x_a-x_c)^2}(x-x_c)^2+h_0, & x\in\Omega_2 \\[2mm] \dfrac{H_0-h_0}{(x_d-x_b)^2}(x-x_d)^2+h_0, & x\in\Omega_3 \\[2mm] h_0, & x\in\Omega_4 \end{cases} \tag{5-57}$$

式中，x_a、x_b、x_c、x_d 分别为 Γ_A、Γ_B、Γ_C、Γ_D 的 x 坐标。Ω_1 代表较厚的部分，Ω_4 代表较薄的部分。Ω_2 表示 $\Gamma_A \sim \Gamma_C$ 之间的 ABH 部分，Ω_3 表示 $\Gamma_D \sim \Gamma_B$ 之间的 ABH 部分。所拟超板的基体为环氧树脂，材料性能见表 5-8。纳米复合增强材料将

添加到 Ω_2 和 Ω_3。将 Ω_4 替换为黏弹性阻尼层，其弹性模量为

$$E_d = (1+i\eta_d)E_0 \tag{5-58}$$

其中，阻尼材料的损耗因子 $\eta_d = 0.5$。

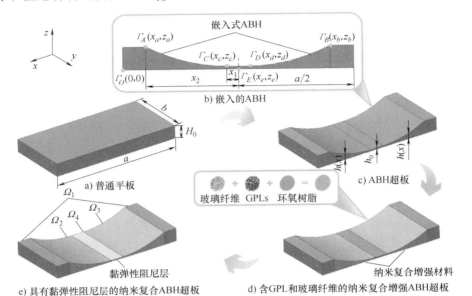

图 5-28　ABH 超板示意图

表 5-8　材料属性

材料	E/GPa	G/GPa	ν	$\rho/(kg/m^3)$
环氧树脂	4.35	1.59	0.368	1180
玻璃纤维	72.4	30.167	0.2	2400
石墨烯	1010	425.801	0.186	1060
阻尼层	2	0.667	0.499	1400

5.4.2　半解析周期谱有限元法

1. 应变-位移关系

在直角坐标系下建立了纳米复合材料 ABH 超板的模型。基于一阶剪切变形板理论（FSDT），将板的位移场定义为

$$\begin{cases} u(x,y,z,t) = u_0(x,y,t) + z\phi_x(x,y,t) \\ v(x,y,z,t) = v_0(x,y,t) + z\phi_y(x,y,t) \\ w(x,y,z,t) = w_0(x,y,t) \end{cases} \tag{5-59}$$

式中，u_0、v_0、w_0 是平移位移；ϕ_x，ϕ_y 是弯曲旋转。考虑 FSDT，应变分量为

$$\varepsilon = \epsilon + z\alpha \tag{5-60}$$

$$\boldsymbol{\epsilon} = \begin{pmatrix} \epsilon_{xx} \\ \epsilon_{yy} \\ \epsilon_{xy} \end{pmatrix} = \begin{pmatrix} \dfrac{\partial u_0}{\partial x} \\ \dfrac{\partial v_0}{\partial y} \\ \dfrac{\partial u_0}{\partial y} + \dfrac{\partial v_0}{\partial x} \end{pmatrix}, \boldsymbol{\alpha} = \begin{pmatrix} \alpha_{xx} \\ \alpha_{yy} \\ \alpha_{xy} \end{pmatrix} = \begin{pmatrix} \dfrac{\partial \phi_0}{\partial x} \\ \dfrac{\partial \phi_0}{\partial y} \\ \dfrac{\partial \phi_0}{\partial y} + \dfrac{\partial \phi_0}{\partial x} \end{pmatrix}, \boldsymbol{\gamma} = \begin{pmatrix} \gamma_{xz} \\ \gamma_{yz} \end{pmatrix} = \begin{pmatrix} \dfrac{\partial w_0}{\partial x} + \phi_x \\ \dfrac{\partial w_0}{\partial y} + \phi_y \end{pmatrix} \quad (5\text{-}61)$$

所以，位移矢量可以推导为

$$\boldsymbol{u} = \begin{pmatrix} u_0 & v_0 & w_0 & \phi_x & \phi_y \end{pmatrix}^{\mathrm{T}} \quad (5\text{-}62)$$

2. 微观力学模型的材料特性

本节所研究的复合材料是一种由 GPL、纤维增强聚合物和环氧树脂基体组成的三元纳米复合材料。最初，GPL 分散在整个基质中，形成纳米增强的各向同性基质。随后，纳米增强基质随着玻璃纤维的掺入而进一步增强。本节采用 Halpin-Tsai 模型和混合规则计算 GPL 和玻璃纤维增强基体的有效材料性能。GPL 的体积含量，记为 V_{G}，可以通过下式确定

$$V_{\mathrm{G}} = \dfrac{W_{\mathrm{G}}}{W_{\mathrm{G}} + \dfrac{\rho_{\mathrm{G}}}{\rho_{\mathrm{M}}}(1 - W_{\mathrm{G}})} \quad (5\text{-}63)$$

式中，V 是体积含量；ρ 是质量密度；W 是质量分数；下标 G 和 M 表示 GPL 和基体。GPL 增强环氧纳米复合材料基体的弹性模量有效值为

$$E_{\mathrm{GM}} = \frac{3}{8}E_L + \frac{5}{8}E_T = \frac{3}{8}\frac{1 + \zeta_L \xi_L V_{\mathrm{G}}}{1 - \xi_L V_{\mathrm{G}}}E_{\mathrm{M}} + \frac{5}{8}\frac{1 + \zeta_T \xi_T V_{\mathrm{G}}}{1 - \xi_T V_{\mathrm{G}}}E_{\mathrm{M}} \quad (5\text{-}64)$$

其中，E 是弹性模量；下标 GM 为 GPL 增强环氧纳米复合材料基体。尺寸系数 ζ_L、ζ_T 和材料系数 ξ_L、ξ_T 可写成

$$\zeta_L = 2\frac{a_{\mathrm{G}}}{h_{\mathrm{G}}}, \ \zeta_T = 2\frac{b_{\mathrm{G}}}{h_{\mathrm{G}}} \quad (5\text{-}65)$$

和

$$\xi_L = \frac{\dfrac{E_{\mathrm{G}}}{E_{\mathrm{M}}} - 1}{\dfrac{E_{\mathrm{G}}}{E_{\mathrm{M}}} + \zeta_L}, \ \xi_T = \frac{\dfrac{E_{\mathrm{G}}}{E_{\mathrm{M}}} - 1}{\dfrac{E_{\mathrm{G}}}{E_{\mathrm{M}}} + \zeta_T} \quad (5\text{-}66)$$

式中，a_{G}、b_{G}、h_{G} 分别是 GPL 的平均长度、平均厚度和平均宽度。GPL 增强环氧纳米复合材料的切变模量 G_{GM}、泊松比 ν_{GM} 和质量密度 ρ_{GM} 的有效值可表示为

$$G_{\mathrm{GM}} = \frac{E_{\mathrm{GM}}}{2(1 + \nu_{\mathrm{GM}})}, \ \nu_{\mathrm{GM}} = \nu_{\mathrm{G}} V_{\mathrm{G}} + \nu_{\mathrm{M}}(1 - V_{\mathrm{G}}), \ \rho_{\mathrm{GM}} = \rho_{\mathrm{G}} V_{\mathrm{G}} + \rho_{\mathrm{M}}(1 - V_{\mathrm{G}}) \quad (5\text{-}67)$$

此外，纤维增强材料的加入有助于进一步改善复合材料的材料性能。石墨烯/

纤维增强纳米复合材料的等效材料性能是使用以下的微力学关系计算的

$$E_{11} = E_{F1}V_F + E_{GM}(1-V_F) , E_{22} = E_{GM}\left[\frac{E_{F2}(1+V_F) + E_{GM}(1-V_F)}{E_{F2}(1-V_F) + E_{GM}(1+V_F)}\right] \tag{5-68}$$

$$G_{12} = G_{13} = E_{GM}\left[\frac{G_{F12}(1+V_F) + G_{GM}(1-V_F)}{G_{F12}(1-V_F) + G_{GM}(1+V_F)}\right] , G_{23} = \frac{E_{22}}{2(1+\nu_{23})} \tag{5-69}$$

$$\nu_{12} = \nu_{21} = \nu_{F12}V_F + \nu_{GM}(1-V_F) , \nu_{23} = \nu_{F12}V_F + \nu_{GM}(1-V_F)\left[\frac{1+\nu_{GM}-\nu_{12}\dfrac{E_{GM}}{E_{11}}}{1-\nu_{GM}\left(\nu_{GM}-\nu_{12}\dfrac{E_{GM}}{E_{11}}\right)}\right]$$

$$\tag{5-70}$$

$$\rho = \rho_F V_F + \rho_{GM}(1-V_F) \tag{5-71}$$

其中，下标 F 表示纤维。

3. 本构方程

纳米复合 ABH 超板的广义本构关系可表示为

$$\begin{pmatrix} \sigma_{xx} \\ \sigma_{yy} \\ \tau_{xy} \\ \tau_{xz} \\ \tau_{yz} \end{pmatrix} = \begin{pmatrix} C_{11} & C_{12} & 0 & 0 & 0 \\ C_{21} & C_{22} & 0 & 0 & 0 \\ 0 & 0 & C_{66} & 0 & 0 \\ 0 & 0 & 0 & C_{44} & 0 \\ 0 & 0 & 0 & 0 & C_{55} \end{pmatrix} \begin{pmatrix} \varepsilon_{xx} \\ \varepsilon_{yy} \\ \gamma_{xy} \\ \gamma_{xz} \\ \gamma_{yz} \end{pmatrix} \tag{5-72}$$

其中，σ_{xx}、σ_{yy}、τ_{xy}、τ_{xz}、τ_{yz}、ε_{xx}、ε_{yy}、γ_{xy}、γ_{xz}、γ_{yz} 分别是应力分量和应变分量。在研究弯曲波时，薄板中面的任一点均没有相较于中性面的变形，即 γ_{xz}、γ_{yz} 在式中等于零。代入材料参数，刚度系数可表示为

$$C_{11} = \frac{E_{11}}{1-\nu_{12}\nu_{21}} , C_{12} = \frac{\nu_{12}E_{22}}{1-\nu_{12}\nu_{21}} , C_{22} = \frac{E_{22}}{1-\nu_{12}\nu_{21}} , C_{44} = \overline{K}G_{23} , C_{55} = \overline{K}G_{13} , C_{66} = G_{12}$$

$$\tag{5-73}$$

式中，取剪切修正系数 $\overline{K} = \dfrac{5}{6}$。

利用上述公式，面内合力矩阵 $\overline{F}$、力矩合力矩阵 $\overline{M}$、剪切合力矩阵 $\overline{T}$ 沿超板 z 方向积分为

$$
\begin{cases}
\overline{\boldsymbol{F}} = \begin{pmatrix} \overline{F}_x \\ \overline{F}_y \\ \overline{F}_{xy} \end{pmatrix} = \int_{-\frac{h}{2}}^{\frac{h}{2}} \begin{pmatrix} \sigma_{xx} \\ \sigma_{yy} \\ \sigma_{xy} \end{pmatrix} \mathrm{d}z = \overline{\boldsymbol{Q}}_{11}\boldsymbol{\varepsilon} + \overline{\boldsymbol{Q}}_{12}\boldsymbol{\alpha} \\[3em]
\overline{\boldsymbol{M}} = \begin{pmatrix} \overline{M}_x \\ \overline{M}_y \\ \overline{M}_{xy} \end{pmatrix} = \int_{-\frac{h}{2}}^{\frac{h}{2}} \begin{pmatrix} \sigma_{xx} \\ \sigma_{yy} \\ \sigma_{xy} \end{pmatrix} z\mathrm{d}z = \overline{\boldsymbol{Q}}_{12}\boldsymbol{\varepsilon} + \overline{\boldsymbol{Q}}_{22}\boldsymbol{\alpha} \\[3em]
\overline{\boldsymbol{T}} = \begin{pmatrix} \overline{T}_{xz} \\ \overline{T}_{yz} \end{pmatrix} = \overline{K}\int_{-\frac{h}{2}}^{\frac{h}{2}} \begin{pmatrix} \tau_{xz} \\ \tau_{yz} \end{pmatrix} \mathrm{d}z = \overline{\boldsymbol{Q}}_{33}\boldsymbol{\gamma}
\end{cases} \tag{5-74}
$$

式中，h 是超板的厚度。系数矩阵 $\overline{\boldsymbol{Q}}_{11}$、$\overline{\boldsymbol{Q}}_{12}$、$\overline{\boldsymbol{Q}}_{22}$、$\overline{\boldsymbol{Q}}_{33}$ 可以由下式计算

$$
\overline{\boldsymbol{Q}}_{11} = \int_{-\frac{h}{2}}^{\frac{h}{2}} \boldsymbol{C}_1 \mathrm{d}z, \overline{\boldsymbol{Q}}_{12} = \int_{-\frac{h}{2}}^{\frac{h}{2}} \boldsymbol{C}_1 z\mathrm{d}z, \overline{\boldsymbol{Q}}_{22} = \int_{-\frac{h}{2}}^{\frac{h}{2}} \boldsymbol{C}_1 z^2 \mathrm{d}z, \overline{\boldsymbol{Q}}_{33} = \overline{K}\int_{-\frac{h}{2}}^{\frac{h}{2}} \boldsymbol{C}_2 \mathrm{d}z \tag{5-75}
$$

式中，

$$
\boldsymbol{C}_1 = \begin{pmatrix} C_{11} & C_{12} & 0 \\ C_{21} & C_{22} & 0 \\ 0 & 0 & C_{66} \end{pmatrix}, \quad \boldsymbol{C}_2 = \begin{pmatrix} C_{44} & 0 \\ 0 & C_{55} \end{pmatrix} \tag{5-76}
$$

因此，作为广义本构方程的广义结果由下式给出

$$
\boldsymbol{\varPhi} = \boldsymbol{\varTheta}\boldsymbol{\varSigma} \tag{5-77}
$$

其中，广义应变矩阵 $\boldsymbol{\varPhi}$、系数矩阵 $\boldsymbol{\varSigma}$ 和广义合成矩阵 $\boldsymbol{\varTheta}$ 可写为

$$
\boldsymbol{\varPhi} = \begin{pmatrix} \overline{\boldsymbol{F}} \\ \overline{\boldsymbol{M}} \\ \overline{\boldsymbol{T}} \end{pmatrix}, \quad \boldsymbol{\varSigma} = \begin{pmatrix} \boldsymbol{\varepsilon} \\ \boldsymbol{\alpha} \\ \boldsymbol{\gamma} \end{pmatrix}, \quad \boldsymbol{\varTheta} = \begin{pmatrix} \overline{\boldsymbol{Q}}_{11} & \overline{\boldsymbol{Q}}_{12} & 0 \\ \overline{\boldsymbol{Q}}_{21} & \overline{\boldsymbol{Q}}_{22} & 0 \\ 0 & 0 & \overline{\boldsymbol{Q}}_{33} \end{pmatrix} \tag{5-78}
$$

4. 控制方程

根据 Hamilton 原理，超板的控制方程可以用解析形式表示为

$$
\int_0^t (\delta\boldsymbol{\varPi}_p - \delta\boldsymbol{\varPi}_k)\,\mathrm{d}t = 0 \tag{5-79}
$$

弹性波传播所引起的总势能由应变能密度积分得到

$$
\boldsymbol{\varPi}_p = \int_\Omega (\boldsymbol{\varepsilon}^\mathrm{T}\overline{\boldsymbol{F}} + \boldsymbol{\alpha}^\mathrm{T}\overline{\boldsymbol{M}} + \boldsymbol{\gamma}^\mathrm{T}\overline{\boldsymbol{T}})\,\mathrm{d}\Omega = \int_\Omega \boldsymbol{\varSigma}^\mathrm{T}\overline{\boldsymbol{\varTheta}}^\mathrm{T}\boldsymbol{\varSigma}\mathrm{d}\Omega \tag{5-80}
$$

动能可由下式得到

$$
\boldsymbol{\varPi}_k = \frac{1}{2}\int_\Omega (\overline{I}_1\dot{\boldsymbol{u}}^2 + \overline{I}_2\dot{\boldsymbol{u}}\,\dot{\boldsymbol{\phi}} + \overline{I}_3\dot{\boldsymbol{\phi}}^2)\,\mathrm{d}\Omega \tag{5-81}
$$

式中，惯量项由下式得到

$$\overline{\boldsymbol{I}}_1 = \begin{pmatrix} I_1 & 0 & 0 \\ 0 & I_1 & 0 \\ 0 & 0 & I_1 \end{pmatrix}, \ \overline{\boldsymbol{I}}_2 = \begin{pmatrix} I_2 & 0 \\ 0 & I_2 \end{pmatrix}, \ \overline{\boldsymbol{I}}_3 = \begin{pmatrix} I_3 & 0 \\ 0 & I_3 \end{pmatrix} \quad (5\text{-}82)$$

其中，

$$I_1 = \int_{-\frac{h}{2}}^{\frac{h}{2}} \rho(z)\,\mathrm{d}z, \ I_2 = \int_{-\frac{h}{2}}^{\frac{h}{2}} \rho(z)z\,\mathrm{d}z, \ I_3 = \int_{-\frac{h}{2}}^{\frac{h}{2}} \rho(z)z^2\,\mathrm{d}z \quad (5\text{-}83)$$

当弹性波在板中传播时，假定广义位移矢量为傅里叶级数

$$\boldsymbol{u} = \boldsymbol{U}(y,t)\,\mathrm{e}^{-\mathrm{i}(kx-\omega t)} \quad (5\text{-}84)$$

式中，t、i、k 和 ω 分别是时间、虚数单位、波矢和角频率。基于 Bloch-Floquet 定理，利用变换关系矩阵 $\boldsymbol{T}$ 将单胞的节点位移矢量 $\overline{\boldsymbol{u}}$ 变换为单胞左边界和内部的节点位移矢量 $\boldsymbol{u}$

$$\boldsymbol{u} = \boldsymbol{T}\overline{\boldsymbol{u}} \quad (5\text{-}85)$$

其中，

$$\boldsymbol{u} = \begin{pmatrix} \boldsymbol{U}_{\mathrm{left}} \\ \boldsymbol{U}_{\mathrm{mid}} \\ \boldsymbol{U}_{\mathrm{right}} \end{pmatrix}, \ \overline{\boldsymbol{u}} = \begin{pmatrix} \boldsymbol{U}_{\mathrm{left}} \\ \boldsymbol{U}_{\mathrm{mid}} \end{pmatrix}, \ \boldsymbol{T} = \begin{pmatrix} \boldsymbol{e}_{\mathrm{left}} & 0 \\ 0 & \boldsymbol{e}_{\mathrm{mid}} \\ \boldsymbol{e}_{\mathrm{left}} & 0 \end{pmatrix} \quad (5\text{-}86)$$

式中，$\boldsymbol{U}_{\mathrm{left}}$、$\boldsymbol{U}_{\mathrm{mid}}$ 和 $\boldsymbol{U}_{\mathrm{right}}$ 分别是单胞左边界、内部和右边界节点的位移矢量；$\boldsymbol{e}_{\mathrm{left}}$、$\boldsymbol{e}_{\mathrm{mid}}$ 是单位矩阵。

在本工作中，纳米复合 ABH 超板在 x 方向上可以看作是一个均匀的无限一维周期板，节点位移矢量在空间域中的方程可以表示为

$$\boldsymbol{U}(x+a) = \boldsymbol{U}(x)\,\mathrm{e}^{\mathrm{i}ka} \quad (5\text{-}87)$$

式中，a 是晶格常数。通过沿 x 方向的空间傅里叶变换，可以将应变场经波矢 k 压缩纵坐标 x。反映单胞周期性的应变-位移场可由下式表示

$$\boldsymbol{\Sigma} = (\boldsymbol{L}_1 + \mathrm{i}k\boldsymbol{L}_2)\boldsymbol{U}\mathrm{e}^{\mathrm{i}kx} \quad (5\text{-}88)$$

有

$$\boldsymbol{L}_1 = \begin{pmatrix} \boldsymbol{L}_1^{\varepsilon} \\ \boldsymbol{L}_1^{\alpha} \\ \boldsymbol{L}_1^{\gamma} \end{pmatrix}, \ \boldsymbol{L}_2 = \begin{pmatrix} \boldsymbol{L}_2^{\varepsilon} \\ \boldsymbol{L}_2^{\alpha} \\ \boldsymbol{L}_2^{\gamma} \end{pmatrix} \quad (5\text{-}89)$$

和

$$\boldsymbol{L}_1^\varepsilon = \begin{pmatrix} \dfrac{\partial}{\partial x} & 0 & 0 & 0 & 0 \\[2mm] 0 & \dfrac{\partial}{\partial y} & 0 & 0 & 0 \\[2mm] \dfrac{\partial}{\partial y} & \dfrac{\partial}{\partial x} & 0 & 0 & 0 \end{pmatrix},\ \boldsymbol{L}_1^\alpha = \begin{pmatrix} 0 & 0 & 0 & \dfrac{\partial}{\partial x} & 0 \\[2mm] 0 & 0 & 0 & 0 & \dfrac{\partial}{\partial y} \\[2mm] 0 & 0 & 0 & \dfrac{\partial}{\partial y} & \dfrac{\partial}{\partial x} \end{pmatrix},\ \boldsymbol{L}_1^\gamma = \begin{pmatrix} 0 & 0 & \dfrac{\partial}{\partial y} & 0 & 1 \\[2mm] 0 & 0 & \dfrac{\partial}{\partial x} & 1 & 0 \end{pmatrix}$$

$$\boldsymbol{L}_2^\varepsilon = \begin{pmatrix} 1 & 0 & 0 & 0 & 0 \\ 0 & 0 & 0 & 0 & 0 \\ 0 & 1 & 0 & 0 & 0 \end{pmatrix},\ \boldsymbol{L}_2^\alpha = \begin{pmatrix} 0 & 0 & 1 & 0 & 0 \\ 0 & 0 & 0 & 0 & 0 \\ 0 & 0 & 0 & 1 & 0 \end{pmatrix},\ \boldsymbol{L}_2^\gamma = \begin{pmatrix} 0 & 0 & 0 & 0 & 0 \\ 0 & 0 & 1 & 0 & 0 \end{pmatrix}$$

$$(5\text{-}90)$$

结合上述方程，平衡系统中能量泛函的变化可以表示为

$$\begin{aligned} \delta \boldsymbol{\Pi} &= \delta \boldsymbol{U}^{\mathrm{T}} \int_\Omega (\boldsymbol{L}_1 \boldsymbol{R} + \mathrm{i}k \boldsymbol{L}_2 \boldsymbol{R})^{\mathrm{T}} \boldsymbol{\Theta} (\boldsymbol{L}_1 \boldsymbol{R} + \mathrm{i}k \boldsymbol{L}_2 \boldsymbol{R}) \mathrm{d}\Omega \boldsymbol{U} - \omega^2 \delta \boldsymbol{U}^{\mathrm{T}} \int_\Omega \boldsymbol{R}^{\mathrm{T}} \boldsymbol{I}^{\mathrm{T}} \boldsymbol{R} \mathrm{d}\Omega \boldsymbol{U} \\ &= \delta \boldsymbol{U}^{\mathrm{T}} \left[\boldsymbol{K}_1 + \mathrm{i}(\boldsymbol{K}_2 - \boldsymbol{K}_2^{\mathrm{T}}) k + k^2 \boldsymbol{K}_3 - \omega^2 \boldsymbol{M} \right] \boldsymbol{U} \\ &= 0 \end{aligned}$$

$$(5\text{-}91)$$

其中，应变-位移矩阵和构成系统刚度矩阵和质量矩阵的单元矩阵可表示为

$$\boldsymbol{I} = \begin{pmatrix} \bar{\boldsymbol{I}}_1 & \bar{\boldsymbol{I}}_0 & 0 \\ \bar{\boldsymbol{I}}_0^{\mathrm{T}} & \bar{\boldsymbol{I}}_3 & 0 \\ 0 & 0 & 0 \end{pmatrix},\ \bar{\boldsymbol{I}}_0 = \begin{pmatrix} \bar{\boldsymbol{I}}_2 & 0 \\ 0 & \bar{\boldsymbol{I}}_2 \\ 0 & 0 \end{pmatrix},\ \boldsymbol{R} = \begin{pmatrix} N_1 & 0 & 0 & 0 & 0 & \cdots & 0 \\ 0 & N_2 & 0 & 0 & 0 & \cdots & 0 \\ 0 & 0 & N_3 & 0 & 0 & \cdots & 0 \\ 0 & 0 & 0 & N_4 & 0 & \cdots & 0 \\ 0 & 0 & 0 & 0 & N_5 & \cdots & N_{5m} \end{pmatrix}_{5 \times 5m}$$

$$(5\text{-}92)$$

$$\boldsymbol{K}_1 = \int_\Omega \boldsymbol{R}^{\mathrm{T}} \boldsymbol{L}_1^{\mathrm{T}} \boldsymbol{\Theta} \boldsymbol{L}_1 \boldsymbol{R} |\boldsymbol{J}| \mathrm{d}\varphi \mathrm{d}\psi,\ \boldsymbol{K}_2 = \int_\Omega \boldsymbol{R}^{\mathrm{T}} \boldsymbol{L}_1^{\mathrm{T}} \boldsymbol{\Theta} \boldsymbol{L}_2 \boldsymbol{R} |\boldsymbol{J}| \mathrm{d}\varphi \mathrm{d}\psi,$$

$$\boldsymbol{K}_3 = \int_\Omega \boldsymbol{R}^{\mathrm{T}} \boldsymbol{L}_2^{\mathrm{T}} \boldsymbol{\Theta} \boldsymbol{L}_2 \boldsymbol{R} |\boldsymbol{J}| \mathrm{d}\varphi \mathrm{d}\psi,\ \boldsymbol{M} = \int_\Omega \boldsymbol{R}^{\mathrm{T}} \boldsymbol{I} \boldsymbol{R} |\boldsymbol{J}| \mathrm{d}\varphi \mathrm{d}\psi$$

广义位移矢量 $\boldsymbol{U}$ 的变化量并不总是零，因此

$$\left[\boldsymbol{K}_1 + \mathrm{i}(\boldsymbol{K}_2 - \boldsymbol{K}_2^{\mathrm{T}}) k + k^2 \boldsymbol{K}_3 - \omega^2 \boldsymbol{M} \right] \boldsymbol{U} = 0$$

$$(5\text{-}93)$$

用经典的矩阵变换技术来重铸方程。转化为一阶广义特征值公式为

$$(\boldsymbol{\Gamma} - k\boldsymbol{\Lambda}) \tilde{\boldsymbol{U}} = 0$$

$$(5\text{-}94)$$

其中，

$$\boldsymbol{\Gamma} = \begin{pmatrix} 0 & \boldsymbol{T}^{\mathrm{T}} \boldsymbol{K}_1 \boldsymbol{T} - \omega^2 \boldsymbol{T}^{\mathrm{T}} \boldsymbol{M} \boldsymbol{T} \\ \boldsymbol{T}^{\mathrm{T}} \boldsymbol{K}_1 \boldsymbol{T} - \omega^2 \boldsymbol{T}^{\mathrm{T}} \boldsymbol{M} \boldsymbol{T} & \mathrm{i} \boldsymbol{T}^{\mathrm{T}} (\boldsymbol{K}_2 - \boldsymbol{K}_2^{\mathrm{T}}) \boldsymbol{T} \end{pmatrix},\ \boldsymbol{\Lambda} = \begin{pmatrix} \boldsymbol{T}^{\mathrm{T}} \boldsymbol{K}_1 \boldsymbol{T} - \omega^2 \boldsymbol{T}^{\mathrm{T}} \boldsymbol{M} \boldsymbol{T} & 0 \\ 0 & \boldsymbol{T}^{\mathrm{T}} \boldsymbol{K}_3 \boldsymbol{T} \end{pmatrix},\ \tilde{\boldsymbol{U}} = \begin{pmatrix} \boldsymbol{u} \\ k\boldsymbol{u} \end{pmatrix}$$

$$(5\text{-}95)$$

通过求解波矢 k 与角频率 ω 之间的关系，可以得到超板的能带结构。重点要强调的是，广义特征值公式的根包含实分量和虚分量。实根对应于无衰减传播的波

模，代表能带结构。相反，虚根属于在结构内呈指数衰减的倏逝波模式。波矢量的虚部可以用下面的公式变换成衰减曲线

$$AT = 20\lg(\mathrm{e}^{-k_0 Im(\boldsymbol{k})}) \tag{5-96}$$

同时可以计算透射谱，以验证衰减曲线的准确性，透射系数可表示为

$$TL = 20\lg\left|\frac{U_\mathrm{r}}{U_\mathrm{e}}\right| \tag{5-97}$$

式中，k_0 是控制衰减曲线幅度的常数，为了与 TL 曲线相对应，选择该值为 30；$Im(\boldsymbol{k})$ 表示波矢量 $\boldsymbol{k}$ 的虚部；U_e 和 U_r 分别是激励位移和响应位移。应该强调的是，TL 是从 1×10 单胞组成的超胞计算出来的。

5. 优化中的目标函数

为了实现具有良好带隙特性和承载能力的 ABH 超板，本工作重点优化带隙宽度和面内刚度。然而，值得注意的是，最大限度地提高带隙宽度和获得最高的平面内刚度是两个相互冲突的目标。ABH 与黏弹性阻尼层的掺入会增强中间板中弹性波的衰减，潜在地削弱其承载能力。同时，通过 GPL 和玻璃纤维增强板的面内刚度可能会影响板的带隙特性。

在讨论有关相对带隙宽度的第一个目标函数时，必须强调 ABH 效应的影响。ABH 的几何尺寸决定了导通频率，该频率以上的模态受 ABH 效应的影响。这个关系的公式定义如下

$$f_{\text{cut-on}} = \frac{\pi H_0}{4(x_2 - x_1)^2}\sqrt{\frac{E_{\text{eff}}}{3\rho_{\text{eff}}(1-\nu_{\text{eff}}^2)}} \tag{5-98}$$

式中，$x_2 - x_1$ 是 ABH 区域的长度。整个超板材料参数的有效值可由下式计算

$$E_{\text{eff}} = \frac{\sum_{i=1}^{4} E_{\Omega_i} V_{\Omega_i}}{\sum_{i=1}^{4} E_{\Omega_1} V_{\Omega_i}}, \quad G_{\text{eff}} = \frac{\sum_{i=1}^{4} G_{\Omega_i} V_{\Omega_i}}{\sum_{i=1}^{4} G_{\Omega_1} V_{\Omega_i}}, \quad \rho_{\text{eff}} = \frac{\sum_{i=1}^{4} \rho_{\Omega_i} V_{\Omega_i}}{\sum_{i=1}^{4} \rho_{\Omega_1} V_{\Omega_i}},$$

$$\nu_{\text{eff}} = \frac{\sum_{i=1}^{4} \nu_{\Omega_i} V_{\Omega_i}}{\sum_{i=1}^{4} \nu_{\Omega_1} V_{\Omega_i}} \tag{5-99}$$

其中，下标 Ω_i（$i = 1, 2, 3, 4$）表示对应区域的材料参数的等效值。当入射弯曲波的波长小于 ABH 的直径时，弯曲波被限制在 ABH 结构内，产生受 ABH 影响的耦合带隙。在本工作中，因为我们对优化低频时受 ABH 影响的带隙特别感兴趣，一阶耦合相对带隙宽度（CRBW）将成为优化对象。因此，考虑几何约束和纳米复合材料的体积分数的优化问题可以定义为

$$\begin{cases} \text{find} \quad \boldsymbol{x} = (\,x_1 \quad x_2 \quad V_{\text{G}} \quad V_{\text{F}}\,) \\[2mm] \max \quad F_1 = \dfrac{\min(\omega_{j+1}(\boldsymbol{k})) - \max(\omega_j(\boldsymbol{k}))}{0.5(\min(\omega_{j+1}(\boldsymbol{k})) + \max(\omega_j(\boldsymbol{k})))}, j = 1,2,3,\cdots \\[3mm] \text{s. t.} \begin{cases} 0.01\text{m} \leqslant x_1 \leqslant 0.20\text{m} \\[1mm] 0.30\text{m} \leqslant x_2 \leqslant 0.49\text{m} \\[1mm] 1\% \leqslant V_{\text{G}} \leqslant 10\% \\[1mm] 1\% \leqslant V_{\text{F}} \leqslant 50\% \\[1mm] \min(\omega_{j+1}(\boldsymbol{k})) \geqslant f_{\text{cut-on}} \end{cases} \end{cases} \tag{5-100}$$

第二个目标是优化超板的面内刚度，以提高其承载能力。在给定特定载荷条件下，可以通过超板的应变能柔度来评估超板的应变能。较高的应变能对应较低的刚度或较高的柔度，而增大的面内刚度反映了增强的承载能力。假设应力状态 $\{\sigma_{xx},\ \sigma_{yy},\ \tau_{xx}\} = \{\sigma,\ \sigma,\ \overline{b}\sigma\}$，对于线性弹性应力-应变关系，将应变能重新表述为

$$\boldsymbol{\Pi}_p = \sigma\left(\frac{1 - \nu_{\text{eff}}}{E_{\text{eff}}} + \frac{\overline{b}^2}{2G_{\text{eff}}}\right) \tag{5-101}$$

本工作中的应力状态比 $\overline{b} = \sqrt{2}$ 控制了纵向柔度与剪切柔度之比。因此，第二个目标函数定义为要最小化的相对应变能柔度

$$\begin{cases} \text{find} \quad \boldsymbol{x} = (\,x_1 \quad x_2 \quad V_{\text{G}} \quad V_{\text{F}}\,) \\[2mm] \min \quad F_2 = \dfrac{1}{\epsilon_{\text{M}}}\left(\left(\dfrac{1 - \nu_{\text{eff}}}{E_{\text{eff}}}\right) + \dfrac{1}{G_{\text{eff}}}\right) \\[3mm] \text{s. t.} \begin{cases} 0.01\text{m} \leqslant x_1 \leqslant 0.20\text{m} \\[1mm] 0.30\text{m} \leqslant x_2 \leqslant 0.49\text{m} \\[1mm] 1\% \leqslant V_{\text{G}} \leqslant 10\% \\[1mm] 1\% \leqslant V_{\text{F}} \leqslant 50\% \end{cases} \end{cases} \tag{5-102}$$

其中，纯固体柔度矩阵常数 ϵ_{M} 可表示为

$$\epsilon_{\text{M}} = \left(\frac{1 - \nu_{\text{M}}}{E_{\text{M}}}\right) + \frac{1}{G_{\text{M}}} \tag{5-103}$$

综上所述，多目标优化问题的目标是获得具有优良 CRBW 和面内刚度的纳米复合 ABH 超板。因此，结合以上两个单目标优化问题的分析，多目标优化问题可以描述为

$$\begin{cases} \text{find} & \boldsymbol{x} = (x_1 \quad x_2 \quad V_G \quad V_F) \\ \max & F_1 \\ \min & F_2 \\ \text{s. t.} & \begin{cases} 0.01\text{m} \leqslant x_1 \leqslant 0.20\text{m} \\ 0.30\text{m} \leqslant x_2 \leqslant 0.49\text{m} \\ 1\% \leqslant V_G \leqslant 10\% \\ 1\% \leqslant V_F \leqslant 50\% \\ \min(\omega_{j+1}(\boldsymbol{k})) \geqslant f_{\text{cut-on}} \end{cases} \end{cases} \tag{5-104}$$

5.4.3　基于机器学习的优化策略

本节概述了基于机器学习的多目标优化策略。机器学习的目的在于从数据中提取知识，然后应用这些知识进行预测或决策。它通常分为三个主要分支：监督学习、无监督学习和强化学习。在本工作中，代理模型采用监督学习方法，优化模型采用强化学习方法。如图 5-29 所示，首先使用 SAPS-FEM 计算纳米复合材料 ABH 超板的能带结构和应变能柔度，并建立两个优化目标。随后，在第二步中，基于构建的数据集，创建深度学习代理模型来同时预测两个目标。最后，利用 Deep Q-network 进行单目标和多目标优化。这里使用的计算机系统配备了 Intel（R）Core（TM）i7-11700K CPU，工作频率为 3.60GHz，内存为 32GB，此外，它还配备了 NVIDIA GeForce RTX 2060 GPU，内存为 12GB，用于开发机器学习模型。Microsoft Visual Studio Code 软件执行了机器学习模型，PyTorch 为主要的深度学习框架。并在 MATLAB R2023a 上进行了能带结构的求解、应变能柔度等相关计算。

1. 深度学习代理模型

本工作利用深度学习代理模型预测超板的物理性质。深度学习擅长从数据中提取特征，允许在输入和输出之间创建非线性映射。这种能力使模型能够绕过复杂的物理机制和复杂的数学推导的需要，促进基于结构参数的物理性质的直接快速预测。如图 5-29 所示，本工作中使用的神经网络结构为一维卷积神经网络（CNN），其详细信息见表 5-9。CNN 模型中所有激活函数 LeakyReLU 使用的超参数为 0.15。几何参数 x_1、x_2 以及 GPL 和玻璃纤维的体积分数 V_G、V_F 是 CNN 的输入，优化目标 F_1、F_2 是 CNN 的输出。在数值计算中，两个优化目标是分开计算的。在 DLS 模型的帮助下，可以用一组设计变量同时预测两个优化目标。此外，DLS 模型具有快速预测的特点，很好地适应了优化方法中的迭代过程。传统的数值方法在优化迭代过程中消耗大量的计算资源，而 DLS 模型在模型训练后可以随时准确、快速地预测结果。此外，通过相关系数 R^2 和平均绝对误差（MAE）损失对 DLS 模型的性能进行了评价。它们的计算方法是

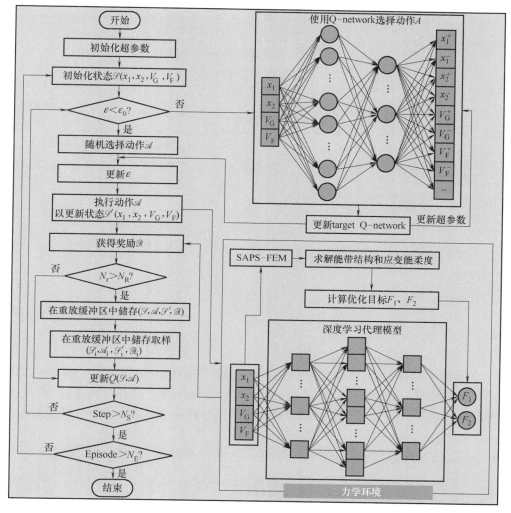

图 5-29　基于机器学习的多目标优化策略流程图

表 5-9　CNN 的架构

操作类型	卷积核/池化窗大小	Stride 卷积核步长	Paddin 填充	输出大小
一维卷积层	3	1	1	1×128×4
LeakyReLU 激活函数				1×128×4
一维最大池化层	2	1		1×128×3
一维卷积层	3	1	1	1×256×3
LeakyReLU 激活函数				1×256×3
一维最大池化层	2×2	1		1×256×2
一维卷积层	3	1	1	1×512×2

（续）

操作类型	卷积核/池化窗大小	Stride 卷积核步长	Paddin 填充	输出大小
LeakyReLU 激活函数				$1×512×2$
一维最大池化层	2	2		$1×512×1$
一维卷积层	3	1	1	$1×1024×1$
LeakyReLU 激活函数				$1×1024×1$
一维自适应最大池化层				$1×1024×1$
全连接层				$1×512$
LeakyReLU 激活函数				$1×512$
全连接层				$1×256$
LeakyReLU 激活函数				$1×256$
全连接层				$1×128$
LeakyReLU 激活函数				$1×128$
全连接层				$1×2$

$$R^2 = 1 - \frac{\sum (\omega(k)_{j_1 j_2} - \widetilde{\omega}(k)_{j_1 j_2})}{\sum (\omega(k)_{j_1 j_2} - \overline{\omega}(k)_{j_1 j_2})} \tag{5-105}$$

$$\mathrm{MAE} = \frac{1}{n_1 n_2} \sum_{j_1=1}^{n_1} \sum_{j_2=1}^{n_2} |\omega(k)_{j_1 j_2} - \widetilde{\omega}(k)_{j_1 j_2}| \tag{5-106}$$

式中，$\omega(k)_{j_1 j_2}$ 和 $\widetilde{\omega}(k)_{j_1 j_2}$ 分别是 j_1 测试样本的 j_2 预测特征频率和 j_2 模拟特征频率；$\overline{\omega}(k)_{j_1 j_2}$ 是模拟特征频率的平均值；n_1 是能带结构中特征频率个数；n_2 是测试样本个数。优化器是 Adadelta，其超参数设置为默认值。此外，其他超参数配置如下：学习率为 $\alpha_l = 0.05$，epoch 值为 1000，批处理大小为 64。所有这些超参数都是通过反复试验确定的。

2. Deep Q-network 优化方法

强化学习源于动物学习理论，在强化学习领域，有两个重要的实体在起作用：代理和环境。智能代理与环境相互作用，不断探索环境，以获得更多的奖励，从而引导代理的行为，最终寻求奖励最大化。在优化问题中，代理通过精心设计的环境机制和定义奖励函数，达到最优设计目标。强化学习对优化任务特别有益，因为它使智能体能够以最小的先验知识在环境中探索。然而，需要注意的是，强化学习在与环境交互时需要大量的计算和时间。本工作使用 DLS 模型克服了这一限制。本工作环境由 SAPS-FEM 和 DLS 模型组成。为了优化，本工作采用了 value-based 的强化学习算法 DQN。与 Q-learning 不同，DQN 采用神经网络来存储状态-动作值函数 Q（state，action）。Q-network 的具体结构见表 5-10。

表 5-10　Q 网络和目标 Q 网络的架构

操作类型	输出大小
全连接层	$1×128$
ReLU 激活函数	$1×128$

（续）

操作类型	输出大小
全连接层	1×64
ReLU 激活函数	1×64
全连接层	1×9

在 Q-network 中，输入由四个设计变量组成，输出包含 9 个动作（四个变量中的每一个都可以增加、减少或保持不变）。值得一提的是，在本工作的所有优化问题中，几何参数（x_1、x_2）变化的步长为 0.01m，体积分数（V_G、V_F）变化的步长为 1%。当输入一个给定的状态时，经过训练的 Q-network 输出在该状态下预期产生最高奖励的动作。此外，引入了一个与 Q-network 具有相同网络结构的 target Q-network，尽管它们存储的权值信息不同。Q-network 是实时更新的，而 target Q-network 是间隔更新的。经过一定次数的训练后，将 Q-network 的超参数复制到 target Q-network 中，从而更新 target Q-network。target Q-network 作为 Q-network 的参考。当给定状态输入到两个网络时，target Q-network 作为监督器，防止 Q-network 的动作估计出现偏差。在 DQN 框架中，Q 的更新来源于 Bellman 方程

$$Q(\mathcal{S}, \mathcal{A}) = Q(\mathcal{S}, \mathcal{A}) + \alpha_d [\mathcal{R} + \gamma_d \max Q(\mathcal{S}', \mathcal{A}')) - Q(\mathcal{S}, \mathcal{A})] \tag{5-107}$$

式中，α_d 和 γ_d 分别是学习率和折扣因子；$\mathcal{S}$ 是状态；$\mathcal{A}$ 是动作；$\mathcal{R}$ 是每个动作获得的奖励；$\mathcal{S}'$ 和 $\mathcal{A}'$ 是更新状态后的新状态和新动作。此外，重放缓冲区（$\mathcal{S}$，$\mathcal{A}$，$\mathcal{S}'$，$\mathcal{A}'$）的引入为 DQN 增加了经验重放功能，其将代理和环境之间的交互经验储存下来。这避免了代理与环境之间的重复相互作用，确保了整个 DQN 的稳定性。当重放缓冲区达到最大值时，丢弃旧的经验并保存新的经验。然后，根据 ε-greedy 策略选择一个操作：

$$\mathcal{A} = \begin{cases} \mathcal{A}_R, \varepsilon < \varepsilon_0 \\ \mathcal{A}_Q, \varepsilon \geqslant \varepsilon_0 \end{cases} \tag{5-108}$$

式中，$\mathcal{A}_R$ 是随机选择的动作；$\mathcal{A}_Q$ 是 Q 网络选择的动作；ε_0 是探索率阈值，由下式得到

$$\varepsilon_0 = \begin{cases} \varepsilon_{\min}, \varepsilon_0 < \varepsilon_{\min} \\ (1 - \varepsilon_d) \varepsilon_0, \varepsilon_0 \geqslant \varepsilon_{\min} \end{cases} \tag{5-109}$$

式中，$\varepsilon_{\min}$ 是 ε_0 的最小值；ε_d 是 ε_0 的衰减率。采用 ε-greedy 策略，使智能体能够充分探索环境，避免优化问题陷入局部最优解。本节将 F_1、F_2 的单目标和多目标优化的奖励定义为

$$\mathcal{R}_1 = F_1 \tag{5-110}$$

$$\mathcal{R}_2 = -F_2 \tag{5-111}$$

$$\mathcal{R}_0 = w_1 (F_1 - x_0)^2 + w_2 (F_2 - y_0)^2 \tag{5-112}$$

式中，w_1 和 w_2 是权重因子，为了便于研究，将它们的值归一化为 $w_1 + w_2 = 1$；x_0

和 y_0 是到帕累托前沿上一点的距离。本工作采用加权求和法（WSM）将多个目标函数组合成加权奖励，并将其反馈给智能体。通过微调权重值，代理可以灵活地探索各种解决方案组合，从本质上实现平衡两个目标的策略。此外，利用探索率（ER）来衡量本节提出的优化框架的效率，其可描述为

$$ER = \frac{\varepsilon_E}{\varepsilon_A} \times 100\% \tag{5-113}$$

式中，ε_E 是训练收敛到最优状态所需的轮次数；ε_A 是训练的总轮次数。ER 量化了代理探索环境以达到最佳状态所花费的时间。ER 值越小，表示优化任务的探索过程越高效，收敛速度越快。在整个 DQN 优化过程中，超参数设置为：总轮次数 $N_E = 60$，步数 $N_S = 100$，学习率 $\alpha_d = 0.01$，折扣因子 $\gamma_d = 0.9$，batch size $= 32$，最小探索率 $\varepsilon_{min} = 0$，探索率衰减率 $\varepsilon_d = 0.001$，重放缓冲区最大容量 $N_R = 2000$。同样，所有这些超参数都是通过反复试验进行微调的。

3. 优化过程

如图 5-29 所示的整个优化过程描述如下：

第一步：初始化所有超参数，包括 Q-network、目标 Q-network 和 DQN 中的所有其他超参数。

第二步：初始化状态 $\mathcal{S}(x_1, x_2, V_G, V_F)$。对于第一个轮次，状态 $\mathcal{S}$ 被设置为预定义的初始状态 $\mathcal{S}_0$。在第一个轮次之后，状态 $\mathcal{S}$ 被更新为所有先前训练的所有轮次之中的最佳状态。换句话说，在每个训练集完成后，将使用之前所有状态中最好的 $\mathcal{S}$ 作为下一轮训练的初始状态。这种方法确保智能体在每个训练集中都能以之前最优的状态为基础探索更优的状态。

第三步：使用 ε-greedy 策略选择动作 $\mathcal{A}$。当 $\varepsilon < \varepsilon_0$ 时，动作 $\mathcal{A}_R$ 是随机选择的。反之，通过 Q-network 的预测选择最优动作 $\mathcal{A}_Q$。使用 ε-greedy 策略可以避免优化过程中出现局部最优解。通过引入随机性，确保代理的随机探索可选择的额外行动，从而获得对整个环境的更全面的理解。在训练的初始阶段，当环境相对未知时，代理将更多的时间用于探索环境，因此 ε 的值相对较高。随着训练的进行和智能体对环境的熟悉，ε 逐渐减小。使用 Q-network 来估计每个动作的值，从而预测在给定输入状态下获得最大 $Q(\mathcal{S}, \mathcal{A})$ 值的动作。另外，target Q-network 的超参数保持固定，作为 Q-network 的监督参考。在每次训练迭代中，根据固定的 target Q-network 的输出更新 Q-network 的超参数，类似于回归问题。在每个轮次训练之后，将 Q-network 的超参数复制到目标 target Q-network 中，以监督下一个轮次的 Q-network 训练。该步骤保证了 DQN 的稳定性和可靠性。

第四步：执行 $\mathcal{A}$ 动作来更新状态 $\mathcal{S}'(x_1, x_2, V_G, V_F)$。在步骤三中，代理从 9 个动作中选择一个。执行动作 $\mathcal{A}$ 后，得到新的状态 $\mathcal{S}'(x_1, x_2, V_G, V_F)$。

第五步：获得奖励 $\mathcal{R}$。在这一步中，代理根据状态 $\mathcal{S}'(x_1, x_2, V_G, V_F)$ 从环境中获得奖励。这里的环境是已经建立的力学环境。首先，构建了 SAPS-FEM，计

算了超板的能带结构和应变能柔度。由此推导出两个目标 F_1 和 F_2。随后，建立了一个 DLS 模型，将四个状态值作为输入，产生两个优化目标作为输出。通过采用代理模型，智能体可以快速准确地预测两个优化目标，从而从方程中获得奖励。

第六步：建立一个重放缓冲区来存储前面步骤中的四个关键参数（$\mathcal{S}$，$\mathcal{A}$，$\mathcal{S}'$，$\mathcal{R}$）。如果没有超过重放缓冲区的存储容量，则保留经验（$\mathcal{S}$，$\mathcal{A}$，$\mathcal{S}'$，$\mathcal{R}$）。但是，如果达到存储限制，奖励值 $\mathcal{R}$ 最低的经验将被替换为最新的经验。在达到存储限制后，重播缓冲区内的所有经验值都按照奖励值 $\mathcal{R}$ 的大小进行排序，并对（$\mathcal{S}_i$，$\mathcal{A}_i$，$\mathcal{S}'_i$，$\mathcal{R}_i$）中奖励值最高的经验进行抽样。值得注意的是，代理和环境之间的交互是 DQN 过程中最耗时的环节。存储在重放缓冲中的不同经验有助于保存代理对环境的记忆，并促进对环境的更深入理解。此外，回放缓冲区的建立有利于存储和过滤具有高奖励值的经验。

第七步：根据 Bellman 方程更新 Q 值 $Q(\mathcal{S}, \mathcal{A})$。

第八步：执行步骤三~七，直到达到最大步数。

第九步：执行步骤二~八，直到达到最大轮次。

5.4.4　结果与讨论

1. 波传播特性和结构承载能力

图 5-30 所示为 ABH 超板（超材料板简称为超板）的能带结构和透射谱，分别由 SAPS-FEM 计算和 COMSOL Multiphysics 5.0 模拟得到。其中，连续实心曲线由 COMSOL Multiphysics 5.0 仿真得到，空心散点曲线由 SAPS-FEM 计算得到。波矢 $\boldsymbol{k}$ 通过晶格长度 a 被简化为

$$\bar{\boldsymbol{k}} = \frac{a}{\pi}\boldsymbol{k}, \bar{\boldsymbol{k}} \in [0,1] \tag{5-114}$$

角频率 $\omega(\bar{\boldsymbol{k}})$ 归一化为

$$\bar{\omega}(\bar{\boldsymbol{k}}) = \frac{a}{c_s}\omega(\bar{\boldsymbol{k}}) \tag{5-115}$$

其中，环氧树脂基体中剪切波速 c_s 为

$$c_s = \sqrt{\frac{E_{\mathrm{M}}}{2(1+\nu_{\mathrm{M}})\rho_{\mathrm{M}}}} \tag{5-116}$$

所考虑的 ABH 超板的几何模型，标记为 P_1，其详细参数见表 5-11。在计算能带结构时，主要关注的是超板的弯曲模式。如图 5-30a 所示，空心点与实心曲线结果吻合良好。另外，图中用五角形标记了 4 个重要点，其对应的模态振型如图 5-31 所示，可以清楚地看到 M_1 到 M_4 表现出弯曲变形。然而，它们之间有一个区别：虽然都代表超板的整体弯曲变形，而 M_3 和 M_4 的弯曲变形主要集中在 ABH 区域内。这是因为，当频率超过 $f_{\mathrm{cut\text{-}on}}$ 阈值时，ABH 效应变得突出，弯曲波被困在 ABH 区。模态振型分析证实了该方法计算能带结构的准确性。此时，在能带结构内出现

两个弯曲波带隙，如图 5-30 中灰色区域所示。其中一个带隙落在低于 $f_{\text{cut-on}}$ 的频率区域内，而另一个则位于 $f_{\text{cut-on}}$ 以上。这表明高频带隙是 ABH 效应和 Bragg 散射效应耦合的结果。因此，在带隙优化的背景下，研究的主要重点将放在这个耦合带隙上。

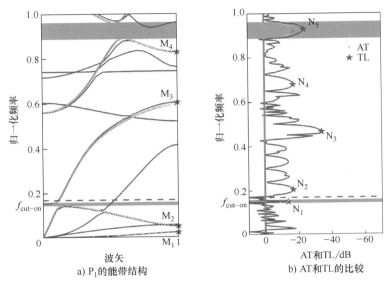

a) P_1 的能带结构　　　　　b) AT 和 TL 的比较

图 5-30　ABH 超板的能带结构和透射谱

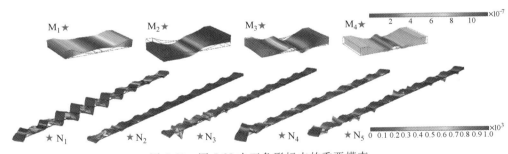

图 5-31　图 5-30 中五角形标志的重要模态

表 5-11　各个超板的几何参数 x_1 和 x_2 以及 GPL 和玻璃纤维的体积分数 V_G 和 V_F

超板	x_1/m	x_2/m	$V_G(\%)$	$V_F(\%)$	阻尼层
P_1	0.05	0.40	0	0	无
P_2	0.05	0.40	10	40	无
P_3	0.05	0.40	10	40	有
P_4	0.03	0.35	6	48	有
P_5	0.10	0.45	3	22	有
P_6	0.18	0.47	5	17	有
S_1	0.08	0.30	10	44	有
S_2	0.01	0.49	10	2	有

为了进一步验证所提出的 SAPS-FEM 方法的有效性，图 5-30b 给出了 AT 和 TL 数值结果的对比，可以观察到二者结果有很好的一致性。TL 中的其他突出特征表示各种类型的带隙，这里不详细讨论。同样，5 个值得注意的点用五角形标记，其对应的模态振型如图 5-31 所示。N_1 落在第一个弯曲带隙内，波能的衰减明显是超胞整体弯曲变形的结果。尽管振幅衰减明显，但弯曲波仍然可以传播到超胞的末端。通过对 N_2、N_3、N_4 的模态分析，可以看出 ABH 效应是存在的，但带隙受超级单体的扭转和拉伸等耦合现象的影响。N_5 的模态清楚地表明，弯曲波可以集中在 ABH 部分。当频率超过 $f_{cut\text{-}on}$ 时，幅度大大减小，未到达结构末端。

2. 数值结果分析

为了更好地理解结构演化对超板弹性波衰减能力的影响，对图 5-28 所示的 4 个独立超板的透射谱进行了分析。计算结果如图 5-32 所示，可以明显看出 ABH 单元的引入显著改善了超板内弹性波的衰减。这伴随着多个带隙的同时出现。纳米复合增强材料的加入进一步增加了 TL 中峰值的数量和分布范围，表明带隙的数量和范围都有所扩大。但值得注意的是，TL 曲线的最大峰值有所下降。加入黏弹性阻尼层后，TL 曲线发生了较大变化，导致超板内弹性波衰减显著增强。黏弹性阻尼层有效地促进了弹性波的能量耗散和吸收。在图 5-32 中，TL 曲线内的某些峰用形状符号表示，其对应的模态振型如图 5-33 所示。圆圈代表平板的模态，其中弯曲波在整个超胞中稳定传播。在三角形表示的 ABH 板中，弹性波在开始时迅速衰减，并不能通过整个超胞传播。这一观察结果进一步证实了 ABH 效应的作用。在中间板最薄的部分观察到最显著的变形，这证明在该位置添加黏弹性阻尼层是合理的。方形标记表示的模态表明超胞的整体变形减小，这可归因于纳米复合增强材料的影响。这些复合材料增强了超板的面内刚度，从而提高了其承载能力并减小了最大变形。最后，与前三个超板的模态相比，星形所表示的超胞表现出最小的变形。此时，最大应力出现在 ABH 的最薄部分，由于阻尼的作用，波能在此消散。在这种情况下，波能不仅被困在 ABH 单元内，而且被阻尼层有效地耗散和吸收。

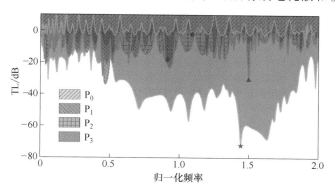

图 5-32　图 5-28 所示的 4 个超板的透射谱

图 5-33   图 5-32 中不同形状符号表示的模态

图 5-34 所示为三种超板的能带结构和衰减曲线。在图 5-34a 中，ABH 超板的能带结构中存在许多弯曲波带隙。然而，这些带隙相对较窄，而且它们的分布跨越了很广的频率范围，这不是特别有利于实际的工程应用。在图 5-34b 中，纳米复合增强材料 ABH 超板的能带结构表现出更好的带隙特性。虽然带隙分布的频率范围向高频段移动，但受 ABH 效应影响的耦合带隙宽度大大增加。同时，F_2 值的减小意味着超板的面内刚度的增强，从而提高了超板的承载能力。这为 ABH 超板的实际应用带来了更大的潜力。如图 5-34c 所示，黏弹性阻尼层的存在对带隙的影响更大。耦合带隙所在的频率范围进一步缩小，而耦合带隙的宽度则扩大。虽然带隙特性有所改善，但 F_2 值并没有显著降低，说明黏弹性阻尼层对超板整体承载能力的影响有限。最后，图 5-34d 中的 AT 曲线证实了能带结构结果的准确性。从 AT 图中可以得出关于能带结构的相同结论。

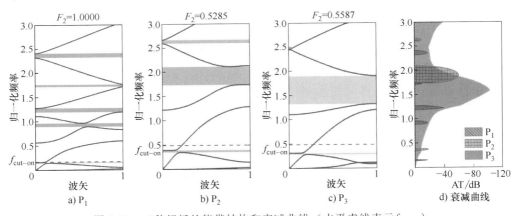

图 5-34   三种超板的能带结构和衰减曲线（水平虚线表示 f_{cut-on}）

基于前文就纳米复合增强材料对带隙特性和面内刚度影响的分析，可以得出 ABH 单元和纳米复合增强材料对这些性能起着至关重要的作用。因此，有必要研究 ABH 单元的几何参数和纳米复合增强材料的体积分数对这两个目标的影响。在进一步讨论之前，重要的是首先讨论 ABH 单元的几何参数 x_1、x_2 以及 GPL 和玻璃纤维的体积分数 V_G、V_F 对带隙特性的影响。由于几何尺寸和复合材料制备的限制，这四个参数的变化范围被限制。图 5-35a 所示为 x_1 变化时带隙的变化。值得注意的是，第一带隙随着 x_1 的增大而减小，并最终闭合。第一带隙闭合后，第二带隙和第三带隙扩大。但同时，$f_{\text{cut-on}}$ 值不断增大，耦合带隙从第一带隙切换到第二带隙。图 5-35b 所示为带隙如何随 x_2 变化。这里的关键区别是，随着 x_2 的增加，第一带隙保持相对稳定，第二带隙继续减小，第三带隙闭合后继续增大。在此期间，$f_{\text{cut-on}}$ 经历了持续的减小，耦合带隙从第二带隙切换到第一带隙。相比之下，纳米复合增强材料体积分数的变化对性能的影响是明显的。如图 5-35c 所示，随着 V_G 的增大，第一带隙几乎保持不变，而第二带隙继续扩大。同时，$f_{\text{cut-on}}$ 也增大，耦合带隙保持一致，始终对应于第二带隙。同样，如图 5-35d 所示，随着 V_F 的增大，第一带隙保持稳定。在第二带隙和第三带隙中有轻微的变化。但是 $f_{\text{cut-on}}$ 继续上升，耦合带隙从第一带隙跃迁到第二带隙。

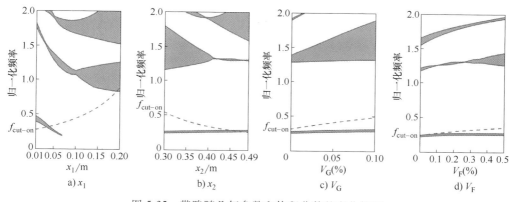

图 5-35　带隙随几何参数和体积分数的变化情况

综上所述，这些重要参数对耦合带隙的影响确实相当复杂。这种复杂性源于需要同时考虑带隙宽度、带隙中心频率和 $f_{\text{cut-on}}$。考虑这一综合视角，建立了 F_1 的表达式。图 5-36a 所示为 F_1 如何响应这四个参数的变化。很明显，随着参数值的增加，F_1 在响应 x_1、x_2 和 V_G 的变化时表现出相当大的变化；相反，图 5-36b 更清楚地说明了 F_2 是如何受到这四个参数的影响的。随着 V_G 和 V_F 的增加，F_2 逐渐减少。x_1 的增加导致 F_2 的大幅上升，而 x_2 的增加导致 F_2 的大幅下降。值得注意的是，上述分析是通过控制变量法进行的，即在改变一个参数的同时保持其他三个参数不变，观察其对结果的影响。在这个分析中考虑的超板是 P_1。同时考虑所有四个参数同时变化对这两个目标的影响将使分析变得非常复杂。因此，有必要对这些参数进行优化，以确定最有利的组合。

5.4.5　超板的优化

1. 训练 CNN

在验证了所提出的 SAPS-FEM 方法的准确性后，采用该方法构建了数据集。数据集的总量为 50000，大致分为训练集、验证集和测试集，比例为 8：1：1。

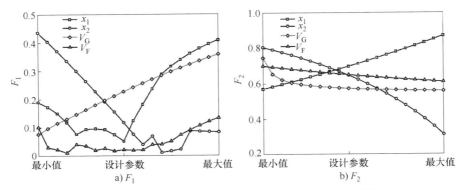

图 5-36 F_1 和 F_2 与四个参数 x_1、x_2、V_G 和 V_F 之间的关系

图 5-37a 所示为训练和验证的 MAE 损失历史。值得注意的是，验证损失和训练损失之间只有轻微的差异，这表明两个模型都不存在过拟合或欠拟合。最优验证MAE 结果为 0.0065，如图 5-37a 中水平虚线所示。最终训练的超参数被保存为最终结果。图 5-37b 将 CNN 预测的 F_1 和 F_2 与 SAPS-FEM 计算的结果进行了对比。除了少数异常值外，大多数点都聚集在 $y=x$ 线周围。相关系数 $R^2 = 0.9915$ 表明，CNN 的预测结果与 SAPS-FEM 计算结果吻合较好。接下来，将使用构建好的 DLS 模型来实现 F_1 和 F_2 的同时预测。在离线生成数据集后，所构建的 DLS 模型可以随时满足在线优化的需要。考虑到每次优化都需要连续迭代计算，使用 DLS 模型的策略只需要一次性离线构建数据集，并且可以随时进行在线计算。此外，DLS 模型显著提高了计算速度。SAPS-FEM 方法计算一条数据平均耗时约 10s，而 DLS 模型在 50.25s 内处理 5000 条数据，速度提高了近 1000 倍。

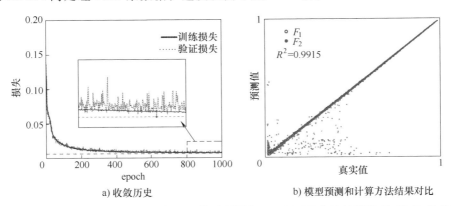

图 5-37 DLS 模型的收敛历史及由 DLS 模型预测和 SAPS-FEM 方法计算的 F_1 和 F_2 的比较

注：水平虚线为最小损失，其值为 0.0065；相关系数 $R^2 = 0.9915$。

2. 单目标优化

以 P_3 为初始状态，图 5-38a 所示为 F_1 优化的收敛历史。实线表示 F_1 值的收敛历史，虚线表示相应的 F_2 值，空心圆表示训练的起始状态和收敛状态。在前 8 个轮次训练中，F_1 的值迅速增加，最终在第 24 个轮次时趋于收敛。F_1 的最终收敛值为 0.6121。初始 F_1 值为 0.3586，其能带结构以一个小窗口的形式显示在图 5-38a 中；同时，图 5-38a 中的另一个小窗口则显示了 F_1 值最优的能带结构。将 F_1 值最优的超板称为 S_1。对比两图的初始能带结构和收敛能带结构，可以直观地观察到 CRBW 的增大。通过 DQN 优化，F_1 增加了 70.69%。图 5-38a 两个小窗口中的虚线表示 GA 求解的结果。对比 DQN 优化结果，两种方法的结果是一致的。但是，可以发现 F_2 的值也显著增加。这表明，虽然超板的带隙特性大大增强，但其承载能力降低。

同样，以 P_3 为初始状态，图 5-38b 所示为 F_2 优化的收敛历史。实曲线表示 F_2 值的收敛历史，虚曲线表示相应的 F_1 值，空心圆表示训练的起始状态和收敛状态。此时，优化目标是使 F_2 值最小，应变能柔度越小，承载能力越强。F_2 的初始值为 0.5582，其能带结构在图 5-38b 的小窗口中显示。经过 20 次轮次的探索，最终结果收敛为 0.1278。将 F_2 值最优的超板命名为 S_2。在前 9 个轮次中，随着代理对环境的不断探索，F_2 的值呈现出快速上升的趋势。通过 DQN 优化，将 F_2 的值降低了 77.10%，使其承载能力大幅提高。值得注意的是，CRBW 最初减少，然后增加，并经历整体大幅减少。

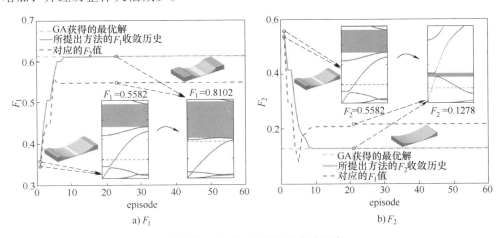

图 5-38　F_1 和 F_2 优化的收敛历史

随后，研究了所提出优化策略的鲁棒性和效率。首先，在图 5-39a 中，比较了四次不同优化的收敛历史。所有四次优化都使用 P_3 为初始状态。可以观察到，在所有四次不同的优化过程中，F_1 的值在训练开始时向最优方向快速增加。在测试 3 和测试 4 中，收敛是在第 10 个轮次时实现的，而测试 1 直到第 24 个轮次才达到收敛。四个测试都没有花费超过 40% 的总计算资源来探索最优状态。其次，在图 5-39b 中，对比了不同初始值的四个试验的收敛历史。四个试验的初始状态随机选取如下：P_3（Test 1）、P_4（Test 5）、P_5（Test 6）、P_6（Test 7）。与图 5-39a 不同，在图 5-39b 中的四个实验中，由于初始位置不同，到最终值的距离不同，因此需要遍历的路径也不同。然而，很明显，所有四个测试最终都达到了最终值，这表明所提出的策略对于 F_1 的单目标优化具有鲁棒性和效率。

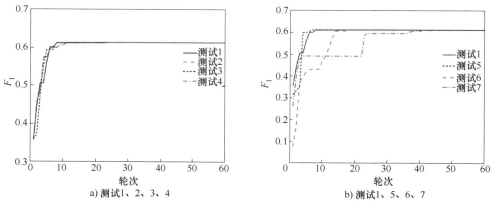

a) 测试1、2、3、4 b) 测试1、5、6、7

图 5-39 相同初始值下不同优化过程收敛历史的对比

3. 多目标优化

在使用所提出的优化框架对超板进行多目标优化之前，先使用 NSGA-II 和所提出的 DLS 模型确定多目标优化问题的 Pareto 前沿。DLS 模型加速了 NSGA-II 的 F_1 和 F_2 值的计算。如前所述，F_1 和 F_2 之间存在一种非主导关系，从而产生一个平衡两个目标的 Pareto 前沿，如图 5-40 所示。在该优化框架中，采用 WSM 进行多目标优化。乌托邦点为 $x_0 = -0.7$ 和 $y_0 = 0$。实心散点曲线表示非主导最优解，五角星表示采用本节方法得到的不同权重 w_1 和 w_2 的最优解，分别表示为 O_1、O_2、O_3 和 O_4。图 5-40 中的小图显示了它们对应的几何形状。这些解都位于 Pareto 前沿，表明该方法成功地实现了多目标优化。虽然这些解决方案是平等的，相互不占主导地位，但可以通过调整两个目标的权重有选择地在不同的实际应用中使用。通过改变权值，可以平衡两个目标对最终结果的影响，从而获得不同条件下的最佳决策。在多目标优化中，初始值设置为 $x_1 = 0.05\mathrm{m}$，$x_2 = 0.40\mathrm{m}$，$V_G = 10\%$，$V_F = 40\%$。图 5-40 中四个五角星的权重组合如下：O_1（$w_1 = 0.8$，$w_2 = 0.2$）、O_2（$w_1 = 0.6$，$w_2 = 0.4$）、O_3（$w_1 = w_2 = 0.5$）、O_4（$w_1 = 0.3$，$w_2 = 0.7$）。很明显，调整权重 w_1 和 w_2 可以显著影响最优解中两个目标的相对重要性，从而获得更倾向于特定目标的解。在实际工程中，不同的权重选择将适用于不同的应用场景。如果对隔振要求较高，可选择较大的 w_2 值；反之，如果实际工程问题更关注结构的承载能力，则可以选择较大的 w_1 值。此外，值得注意的是，这四个测试花费的平均时间为 552.4s，大大少于使用 NAGA-II 方法所需的 1244.4s。

图 5-41 所示为图 5-40 中 Pareto 前沿的四个五角星的能带结构和相应的 F_2 值。

其中 O_1 为带隙特性优异但结构承载能力弱的解决方案，O_4 为承载能力强但带隙特性较差的解决方案。另一方面，O_2 和 O_3 是目标值相对平衡的解。从图 5-41a ~ d，CRBW 由大到小减小，而超板的承载能力由小到大增大。它们对应的衰减曲线如图 5-41e 所示。有关权重因子、优化结果和计算时间的详细信息见表 5-12 和表 5-13。通过比较，不难发现 O_1、O_2 和 O_3 中 GPL 和玻璃纤维的几何形状和体积含量非常相似，导致了相似

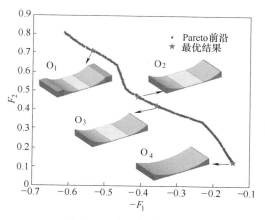

图 5-40　多目标优化结果

的能带结构。它们的波段结构的差异主要归因于第五个能带频率的变化。值得注意的是，从 O_1 到 O_2 和 O_3，ABH 区和阻尼层的增加导致超板的相对应变能柔度降低。这种效应很难通过人工调整来实现，因为它与之前的分析结论相矛盾。之前的分析表明，阻尼层和 ABH 部分的增加将不利于结构的承载能力。图 5-41d 中的能带结构与图 5-41a ~ c 有显著差异。耦合带隙在第二带和第三带之间产生。这主要是由于夹层板的几何结构和玻璃纤维的体积含量发生了较大的变化。显然，所提出的多目标优化策略能够识别出两个目标之间复杂的非线性关系。同时，它允许任意一个目标的控制，通过调整权重因子实现多目标优化。综上所述，多目标优化策略对纳米复合 ABH 超板的实际工程应用具有重要的指导作用。

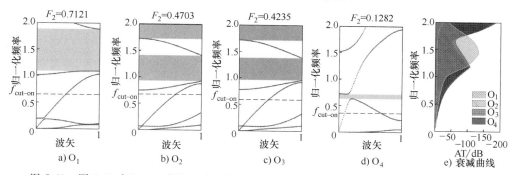

图 5-41　图 5-40 中 Pareto 前沿四个五角形的能带结构和对应的 F_2 值及对应的衰减曲线

注：水平虚线代表 f_{cut-on}。

表 5-12　图 5-40 中四个五角星的权重因子、优化结果和计算时间

超板	w_1	w_2	F_1	F_2	x_1/m	x_2/m	$V_G(\%)$	$V_F(\%)$	计算时间/s
O_1	0.8	0.2	0.5356	0.7121	0.07	0.35	10	50	552.3
O_2	0.6	0.4	0.4093	0.4703	0.18	0.49	9	50	555.9

（续）

超板	w_1	w_2	F_1	F_2	x_1/m	x_2/m	$V_G(\%)$	$V_F(\%)$	计算时间/s
O_3	0.5	0.5	0.3568	0.4235	0.16	0.49	8	48	545.8
O_4	0.3	0.7	0.1451	0.1282	0.01	0.49	10	4	554.4

表 5-13　优化结果、探索轮次和计算时间

超板	F_1	F_2	x_1/m	x_2/m	$V_G(\%)$	$V_F(\%)$	探索轮次	计算时间/s
O_3	0.3568	0.4235	0.16	0.49	8	48	12	545.8
O_5	0.3568	0.4235	0.16	0.49	8	48	19	567.4
O_6	0.3568	0.4235	0.16	0.49	8	48	17	562.4
O_7	0.3568	0.4235	0.16	0.49	8	48	23	544.3
O_8	0.3568	0.4235	0.16	0.49	8	48	17	543.9
O_9	0.3568	0.4235	0.16	0.49	8	48	14	531.3
O_{10}	0.3568	0.4235	0.16	0.49	8	48	15	525.6

下面探讨了所提出的优化策略在解决多目标优化问题时的鲁棒性和效率。图 5-42a 描述了图 5-41 所示的四个测试中的 ER，图 5-42d 显示了 R_0 对应的收敛历史。在柱状图 5-42a、c、e 中，上阴影部分表示 agent 进行探索所需的 episode 数，下阴影部分表示收敛所需的 episode 数，并分别给出了百分比。从图 5-42a 和 b 可以看出，在不同的权重因子下，实现收敛所需的探索次数是不同的。权重因子的变化导致不同的最优状态，这需要不同数量的动作来达到这些最优状态。因此，训练的次数也不同。然而，尽管探索速度有所不同，但所有测试中的 ER 都不超过 40%，并且它们都以最快的速度收敛。图 5-42c 显示了四组初始状态不同但权重因子相同（$w_1 = w_2 = 0.5$）的 ER。四个初始状态（x_1、x_2、V_G、V_F）分别是 O_3（0.05，0.4，10，40）、O_5（0.12，0.49，7，22）、O_6（0.10，0.35，5，37）和 O_7（0.17，0.30，4，17）。与前一种情况类似，不同的初始状态会导致达到最佳状态所需的不同数量的动作。然而，在所有四次测试中，ER 都保持在 40% 以内，这表明 agent 可以在这种情况下迅速找到最佳状态。表 5-13 显示，尽管初始状态不同，但这四个测试获得了一致的最佳结果，所消耗的计算时间只有很小的差异。图 5-42e 和 f 中的四个测试集采用相同的权重因子 $w_1 = w_2 = 0.5$ 和初始状态（0.05，0.4，10，40）。表 5-13 中的数据证实它们都成功地达到了最优状态。这四个测试的 ER 分布比较均匀，在 20% ~ 30% 之间。此外，四种测试的计算时间相当一致。这些结果进一步强调了所提出优化策略的鲁棒性和效率。

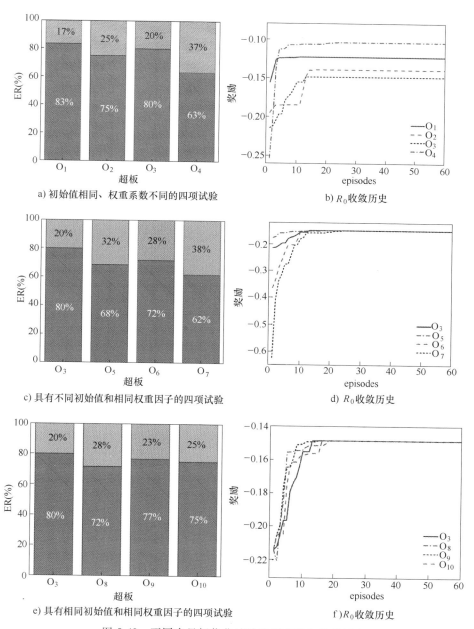

a) 初始值相同、权重系数不同的四项试验

b) R_0收敛历史

c) 具有不同初始值和相同权重因子的四项试验

d) R_0收敛历史

e) 具有相同初始值和相同权重因子的四项试验

f) R_0收敛历史

图 5-42 不同多目标优化试验的探索率和收敛历史

参 考 文 献

［1］ LIU Z Y, ZHANG X X, MAO Y W, et al. Locally resonant sonic materials ［J］. Science, 2000, 289: 1734-1736.

［2］ MA Q, HU H, HUANG E, et al. Super-resolution imaging by metamaterial-based compressive spatial-to-spectral transformation ［J］. Nanoscale, 2017, 9 (46): 18268-18274.

［3］ FU X J, CUI T J. Recent progress on metamaterials: From effective medium model to real-time information processing system ［J］. Progress in Quantum Electronics, 2019, 67: 100223.

［4］ YANG W, LIN Y S. Tunable metamaterial filter for optical communication in the terahertz frequency range ［J］. Optics Express, 2020, 28 (12): 17620-17629.

［5］ YANG Z, MEI J, YANG M, et al. Membrane-type acoustic metamaterial with negative dynamic mass ［J］. Physical Review Letters, 2008, 101 (20): 115-118.

［6］ FANG N, XI D J, XU J Y, et al. Ultrasonic metamaterials with negative modulus ［J］. Nature Materials, 2006, 5 (6): 452-456.

［7］ PELAT A, GAUTIER F, CONLON S C, et al. The acoustic black hole: A review of theory and applications ［J］. Journal of Sound and Vibration, 2020, 476: 115316.

［8］ ZHU Z J, HU N, WU J Y, et al. A review of underwater acoustic metamaterials for underwater acoustic equipment ［J］. Frontiers in Physics, 2022, 10: 1068833.

［9］ CUMMER S A, CHRISTENSEN J, ALU A. Controlling sound with acoustic metamaterials ［J］. Nature Reviews Materials, 2016, 1 (3): 1-13.

［10］ CHEN Y Y, LIU H J, REILLY M, et al. Enhanced acoustic sensing through wave compression and pressure amplification in anisotropic metamaterials ［J］. Nature Communications, 2014, 5 (1): 1-9.

［11］ ANG L Y L, KOH Y K, LEE H P. Acoustic metamaterials: a potential for cabin noise control in automobiles and armored vehicles ［J］. International Journal of Applied Mechanics, 2016, 8 (5): 1-35.

［12］ ZHU R, LIU X N, HU G K, et al. Negative refraction of elastic waves at the deep-subwavelength scale in a single-phase metamaterial ［J］. Nature Communications, 2014, 5 (1): 1-8.

［13］ LI G H, WANG Y Z, WANG Y S. Active control on switchable waveguide of elastic wave metamaterials with the 3D printing technology ［J］. Scientific Reports, 2019, 9 (1): 16226.

［14］ OUISSE M, COLLET M, SCARPA F. A piezo-shunted kirigami auxetic lattice for adaptive elastic wave filtering ［J］. Smart Materials and Structures, 2016, 25 (11): 115016.

［15］ VALENTINE J, ZHANG S, ZENTGAF T, et al. Three-dimensional optical metamaterial with a negative refractive index ［J］. Nature, 2008, 455 (7211): 376-379.

［16］ FAN K, PADILLA W J. Dynamic electromagnetic metamaterials ［J］. Materials Today, 2015, 18 (1): 39-50.

［17］ MA G C, SHENG P. Acoustic metamaterials: From local resonances to broad horizons ［J］. Science Advances, 2016, 2 (2): e1501595.

［18］ CHEN T, PAULY M, REIS P M. A reprogrammable mechanical metamaterial with stable memory [J]. Nature, 2021, 589 (7842): 386-390.

[19] XI K L, CHAI S B, MA J Y, et al. Multi-Stability of the Extensible Origami Structures [J]. Advanced Science, 2023, 10 (29): 2303454.

[20] 李笑，李明. 折纸及其折痕设计研究综述 [J]. 力学学报，2018，50（3）：467-476.

[21] 陈焱. 基于机构运动的大变形超材料 [J]. 机械工程学报，2020，56（19）：2-13.

[22] RAFSANJANI A, ZHANG Y, LIU B, et al. Kirigami skins make a simple soft actuator crawl [J]. Science Robotics, 2018, 3 (15): eaar7555.

[23] ATTIA S, Favoino F, Loonen R, et al. Adaptive façades system assessment: An initial review [C]. Economic Forum, 2015: 1275-1283.

[24] YAUSUDA H, YANG J. Reentrant origami-based metamaterials with negative Poisson's ratio and bistability [J]. Physical Review Letters, 2015, 114 (18): 185502.

[25] FANG H B, LI S Y, JI H M, et al. Uncovering the deformation mechanisms of origami meta-materials by introducing generic degree-four vertices [J]. Physical Review E, 2016, 94 (4): 043002.

[26] PRATAPA P P, LIU K, PAULINO G H. Geometric mechanics of origami patterns exhibiting Poisson's ratio switch by breaking mountain and valley assignment [J]. Physical Review Letters, 2019, 122 (15): 155501.

[27] SILVERBERG J L, NA J H, EVANS A A, et al. Origami structures with a critical transition to bistability arising from hidden degrees of freedom [J]. Nature Materials, 2015, 14: (4) 389-393.

[28] YASUDA H, CHEN Z, YANG J. Multitransformable leaf-out origami with bistable behavior [J]. Journal of Mechanisms and Robotics, 2016, 8 (3): 031013.

[29] HANNA B H, LUND J M, LANG R J, et al. Waterbomb base: a symmetric single-vertex bi-stable origami mechanism [J]. Smart Materials and Structures, 2014, 23 (9): 094009.

[30] PINSON M B, STERN M, CARRUTHERS FERRERO A, et al. Self-folding origami at any en-ergy scale [J]. Nature Communications, 2017, 8 (1): 15477.

[31] OVERVELDE J T B, DE JONG T A, SHEVCHENKO Y, et al. A three-dimensional actuated origami-inspired transformable metamaterial with multiple degrees of freedom [J]. Nature Com-munications, 2016, 7 (1): 10929.

[32] FANG H B, LI S Y, WANG K W. Self-locking degree-4 vertex origami structures [J]. Pro-ceedings of the Royal Society A: Mathematical, Physical and Engineering Sciences, 2016, 472 (2195): 20160682.

[33] FANG H B, LI S Y, JI H M, et al. Dynamics of a bistable Miura-origami structure [J]. Physical Review E, 2017, 95 (5): 052211.

[34] FANG H B, WANG K W, LI S Y. Asymmetric energy barrier and mechanical diode effect from folding multi-stable stacked-origami [J]. Extreme Mechanics Letters, 2017, 17: 7-15.

[35] CHEN B G, LIU B, EVANS A A, et al. Topological mechanics of origami and kirigami [J]. Physical Review Letters, 2016, 116 (13): 135501.

[36] RUS D, TOLLEY M T. Design, fabrication and control of origami robots [J]. Nature Reviews

Materials, 2018, 3 (6): 101-112.

[37] MU J, HOU C, WANG H, et al. Origami-inspired active graphene-based paper for programmable instant self-folding walking devices [J]. Science Advances, 2015, 1 (10): e1500533.

[38] REIS P M, LÓPEZ JIMÉNEZ F, MARTHELOT J. Transforming architectures inspired by origami [J]. Proceedings of the National Academy of Sciences, 2015, 112: 12234-12235.

[39] ZHANG J J, KARAGIOZOVA D, YOU Z, et al. Quasi-static large deformation compressive behaviour of origami-based metamaterials [J]. International Journal of Mechanical Sciences, 2019, 153: 194-207.

[40] MA J Y, SONG J C, CHEN Y. An origami-inspired structure with graded stiffness [J]. International Journal of Mechanical Sciences, 2018, 136: 134-142.

[41] YUAN L, DAI H P, SONG J C, et al. The behavior of a functionally graded origami structure subjected to quasi-static compression [J]. Materials & Design, 2020, 189: 108494.

[42] XIANG X M, QIANG W, HOU B, et al. Quasi-static and dynamic mechanical properties of Miura-ori metamaterials [J]. Thin-Walled Structures, 2020, 157: 106993.

[43] KARAGIOZOVA D, ZHANG J J, LU G X, et al. Dynamic in-plane compression of Miura-ori patterned metamaterials [J]. International Journal of Impact Engineering, 2019, 129: 80-100.

[44] ZHAI J Y, LIU Y F, GENG X Y, et al. Energy absorption of pre-folded honeycomb under in-plane dynamic loading [J]. Thin-Walled Structures, 2019, 145: 106356.

[45] FENG Y X, LI K J, GAO Y C, et al. Design and optimization of origami-inspired orthopyramid-like core panel for load damping [J]. Applied Sciences, 2019, 9 (21): 4619.

[46] ZHANG P W, LI X, WANG Z H, et al. Dynamic blast loading response of sandwich beam with origami-inspired core [J]. Results in Physics, 2018, 10: 946-955.

[47] YANG K, XU S Q, SHEN J H, et al. Energy absorption of thin-walled tubes with pre-folded origami patterns: Numerical simulation and experimental verification [J]. Thin-Walled Structures, 2016, 103: 33-44.

[48] WANG B, ZHOU C H. The imperfection-sensitivity of origami crash boxes [J]. International Journal of Mechanical Sciences, 2017, 121: 58-66.

[49] WICKELER A L, NAGUIB H E. Novel origami-inspired metamaterials: Design, mechanical testing and finite element modelling [J]. Materials & Design, 2020, 186: 108242.

[50] ZHOU C H, WANG B, MA J Y, et al. Dynamic axial crushing of origami crash boxes [J]. International Journal of Mechanical Sciences, 2016, 118: 1-12.

[51] 张天辉, 邓健强, 刘志芳, 等. 弧形折纸模式薄壁结构的压缩变形与能量吸收 [J]. 爆炸与冲击, 2020, 40 (7): 1-9.

[52] 邱海, 方虹斌, 徐鉴. 多稳态串联折纸结构的非线性动力学特性 [J]. 力学学报, 2019, 51 (4): 1110-1121.

[53] LI Z J, YANG Q S, FANG R, et al. Origami metamaterial with two-stage programmable compressive strength under quasi-static loading [J]. International Journal of Mechanical Sciences, 2021, 189: 105987.

[54] TAO R, JI L T, LI Y, et al. 4D printed origami metamaterials with tunable compression twist behavior and stress-strain curves [J]. Composites Part B: Engineering, 2020, 201: 108344.

[55] HE Y L, ZHANG P W, YOU Z, et al. Programming mechanical metamaterials using origami tessellations [J]. Composites Science and Technology, 2020, 189: 108015.

[56] MUKHOPADHYAY T, MA J Y, FENG H J, et al. Programmable stiffness and shape modulation in origami materials: Emergence of a distant actuation feature [J]. Applied Materials Today, 2020, 19: 100537.

[57] THOTA M, LI S, WANG K W. Lattice reconfiguration and phononic band-gap adaptation via origami folding [J]. Physical Review B, 2017, 95 (6): 064307.

[58] THOTA M, WANG K W. Reconfigurable origami sonic barriers with tunable bandgaps for traffic noise mitigation [J]. Journal of Applied Physics, 2017, 122 (15).

[59] THOTA M, WANG K W. Tunable wave guiding in origami phononic structures [J]. Journal of Sound and Vibration, 2018, 430: 93-100.

[60] BABAEE S, OVERVELDE J T B, CHEN E R, et al. Reconfigurable origami-inspired acoustic waveguides [J]. Science Advances, 2016, 2 (11): e1601019.

[61] FANG H B, YU X, CHENG L. Reconfigurable origami silencers for tunable and programmable sound attenuation [J]. Smart Materials and Structures, 2018, 27 (9): 095007.

[62] ZHANG Q W, FANG H B, XU J. Programmable stopbands and supratransmission effects in a stacked Miura-origami metastructure [J]. Physical Review E, 2020, 101 (4): 042206.

[63] 张丰辉，唐宇帆，辛锋先，等. 微穿孔蜂窝-波纹复合声学超材料吸声行为 [J]. 物理学报，2018，67 (23): 120-130.

[64] ZHU Y F, FEI F, FAN S W, et al. Reconfigurable Origami-Inspired Metamaterials for Controllable Sound Manipulation [J]. Physical Review Applied, 2019, 12 (3): 034029.

[65] ZOU C Z, HARNE R L. Tailoring reflected and diffracted wave fields from tessellated acoustic arrays by origami folding [J]. Wave Motion, 2019, 89: 193-206.

[66] ZHU R, YASUDA H, HUANG G L, et al. Kirigami-based Elastic Metamaterials with Anisotropic Mass Density for Subwavelength Flexural Wave Control [J]. Scientific Reports, 2018, 8 (1): 483.

[67] PRATAPA P P, SURYANARAYANA P, PAULINO G H. Bloch wave framework for structures with nonlocal interactions: Application to the design of origami acoustic metamaterials [J]. Journal of the Mechanics and Physics of Solids, 2018, 118: 115-132.

[68] ZHAO P C, ZHANG K, DENG Z C. Origami-inspired lattice for the broadband vibration attenuation by Symplectic method [J]. Extreme Mechanics Letters, 2022, 54: 101771.

[69] XU Z L, WANG D F, TACHI T, et al. An origami longitudinal-torsional wave converter [J]. Extreme Mechanics Letters, 2022, 51: 101570.

[70] YASUDA H, LEE M, YANG J. Tunable wave dynamics in origami-based mechanical metamaterials [C]//International Design Engineering Technical Conferences and Computers and Information in Engineering Conference. American Society of Mechanical Engineers, 2016, 50169: V05BT07A012.

[71] YASUDA H, YANG J. Tunable frequency band structure of origami-based mechanical metamaterials [J]. Journal of the International Association for Shell and Spatial Structures, 2017, 58 (4): 287-294.

[72] BOATTI, E, VASIOS, N, BERTOLDI, K. Origami metamaterials for tunable thermal expansion [J]. Advanced Materials, 2017, 29 (26): 1700360.

[73] XIE L X, XIA B Z, LIU J, et al. An improved fast plane wave expansion method for topology optimization of phononic crystals [J]. International Journal of Mechanical Sciences, 2017, 120: 171-181.

[74] DAL POGGETTO V F, SERPA A L. Elastic wave band gaps in a three-dimensional periodic metamaterial using the plane wave expansion method [J]. International Journal of Mechanical Sciences, 2020, 184: 105841.

[75] HAN L, ZHANG Y, NI Z Q, et al. A modified transfer matrix method for the study of the bending vibration band structure in phononic crystal Euler beams [J]. Physica B: Condensed Matter, 2012, 407 (23): 4579-4583.

[76] JIMÉNEZ N, GROBY J P, Romero-García V. The transfer matrix method in acoustics: modelling one-dimensional acoustic systems, phononic crystals and acoustic metamaterials [J]. Acoustic Waves in Periodic Structures, Metamaterials, and Porous Media: From Fundamentals to Industrial Applications, 2021: 103-164.

[77] LIU Y J, HAN Q, LI C L, et al. Numerical investigation of dispersion relations for helical waveguides using the scaled boundary finite element method [J]. Journal of Sound and Vibration, 2014, 333 (7): 1991-2002.

[78] LI C L, HAN Q, LIU Y J, et al. Investigation of wave propagation in double cylindrical rods considering the effect of prestress [J]. Journal of Sound and Vibration, 2015, 353: 164-180.

[79] LI C L, HAN Q, WANG Z, et al. Propagation and attenuation of guided waves in stressed viscoelastic waveguides [J]. Mathematics and Mechanics of Solids, 2019, 24 (12): 3957-3975.

[80] XIAO D L, HAN Q, LIU Y J, et al. Guided wave propagation in an infinite functionally graded magneto-electro-elastic plate by the Chebyshev spectral element method [J]. Composite Structures, 2016, 153: 704-711.

[81] XIAO D L, HAN Q, JIANG T J. Guided wave propagation in a multilayered magneto-electro-elastic curved panel by Chebyshev spectral elements method [J]. Composite Structures, 2019, 207: 701-710.

[82] LI C L, HAN Q. Semi-analytical wave characteristics analysis of graphene-reinforced piezoelectric polymer nanocomposite cylindrical shells [J]. International Journal of Mechanical Sciences, 2020, 186: 105890.

[83] FENG F L, LIN S Y. The band gaps of Lamb waves in a ribbed plate: A semi-analytical calculation approach [J]. Journal of Sound and Vibration, 2014, 333 (1): 124-131.

[84] SRIDHAR A, KOUZNETSOVA V G, GEERS M G D. A semi-analytical approach towards plane wave analysis of local resonance metamaterials using a multiscale enriched continuum de-

scription [J]. International Journal of Mechanical Sciences, 2017, 133: 188-198.

[85] PATERA A T. A spectral element method for fluid dynamics: laminar flow in a channel expansion [J]. Journal of Computational Physics, 1984, 54 (3): 468-488.

[86] JIANG T J, HAN Q, LI C L. Topologically tunable local-resonant origami metamaterials for wave transmission and impact mitigation [J]. Journal of Sound and Vibration, 2023, 548: 117548.

[87] JIANG T J, HAN Q, LI C L. Complex band structure and evanescent wave propagation of composite corrugated phononic crystal beams [J]. Acta Mechanica, 2023, 2324 (7): 2783-2808.

[88] JIANG T J, HAN Q, LI C L. Design and bandgap optimization of multi-scale composite origami-inspired metamaterials [J]. International Journal of Mechanical Sciences, 2023, 248: 108233.

[89] HAN S H, HAN Q, LI C L. Deep-learning-based inverse design of phononic crystals for anticipated wave attenuation [J]. Journal of Applied Physics, 2022, 132 (15): 154901.

[90] HAN S H, HAN Q, JIANG T J, et al. Inverse design of phononic crystals for anticipated wave propagation by integrating deep learning and semi-analytical approach [J]. Acta Mechanica, 2023, 234 (10), 4879-4897.

[91] HAN S H, HAN Q, JIANG T J, et al. Complex dispersion relations and evanescent waves in periodic magneto-electro curved phononic crystal plates [J]. Applied Mathematical Modelling, 2023, 119: 373-390.

[92] LI C L, JIANG T J, LIU S, et al. Dispersion and band gaps of elastic guided waves in the multi-scale periodic composite plates [J]. Aerospace Science and Technology, 2022, 124: 107513.

[93] YAN L L, HAN B, YU B, et al. Three-point bending of sandwich beams with aluminum foam-filled corrugated cores [J]. Materials & Design, 2014, 60: 510-519.

[94] WANG Y Z, PERRAS E, GOLUB M V, et al. Manipulation of the guided wave propagation in multilayered phononic plates by introducing interface delaminations [J]. European Journal of Mechanics-A/Solids, 2021, 88: 104266.

[95] CAO Y J, HUANG H W, ZHU Z H, et al. Optimized energy harvesting through piezoelectric functionally graded cantilever beams [J]. Smart Materials and Structures, 2019, 28 (2): 025038.

[96] MA G C, FU C X, WANG G H, et al. Polarization bandgaps and fluid-like elasticity in fully solid elastic metamaterials [J]. Nature Communications, 2016, 7 (1): 13536.

[97] LEE H J, LEE J R, MOON S H, et al. Off-centered double-slit metamaterial for elastic wave polarization anomaly [J]. Scientific Reports, 2017, 7 (1): 15378.

[98] ABERG M, GUDMUNDSON P. The usage of standard finite element codes for computation of dispersion relations in materials with periodic microstructure [J]. The Journal of the Acoustical Society of America, 1997, 102 (4): 2007-2013.

[99] FRENZEL T, FINDEISEN C, KADIC M, et al. Tailored buckling microlattices as reusable

light weight shock absorbers [J]. Advanced Materials, 2016, 28 (28): 5865-5870.

[100] ZHU S W, TAN X J, WANG B, et al. Bio-inspired multistable metamaterials with reusable large deformation and ultra-high mechanical performance [J]. Extreme Mechanics Letters, 2019, 32: 100548.

[101] WU L L, XI X Q, LI B, et al. Multi-stable mechanical structural materials [J]. Advanced Engineering Materials, 2018, 20 (2): 1700599.

[102] JIANG H, ZIEGLER H, ZHANG Z N, et al. Mechanical properties of 3D printed architected polymer foams under large deformation [J]. Materials & Design, 2020, 194: 108946.

[103] LI Q, YANG D L, REN C H, et al. A systematic group of multidirectional buckling-based negative stiffness metamaterials [J]. International Journal of Mechanical Sciences, 2022, 232: 107611.

[104] YASUDA H, TACHI T, LEE M, et al. Origami-based tunable truss structures for non-volatile mechanical memory operation [J]. Nature communications, 2017, 8 (1): 962.

[105] YANG H, WANG B, MA L. Mechanical properties of 3D double-U auxetic structures [J]. International Journal of Solids and Structures, 2019, 180: 13-29.

[106] HEWAGE T A M, ALDERSON K L, ALDERSON A, et al. Double-Negative Mechanical Metamaterials Displaying Simultaneous Negative Stiffness and Negative Poisson's Ratio Properties [J]. Advanced Materials, 2016, 28 (46): 10323-10332.

[107] GHIABAKLOO H, KIM J, KANG B S. An efficient finite element approach for shape prediction in flexibly-reconfigurable roll forming process [J]. International Journal of Mechanical Sciences, 2018, 142: 339-358.

[108] BERTOLDI K, BOYCE M C. Wave propagation and instabilities in monolithic and periodically structured elastomeric materials undergoing large deformations [J]. Physical Review B, 2008, 78 (18): 184107.

[109] SHIM J, WANG P, BERTOLDI K. Harnessing instability-induced pattern transformation to design tunable phononic crystals [J]. International Journal of Solids and Structures, 2015, 58: 52-61.

[110] GEIM A K, NOVOSELOV K S. The rise of graphene [J]. Nature Materials, 2007, 6 (3): 183-191.

[111] CATALDI P, ATHANASSIOU A, BAYER I S. Graphene nanoplatelets-based advanced materials and recent progress in sustainable applications [J]. Applied Sciences, 2018, 8 (9): 1438.

[112] YANG H Y, TANG Y Q, YANG P. Building efficient interfacial property with graphene heterogeneous interface [J]. International Journal of Mechanical Sciences, 2023, 237: 107782.

[113] WU Y C, SHAO J L, ZHAN H. Deformation and damage characteristics of copper/honeycomb-graphene under shock loading [J]. International Journal of Mechanical Sciences, 2022, 230: 107544.

[114] RAFIEE M A, RAFIEE J, WANG Z, et al. Enhanced mechanical properties of nanocomposites at low graphene content [J]. ACS Nano, 2009, 3 (12): 3884-3890.

[115] YANG J, CHEN D, KITIPORNCHAI S. Buckling and free vibration analyses of functionally graded graphene reinforced porous nanocomposite plates based on Chebyshev-Ritz method [J]. Composite Structures, 2018, 193: 281-294.

[116] WANG Y, FENG C, ZHAO Z, et al. Torsional buckling of graphene platelets (GPLs) reinforced functionally graded cylindrical shell with cutout [J]. Composite Structures, 2018, 197: 72-79.

[117] NGUYEN N V, LEE J. On the static and dynamic responses of smart piezoelectric functionally graded graphene platelet-reinforced microplates [J]. International Journal of Mechanical Sciences, 2021, 197: 106310.

[118] ALUKO O, GOWTHAM S, ODEGARD G M. Multiscale modeling and analysis of graphene nanoplatelet/carbon fiber/epoxy hybrid composite [J]. Composites Part B: Engineering, 2017, 131: 82-90.

[119] PAPAGEORGIOU D G, LI Z, LIU M, et al. Mechanisms of mechanical reinforcement by graphene and carbon nanotubes in polymer nanocomposites [J]. Nanoscale, 2020, 12 (4): 2228-2267.

[120] AFFDL J C H, KARDOS J L. The Halpin-Tsai equations: a review [J]. Polymer Engineering & Science, 1976, 16 (5): 344-352.

[121] PAI P F, PENG H, JIANG S. Acoustic metamaterial beams based on multi-frequency vibration absorbers [J]. International Journal of Mechanical Sciences, 2014, 79: 195-205.

[122] NOBREGA E D, GAUTIER F, PELAT A, et al. Vibration band gaps for elastic metamaterial rods using wave finite element method [J]. Mechanical Systems and Signal Processing, 2016, 79: 192-202.

[123] CLAEYS C, DE MELO FILHO N G R, VAN BELLE L, et al. Design and validation of metamaterials for multiple structural stop bands in waveguides [J]. Extreme Mechanics Letters, 2017, 12: 7-22.

[124] JIN Y, JIA X Y, WU Q Q, et al. Design of vibration isolators by using the Bragg scattering and local resonance band gaps in a layered honeycomb meta-structure [J]. Journal of Sound and Vibration, 2022, 521: 116721.

[125] TAN K T, HUANG H H, SUN C T. Blast-wave impact mitigation using negative effective mass density concept of elastic metamaterials [J]. International Journal of Impact Engineering, 2014, 64: 20-29.

[126] KHAN M H, LI B, TAN K T. Impact load wave transmission in elastic metamaterials [J]. International Journal of Impact Engineering, 2018, 118: 50-59.

[127] BANERJEE A, CALIUS E P, DAS R. An impact based mass-in-mass unit as a building block of wideband nonlinear resonating metamaterial [J]. International Journal of Non-Linear Mechanics, 2018, 101: 8-15.

[128] ZHOU Y, YE L, CHEN W. Impact mitigation performance of hybrid metamaterial with a low frequency bandgap [J]. International Journal of Mechanical Sciences, 2022, 213: 106863.

[129] MA N F, HAN S H, XU W H, et al. Compressive response and optimization design of a no-

vel hierarchical re-entrant origami honeycomb metastructure [J]. Engineering Structures, 2024, 306: 117819.

[130] MA N F, HAN S H, HAN Q, et al. Design and compressive behaviors of the gradient re-entrant origami honeycomb metamaterials [J]. Thin-walled Structures, 2024, 198: 111652.

[131] JIANG T J, HAN S H, HAN Q, et al. Design and optimization of the dual-functional lattice-origami metamaterials [J]. Composite Structures, 2024, 327: 117670.

[132] JIANG T J, HAN Q, LI C L. Design and compression-induced bandgap evolution of novel polygonal negative stiffness metamaterials [J]. International Journal of Mechanical Sciences, 2024, 261: 108658.

[133] HAN S H, HAN Q, MA N F, et al. Design and reinforcement-learning optimization of re-entrant cellular metamaterials [J]. Thin-walled Structures, 2023, 191: 111071.

[134] MA N F, HAN Q, HAN S H, et al. Hierarchical re-entrant honeycomb metamaterial for energy absorption and vibration insulation [J]. International Journal of Mechanical Sciences, 2023, 250: 108307.

[135] JIANG T J, HAN Q, LI C L. Complex band structure and evanescent wave propagation of composite corrugated phononic crystal beams [J]. Acta Mechanica, 2023, 234 (7): 2783-2808.

[136] MA N F, HAN Q, LI C L. In-plane dynamic impact response and energy absorption of Miura-origami reentrant honeycombs [J]. Mechanics of Advanced Materials and Structures, 2024, 31 (12): 2712-2726.

[137] LI C L, MA N F, DENG Q T, et al. Deformation and energy absorption of the laminated re-entrant honeycomb structures under static and dynamic loadings [J]. Mechanics of Advanced Materials and Structures, 2024, 31 (11): 2472-2482.

[138] HAN S H, MA N F, HAN Q, et al. Machine learning-based optimal design of an acoustic black hole metaplate for enhanced bandgap and load-bearing capacity [J]. Mechanical System and Signal Processing, 2024, 215: 111436.

[139] MA W, CHENG F, LIU Y M. Deep-Learning-Enabled On-Demand Design of Chiral Metamaterials [J]. ACS Nano, 2018, 12 (6): 6326-6334.

[140] CHEN Y S, ZHU J F, XIE Y N, et al. Smart inverse design of graphene-based photonic metamaterials by an adaptive artificial neural network [J]. Nanoscale, 2019, 11 (19): 9749-9755.

[141] HOU Z Y, TANG T T, SHEN J, et al. Prediction Network of Metamaterial with Split Ring Resonator Based on Deep Learning [J]. Nanoscale Research Letters, 2020, 15: 1-8.

[142] WANG L W, CHAN Y C, AHMED F, et al. Deep generative modeling for mechanistic-based learning and design of metamaterial systems [J]. Computer Methods in Applied Mechanics and Engineering, 2020, 372: 113377.

[143] HOU J J, LIN H, XU W L, et al. Customized inverse design of metamaterial absorber based on target-driven deep learning method [J]. IEEE Access, 2020, 8: 211849-211859.

[144] LI X, NING S W, LIU Z L, et al. Designing phononic crystal with anticipated band gap

through a deep learning based data-driven method [J]. Computer Methods in Applied Mechanics and Engineering, 2020, 361: 112737.

[145] ZHENG X Y, CHEN T T, GUO X F, et al. Controllable inverse design of auxetic metamaterials using deep learning [J]. Materials & Design, 2021, 211: 110178.

[146] JIANG W F, ZHU Y Y, YIN G F, et al. Dispersion relation prediction and structure inverse design of elastic metamaterials via deep learning [J]. Materials Today Physics, 2022, 22: 100616.

[147] 李涓子, 唐杰. 2019 人工智能发展报告 [R]. 北京: 清华大学-中国工程院知识智能联合研究中心, 中国人工智能学会吴文俊智能科学技术奖评选基地, 2019.

[148] 李想, 严子铭, 柳占立, 等. 基于仿真和数据驱动的先进结构材料设计 [J]. 力学进展, 2021, 51 (1): 82-105.

[149] BROWN N K, DESHPANDE A, GARLAND A, et al. Deep reinforcement learning for the design of mechanical metamaterials with tunable deformation and hysteretic characteristics [J]. Materials & Design, 2023, 235: 112428.

[150] XIAO Z Q, GAO P L, WANG D W, et al. Accelerated design of low-frequency broadband sound absorber with deep learning approach [J]. Mechanical Systems and Signal Processing, 2024, 211: 111228.

[151] FANG B W, ZHANG R, CHEN T N, et al. Bandgap optimization and inverse design of labyrinth metamaterials for sound insulation [J]. Journal of Building Engineering, 2024, 86: 108898.

[152] MURARI B, ZHAO S Y, ZHANG Y H, et al. Machine learning-assisted vibration analysis of graphene-origami metamaterial beams immersed in viscous fluids [J]. Thin-Walled Structures, 2024, 197: 111663.

[153] TANG K K, XIANG Y J, TIAN J, et al. Machine learning-based morphological and mechanical prediction of kirigami-inspired active composites [J]. International Journal of Mechanical Sciences, 2024, 266: 108956.

[154] YAN H R, YU H J, ZHU S, et al. Nonlinear properties prediction and inverse design of a porous auxetic metamaterial based on neural networks [J]. Thin-Walled Structures, 2024, 197: 111717.

[155] QI C, JIANG F, REMENNIKOV A, et al. Quasi-static crushing behavior of novel re-entrant circular auxetic honeycombs [J]. Composites Part B: Engineering, 2020, 197: 108117.

[156] LIU W Y, WANG N L, LUO T Q, et al. In-plane dynamic crushing of re-entrant auxetic cellular structure [J]. Materials & Design, 2016, 100: 84-91.

[157] LI Q X, ZHI X D, FAN F. Quasi-static compressive behaviour of 3D-printed origamiinspired cellular structure: experimental, numerical and theoretical studies [J]. Virtual and Physical Prototyping, 2022, 17 (1): 69-91.

[158] BLANK J, DEB K P. Multi-objective optimization in python [J]. IEEE Access, 2020, 8: 89497-89509.

[159] TAO Z, REN X, SUN L, et al. A novel re-entrant honeycomb metamaterial with tunable bandgap [J]. Smart Materials and Structures, 2022, 31 (9): 095024.